民族文字出版专项资金资助项目
新型职业农牧民培育工程教材

草原利用与管理技术

རྩྭ་ཐང་བེད་སྤྱོད་དང་དོ་དམ་ལག་རྩལ།

农牧区惠民种植养殖实用技术丛书（汉藏对照）

《草原利用与管理技术》编委会　编

青海人民出版社

图书在版编目(CIP)数据

草原利用与管理技术：汉藏对照／《草原利用与管理技术》编委会编；索南扎西，本巴加译. -- 西宁：青海人民出版社，2016.12

（农牧区惠民种植养殖实用技术丛书）

ISBN 978-7-225-05278-6

Ⅰ. ①草… Ⅱ. ①草… ②索… ③本… Ⅲ. ①草原开发—汉、藏 ②草原管理—汉、藏Ⅳ. ①S812. 5

中国版本图书馆 CIP 数据核字（2016）第 322466 号

农牧区惠民种植养殖实用技术丛书

草原利用与管理技术(汉藏对照)

《草原利用与管理技术》编委会　编

索南扎西　本巴加　译

出 版 人　樊原成

出版发行　青海人民出版社有限责任公司

西宁市同仁路 10 号　邮政编码：810001　电话：(0971)6143426（总编室）

发行热线　(0971)6143516/6137731

印　　刷　青海西宁印刷厂

经　　销　新华书店

开　　本　890mm×1240mm　1/32

印　　张　6.375

字　　数　160 千

版　　次　2016 年 12 月第 1 版　2016 年 12 月第 1 次印刷

书　　号　ISBN 978-7-225-05278-6

定　　价　19.00 元

《草原利用与管理技术》编委会

主　　任：张黄元

主　　编：田惠源

副 主 编：巩爱歧　蔡佩云　石德军

编写人员：朱永平　徐公芳　马　倩　莫玉花

审　　稿：杨予海　徐有学

策　　划：熊进宁　毛建梅　马　倩

翻　　译：索南扎西　本巴加

《རྩྭ་ཐང་ཞིང་སྐྱོང་དང་དོ་དམ་ལག་རྩལ》

རྩོམ་སྒྲིག་ཨུ་ཡོན་ལྷན་ཁང་།

ཀྲུའུ་རིན། ཀྲང་ཧོང་ཡོན།

གཙོ་སྒྲིག་པ། ཐན་ཏའེ་ཡོན།

གཙོ་སྒྲིག་པ་གཞོན་པ། ཀུང་ཨའེ་ཆེ། ཚའེ་ཕེ་ཡུང་། ཧྲི་ཧི་ག་ཐུན།

རྩོམ་འབྲི་མི་སྣ། ཀྲོའུ་ཡུང་ཕིན། ཞིའུ་ཀུང་ཧྥང་། སྨ་ཆན། སོ་ཡིའུ་ཧྭ།

ཞུ་དག དབྱང་ཡུས་ཧྲའེ། ཞིའུ་ཡིའུ་ཞུའེ།

རྟགས་འགོད། ཞུང་ཅིན་ཉིང་། མའོ་ཙན་མེ། སྨ་ཆན།

ཡིག་སྒྲུར་པ། བསོད་ནམས་བཀྲ་ཤིས། འབུམ་པ་རྒྱལ།

前　言

青海省是我国四大牧区之一，素有“江河源”和“中华水塔”之称谓。草原面积占青海省国土总面积的60%以上，是本省面积最大的绿色生态屏障，也是牧民群众赖以生存的物质基础，因而具有十分重要的生态地位和经济地位。

近年来，随着工业化、城镇化和农业现代化的快速推进以及人口增长、资源开发的深入，农牧区社会发展和经济建设对草原的需求增多，草原农牧区生态保护与农牧民增收等问题凸显，因此要实现草原农牧区科学发展、农牧民收入持续增长，其根本出路在于加快科技进步，不断提高广大农牧民群众的文化科学素质。基于此，我们编撰了《草原利用与管理技术》，并通过多种形式、开展了规范系统的科技培训，已培养了一大批懂技术、善经营、会管理的新型农牧民。

本书共分四章十五节。第一章草原的功能和地位，概述青海省草原资源的经济、生态、社会功能和地位；第二章草原的保护利用，主要阐述放牧、野生植物采集利用；第三章草原管理知识，分别讲述草原承包经营、草原流转、基本草原、禁止开垦草原、使用和临时占用草原、草原防火等内容；第四章草原监督管理，主要讲述草原监督管理部门及其职责。

本书内容简单明了、图文并茂，力求做到针对性、实用性和规范性。但由于编者的水平有限，难免存在不妥之处，所涉及的知识点可能不够深入和全面，在此恳请从事草原相关工作的同行和农牧民朋友提出宝贵意见。

编　者

2015 年 4 月 1 日

གླེང་གཞི།

མཚོ་སྔོན་ཞིང་ཆེན་ནི་རང་རྒྱལ་གྱི་ཕྱུགས་ལས་ས་ཁུལ་ཆེན་པོ་བཞིའི་གྲས་སུ་གཏོགས་ཤིང་། དེ་ལ་གཙང་གསུམ་གྱི་འབྱུང་ཁུངས་དང་ཀྲུང་ཧྭའི་ཆུ་མཛོད་ཅེས་འབོད། མཚོ་སྔོན་ཞིང་ཆེན་གྱི་སྤྱིའི་རྒྱ་ཁྱོན་ལས་རྩྭ་ཐང་གིས 60% ཡན་ཟིན་ཡོད་པ་དང་། རང་ཞིང་གི་རྒྱ་ཁྱོན་ཆེས་ཆེ་བའི་ལྗང་མདོག་སྐྱེ་ཁམས་སྲིབ་དངོས་ཡིན། དེ་ནི་འབྲོག་པ་མང་ཚོགས་ཀྱི་མེད་དུ་མི་རུང་བའི་དངོས་པོའི་རྨང་གཞི་ཡིན་པས་སྐྱེ་ཁམས་གོ་གནས་དང་དཔལ་འབྱོར་གོ་གནས་གལ་ཆེན་ཟིན་ཡོད།

ལོ་འདི་གར། བཟོ་ལས་ཅན་དང་གྲོང་རྡལ་ཅན། ཞིང་ལས་དེང་རབས་ཅན་བཅས་མགྱོགས་མྱུར་ངང་འཕེལ་བ་དང་མི་གྲངས་ཇེ་མང་དུ་སོང་བ། ཐོན་ཁུངས་གསར་སྤེལ་གཏིང་ཟབ་ཏུ་སྤེལ་བ། ཞིང་འབྲོག་ས་ཆའི་སྤྱི་ཚོགས་འཕེལ་རྒྱས་དང་དཔལ་འབྱོར་འཛུགས་སྐྲུན་སོགས་ལ་བརྟེན་ནས། རྩྭ་ཐང་གི་དགོས་མཁོ་སྔར་ལས་ཇེ་ཆེར་སོང་བ་དང་རྩྭ་ཐང་གི་སྐྱེ་ཁམས་སྲུང་སྐྱོབ་དང་ཞིང་འབྲོག་པའི་ཐོན་སྐྱེད་ཡོང་འབབ་སོགས་ཀྱི་གནད་དོན་འབུར་དུ་ཐོན་ཡོད། རྩྭ་ཐང་གི་ཚན་རིག་འཕེལ་རྒྱས་དང་ཞིང་འབྲོག་པའི་ཡོང་འབབ་བསྟུད་མར་ཇེ་མང་འགྲོ་བ་མངོན་འགྱུར་ཡོང་དགོས་ན། དེའི་རྩ་བ་ཚན་རྩལ་གོང་འཕེལ་ཇེ་མགྱོགས་སུ་གཏོང་བ་དང་རྒྱ་ཆེ་བའི་ཞིང་འབྲོག་མང་ཚོགས་ཀྱི་ཚན་རིག་རིག་གནས་ཀྱི་གོ་རྟོགས་ཇེ་མཐོར་གཏོང་བར་རག་ལས་པ་རེད། རྒྱུ་མཚན་དེ་ལ་དམིགས་ཏེ་ང་ཚོས《རྩྭ་ཐང་བེད་སྤྱོད་དང་དོ་དམ་ལག་རྩལ》ཞེས་པ་རྩོམ་འབྲི་བྱས་པ་དང་། རྣམ་པ་མི་འདྲ་བའི་ཚད་གཞི་མ་ལག་གི་ཚན་རྩལ་ཟབ་སྦྱོང་སྤེལ་ཏེ། ལག་རྩལ་ཤེས་ཤིང་

ཚོང་གཉེར་ལ་མཁས་པ། ངོ་དམ་ཤེས་པ་བཅས་ཀྱི་དེང་རབས་ཅན་གྱི་ཞིང་འབྲོག་པ་མང་པོ་སྐྱེད་སྲིང་བྱས་ཡོད།

དེབ་འདི་ལེའུ་བཞི་དང་ས་བཅད་བཅོ་ལྔའི་གྲུབ་ཡོད་ཅིང་། ལེའུ་དང་པོ་ནི་རྩྭ་ཐང་གི་བྱེད་ལས་དང་གོ་གནས། དེའི་ནང་དུ་མཚོ་སྔོན་ཞིང་ཆེན་གྱི་རྩྭ་ཐང་གི་ཐོན་ཁུངས་ཀྱི་དཔལ་འབྱོར་དང་སྐྱེ་ཁམས། སྤྱི་ཚོགས་བྱེད་ལས། གོ་གནས་བཅས་ངོ་སྤྲོད་རགས་བསྡུས་གནང་ཡོད་པ་དང་། ལེའུ་གཉིས་པ་ནི་རྩྭ་ཐང་གི་སྲུང་སྐྱོབ་དང་བཀོལ་སྤྱོད། དེའི་ནང་དུ་གཙོ་བོར་ཕྱུགས་འཚོ་བ་དང་རི་སྐྱེས་རྩི་ཤིང་འཚོལ་སྤུད་དང་བཀོལ་སྤྱོད་ངོ་སྤྲོད་བྱས་ཡོད་པ་དང་། ལེའུ་གསུམ་པ་ནི་རྩྭ་ཐང་གི་ངོ་དམ་ཤེས་བྱ། དེའི་ནང་དུ་བྱེ་བྲག་ཏུ་རྩྭ་ཐང་གི་འགན་གཙང་ལེན་ཚོང་གཉེར་དང་རྩྭ་ཐང་གི་སྐོར་རྒྱུག གཞི་རྩའི་རྩྭ་ཐང་། རྩྭ་ཐང་གསར་སྤེལ་གཏན་འགོག རྩྭ་ཐང་བཀོལ་སྤྱོད་དང་གནས་སྐབས་བདག་འཛིན། རྩྭ་ཐང་མེ་འགོག་སོགས་ཀྱི་ནང་དོན་ཡོད་པ་དང་། ལེའུ་བཞི་པ་ནི་རྩྭ་ཐང་ལྟ་སྐུལ་ངོ་དམ། དེའི་ནང་དུ་གཙོ་བོར་རྩྭ་ཐང་ལྟ་སྐུལ་ངོ་དམ་ལས་ཁུངས་དང་དེའི་འགན་འཁྲི་ངོ་སྤྲོད་བྱས་ཡོད་དོ། །

དེབ་འདིའི་ནང་དོན་ཐད་གོ་སླ་ཞིང་ཡི་གེ་དང་རི་མོ་མཉམ་སྦྲགས་བྱས་ཡོད་པ། དམིགས་གཏད་རང་བཞིན་དང་བཀོལ་སྤྱོད་རང་བཞིན། ཚད་ལྡན་རང་བཞིན་བཅས་ཡོང་བར་འབད་པ་བྱས་མོད། ཡིན་ན་ཡང་ངེད་ཅག་སྒྲིག་པ་པོའི་ཤེས་བྱའི་ཆུ་ཚད་ཞན་ཁར་སྐྱོན་ཆ་མི་ཉུང་བ་ཞིག་ཡོད་སྲིད། དེ་བས་འབྲེལ་ཡོད་བྱ་བ་སྒྲུབ་མཁན་དང་ཞིང་འབྲོག་པའི་གྲོགས་པོ་རྣམས་ཀྱིས་བསམ་འཆར་འདོན་པར་རེ་བ་ཞུ།

སྒྲིག་པ་པོས།

2015ལོའི་ཟླ 4པའི་ཚེས 1ཉིན།

目　录

དཀར་ཆག

第一章　草原的功能和地位

第一节　概　　念

一、草原

草原是具有一定面积，由草本植物或灌木为主组成的植被及其生长地的总称，是畜牧业的生产资源，并具有多种功能的自然资源和人类生存的自然环境。草原又可分为天然草原和人工草地，前者包括草地、草山和草坡；后者包括改良草地和退耕还草地，但不包括城镇草地。

二、饲草

指牲畜能够采食的草本或灌木植物。

第二节　草原的功能

草原是地球的“皮肤”，是人类赖以生存的宝贵自然资源，在维护生态平衡、提供生产资料、推动社会经济发展等方面具有不可替代的功能作用。

一、草原的经济功能

（一）草原上的饲草资源，可为人类提供畜产品

草原上生长着草本、木本等植物，通过光合作用将大气中的二氧化碳转化成牲畜可食的有机物质，也就是牧草，再通过牲畜采食，转化成供我们生产生活需求的动物产品。青海省草原上分布着340多种牲畜能采食的植物，这些植物大部分具有适口性良好、营养丰富、耐牧性强等特点，是牦牛、绵羊、山羊、马、牛、骆驼等草食家畜主要的饲草资源。据近年测算结果显示，青海省平均每亩鲜草产量2 295千克（153千克/亩），6.28亿亩草原年产草量共达960多亿千克。据2012年统计，全省放牧牲畜1 950多万头只，每年可以提供肉23万吨，羊毛1.8万吨，羊绒414吨。经精深加工后生产的毛、绒、皮、肉、奶制产品、生化药品、生化制剂等进一步增加了畜产品附加值。2012年全省畜牧业生产总值137亿元，占第一产业的52%。草原为人们的生存和发展提供了丰富的生活生产资料。

（二）草原上分布的经济植物，可以开发利用

青海省草原上野生植物种类繁多，分布广泛，资源丰富。有很多种植物本身具有药用、养蜂、食用、观赏、生产淀粉、生产植物纤维等经济用途。据统计，青海省野生药用植物500多种，纤维植物500多种，野生油料作物70多种，淀粉植物50多种，化工原料植物50多种，香料蜜源植物40余种。目前，草原上分布的冬虫夏草、大黄、贝母、黄芪、秦艽、雪莲、党参、羌活、柴胡、麻黄、红景天、藏茵陈等药用植物已广泛应用于中草药和藏药中；野葱、蕨菜、蕨麻等食用植物也已经被人们接受。而其中冬虫夏草、党参、红景天等经精深加工，带来了可观的经济收入（见图1－1）。

图 1－1　冬虫夏草

（三）草原上蕴藏着丰富的矿产资源和能源资源，是加快经济社会发展的重要财富

青海省草原农牧区矿藏、太阳能、风能等资源富集，开发利用潜力巨大。全省草原农牧区共发现各类矿产 125 种，其中有 52 种矿产保有储量居全国的前 10 位，石油和天然气资源比较丰富，现已探明地质储量分别为 2.08 亿吨和 1343.4 亿立方米，分列全国的第 10 位和第 4 位。金属矿产中主要有铜、铅、锌、钴及金矿，贮量大，开发前景好。太阳能是太阳辐射产生的能量，青海省光辐射达到 160～175 大卡/平方厘米，属太阳能资源最丰富的地区，特别是柴达木地区全年日照时数达 3 553.9 小时，目前，青海省草原农牧区在太阳能光伏发电、太阳灶的开发利用和推广方面已取得了很大成效。

（四）草原独特的自然风光和人文资源，可以用来发展旅游业

草原风光旖旎壮美，风景迷人。祁连山草原、金银滩草原等是全国闻名的旅游景点。同时，辽阔的草原是各少数民族世居生

产生活的地方，常年的草原生活蕴育了各民族丰富的草原文化，这是世代生息在草原地区的先民、部落、民族共同创造的一种与草原生态环境相适应的文化。从目前的文化定位特征来看，草原文化具有浓厚地域特色和民族特征的一种复合性文化。草原文化在中华文化“走出去”战略中彰显出特殊的魅力和影响。近年来，草原文化走出国门参与国际文化的重大交流活动，产生了越来越广泛的影响。蒙古族的长调、马头琴已列入世界非物质文化遗产。一方面，青海省藏族、蒙古族等草原民族的文化艺术，如歌舞、文物、服饰、手工艺品等，特别是青海藏毯以其独有的艺术特色和魅力在世界各大洲留下了美好的足迹，极大地增强了中华文化的影响力和感染力；另一方面，广袤的大草原和独具风格的草原民族风情，也越来越吸引世人的眼光。草原文化为开辟大草原旅游市场和与世界交流，提供了广阔的舞台。随着深化改革、扩大开放、科学发展的新的历史进程，草原文化必将以更加崭新的姿态越来越深刻、越来越广泛地呈现在世人面前。

二、草原的生态功能

（一）增加含氧量，净化空气

草原植物通过光合作用可吸收大气中的二氧化碳并释放出氧气，平均25平方米的草原就能把一个人呼出的二氧化碳全部还原为氧气。草原植物可以吸收、固定大气中的有害有毒气体，减少空气中有害细菌含量，还能不断地接收、吸附空气中的尘埃，有效减少空气中的粉尘含量。

（二）防风固沙，防止水土流失

寸草能遮丈风，草原植被贴地面生长，能很好地覆盖地面，可以增加地表的粗糙程度，降低近地表风速，从而减缓风速，固定地表土壤。据研究，当植被盖度为30%～50%时，近地面风速可削弱50%。在干旱、风沙、土瘠等条件下，林木生长困难，而草本植物耗水量少，较易生长。随着流动沙丘上草本植被的生长，能有效控制沙尘源地，减少沙尘暴的发生发展。如果在干旱地区建立与风向垂直的高草草障，风速要比空旷地区低 19% ~ 84%。荒漠草地防风固沙植被每亩固沙 30 ~ 40 立方米。

草原植物根系发达，具有极强的固土和穿透作用，能有效增加土壤孔隙度和抗冲刷、风蚀的能力，有效降低水土流失和土壤风蚀沙化。据有关地区测定，农田比草地的水土流失量高 40 ~ 100 倍，种草的坡地比不种草的坡地，地表径流可减少 47%，冲刷减少 77%。

（三）涵养水源，净化水质

草原植被可以吸收和阻截降水，降低径流速度，减弱降水对地表的冲击，并净化渗入到地下的地下水。研究表明，草原比裸地的含水量高 20% 以上，当日降水量超过 50 毫米时，坡地种植多年生牧草的地表径流量比不种植牧草的耕地下降 30%，地表冲刷量仅为耕地的 22%，与林地冲刷量相比无显著差异。地表草本植物较少的林地，冲刷量则比草地高 45%。当日降水量为 340 毫米时，每亩坡地水土流失量为 450 千克，耕地为 238 千克，而草地仅为 6.2 千克。这是因为牧草根系集中分布于 0 ~ 30 厘米的表土层中且盘根错节，形成致密的生草保护层，象“地毯”一样覆盖地面，保护地表。

（四）保育生物多样性

青海草原农牧区位于全球海拔最高的青藏高原，具有丰富的植物和动物资源，野生植物约有 1 091 种，国家重点保护动物 74 种，其中国家一类保护动物 21 种（如野骆驼、野牦牛、野驴、藏羚、盘羊（大角羊）、白唇鹿、雪豹、黑颈鹤、鬣羚（苏门羚）、黑颈鹤等），二类保护动物 53 种，三类保护动物 36 种。这些物种资源很好地保持了野生动植物基因结构，为人类物种进化改造提供了丰富的资源。

三、草原的社会功能

草原是青海省秀美山川的主体部分，是牧民赖以生存的家园，是与农耕生产相互依存、相互补充的生产资源。牧民以草原为家，以草原为伴，世世代代在草原上生息繁衍，有效减轻了工业化、城镇化进程中生活空间压力。草原为各类牲畜源源不断提供饲草和营养。牲畜通过采食，将牧草转化成畜产品，供人类消费，有效减缓了粮食的生产压力。利用草原发展畜牧业已成为牧民主要的生产生活方式，牧民的衣食住行无不与草原紧密相连，牧民的经济活动也紧紧围绕草原展开。畜牧业成为他们赖以生存和进步的基础。同时，多样化的草原孕育了多姿多彩的草原文化，如流传百世的格萨尔王传、唐蕃古道、文成公主等历史故事在牧区广为流传。因此，草原不但是牧民的物质家园，也是牧民的精神家园。青海省草原地区居住着藏族、蒙古族等 180 多万牧民。草原对传播藏、汉文化，促进藏区社会稳定和经济可持续发展，发挥着重要作用。

第三节　草原的地位

草原是一种重要的可更新的自然资源，具有生产、生态等多种功能，在青海省经济社会发展中具有重要的战略地位。依赖草原资源而发展的草地畜牧业是青海省主要的产业之一，畜牧业产值在全省占有较大比重。草原在维护国家生态安全中的地位亦极其重要。青海省草原是面积最大的绿色生态屏障，草地面积占全省土地总面积的 60.47%，是农田面积的 70 多倍，是森林面积的

11 余倍，主要分布在青藏高原腹地，是我国长江、黄河、澜沧江、黑河四大河流的发源地，其中江河源地区是我国和亚洲最主要河流的上游关键区，也是欧亚大陆上孕育大江大河最多的区域，对各江河起着水文初始循环的作用，被誉为“中华水塔”。可以说，青海省草原是青藏地区高寒生态系统的主体，不仅是维系高原生态平衡的天然屏障，也是三江源头区及中下游地区重要的生态屏障，它的涵养水源、防止水土流失的功能显著。草原生态环境问题不仅关系到青海省经济社会的可持续发展，而且对中下游地区乃至全国的生态安全具有深刻影响。但草原地位不是一成不变的，它是随着人们对草原功能认识的逐步深入，草原的地位也随之发生着变化。

从古代至近代，青海境内人口稀少，草原生产的新鲜饲草或加工的饲草产品很少流通，没有形成商品。人们认为饲草是自然生长出来的，取之不尽、用之不竭，将草原视为“荒地”。由于对草原的价值认识不足，人类自汉代开始开垦草原、种植粮食。汉王朝时期在确立“军事屯田”和“移民实边”政策之后，直至明朝以及清朝乾隆和光绪年间陆续对青海东部的河湟谷地等地进行了开垦。

中华人民共和国成立至改革开放之前，人们对草原经济功能的认知得到逐步提高，但认为草原生产牧草的经济效益不如种粮高，仍存在开垦草原种植粮食的乱象。1949 年以来，青海省天然草地经历了两次较大规模的开垦，第一次是 1958～1962 年开垦优良草地 570 万亩，后弃耕 400 多万亩；第二次是 1980～2000 年开垦天然草原 72 万亩。

20 世纪 90 年代中期，草原实行家庭责任制承包后，牧区的人口不断增长，牧民群众超计划扩大牲畜数量，人草畜矛盾逐渐凸显，超载过牧问题日益加剧，造成草原生产力不断下降，草原生态持续恶化；草原畜牧业生产陷入了超载过牧—草场退化—牲畜无草可食—牧民难以养畜的困境。这种状况致使草地大面积退化，草原涵养水源和保持水土能力降低，水土流失面积不断扩大，湿地退缩，区域水源涵养功能不断下降。据统计，全省90%以上的草原都出现了不同程度的退化，其中中度以上退化面积2.45亿亩，比1980年增加1.89亿亩；重度退化面积0.66亿亩，比1980年增加0.52亿亩；草地退化后，引发草原鼠虫害的泛滥不仅制约了藏区畜牧业的可持续发展，还威胁到国家的生态安全。至此，草原问题开始受到关注。

2000年以来，特别是党的十七大发出生态文明建设的号召后，青海省草原的生态、经济和社会功能得到了国家有关部门的关注。中共青海省委、省人民政府从战略高度提出了生态立省的目标，先后实施了天然草原植被恢复与建设、草原围栏、退牧还草等工程项目。2011年，国家又在青海等省区全面落实了草原生态保护补助奖励机制。这些都充分地说明了草原在我国经济社会持续发展中战略地位的重要性。

第二章　草原的保护利用

青海省草原畜牧业历史悠久，距今已有五六千年的历史，直到近现代人们利用草原的主要方式仍然是以放牧为主来发展畜牧业生产。只是到了近几十年，特别是近年来为加快农牧区社会经济发展，草原的其他用途才逐渐增多。一是开垦草原种植粮食和经济作物；二是矿藏资源开发和工程建设，如石油、煤、天然气、金属等矿藏开采，以及道路建设、风电建设、城镇建设等；三是野生植物采集，如采集冬虫夏草、甘草、麻黄、发菜等。青海省牧区生态系统复杂而又脆弱，生物物种丰富而又易遭破坏，不合理的资源开发、非法使用草原对本来脆弱的高寒草原生态环境造成了新的破坏，致使草原沙化、退化加剧，沙尘暴频发。显然，对草原过度索取，无异于“杀鸡取卵”。没有良好的草原，人们就不可能有安全、稳定的生存家园，经济发展也就无从谈起。因此，合理放牧利用草原，禁止开垦草原、控制矿藏开采和工程建设、野生植物采集等非畜牧业使用草原，避免和最大限度地减少对草原的破坏具有十分重要的现实意义。

第一节　放牧利用

一、概念

（一）放牧地的放牧时期

放牧地从适当放牧开始到适当放牧结束这一段时间，称为放牧时期。

（二）放牧季

草地适宜于放牧利用的时期，而不是针对牲畜来说的。我们把牲畜的实际放牧时期叫放牧日期。

（三）草地利用率

在适度放牧情况下的采食量与产草量之比。

（四）载畜量

一定的草地面积，在一定的利用时间内，所承载饲养牲畜的头数和时间。载畜量可分为理论载畜量和实际载畜量。根据适宜理论载畜量和实际饲养量之差，得出草畜是否平衡的结论。掌握了放牧地合理的载畜量就不致因放牧过轻浪费草地，也不致因放牧过重引起草地退化。

（五）合理载畜量

在一定的草地面积和一定的利用时间内，在适度放牧（或割草）利用，并维持草地可持续生产的条件下，满足所养牲畜正常生长、繁殖、生产的需要，所能承养的牲畜数量和时间。

（六）实际载畜量

一定面积的草地，在一定的利用时间段内，实际承养的标准牲畜头数。一般根据牧草产量来测定载畜量，就是根据草原的面积、牧草产量和牲畜日采食量来核定适宜的理论载畜量。

（七）以草定畜

根据一定牧场单位（如一块草地、一个家庭、一个村社）的牧草实际贮藏量来确定合理的载畜量。以草定畜是合理利用牧草资源，解决畜草矛盾，保持草地生态平衡，稳定发展畜牧业的重要措施。

（八）草畜平衡

在一定区域时间内通过草原和其他途径提供的饲草饲料量，与饲养牲畜所需的饲草饲料达到总体平衡。

二、放牧对草地的影响

放牧是青海省牧区利用草地的主要方式，放牧青草具有良好的营养价值，富含蛋白质、维生素、矿物质及其他营养物质。与其他饲料相比，放牧青草适口性好、营养价值高、营养成分完善，它优于同类青草所调制的干草或青贮料。

据国内外大量资料报道，放牧的利用成本，一般只有饲喂干草、谷物饲料和多汁饲料的20% ~70%。如羊群，喂干草的成本比放牧高3.2倍，喂谷物饲料的成本比放牧高5倍左右，喂多汁饲料成本比放牧高7倍左右。

放牧对草地的影响是一把双刃剑，适度放牧可刺激草丛枝叶多，保持旺盛的生机，对植物的生长发育有促进作用，可以弥补植物因牲畜采食造成的营养和生殖的损失。牲畜的采食还可以去除植物的衰老组织，有利于植物的再生。当有牲畜放牧时，帮助草传花授粉、分离根系，把种子踩入土中（蹄耕作用），在牧草生长早期，适度践踏能增加牧草产量。排泄粪尿起到均匀施肥的作用。

过度放牧时，由于牲畜采食的频率过高，留茬高度过低，则直接影响牧草的分蘖，牧草叶面积减少；牧草根系变短，根量减少；随着利用程度的加剧，牧草的产草量显著下降；还会妨碍种子形成，导致牲畜喜欢采食的牧草数量减少或消失，而牲畜不喜欢吃的牧草和不吃的牧草数量增加；使草原质量变差，进而引起草地退化、沙化。

为了发挥放牧对草地的积极影响，避免消极影响，就必须进行科学有效的管理，依据确定的载畜量，适度调整放牧强度，以保证草地资源的可持续利用。

三、合理放牧的基本要求

草原退化的一个重要原因是过度放牧，因此防治草地退化、沙化的重要手段就是合理放牧。那么，究竟如何进行合理放牧？

（一）掌握正确的放牧时期

正确的放牧时期对于放牧地的损害最少而益处较多。确定适宜的放牧时期，决定于两个条件。首先要考虑牧草地的水分不可过多，一般在潮湿放牧地上，人畜走过没有脚印时（含水量在50%～60%）就可以放牧；其次是要考虑牧草需经过适当生长发育，避开牧草的“忌牧时期”。

牧草刚返青时应“忌牧”，因为此时牧草完全依靠越冬前贮藏物质萌发，还不能进行有效的光合作用补充营养物质。如果此时放牧就会使其贮存的有限养料严重耗竭，丧失生机，影响饲草的再生，这样就降低了产草量。如果返青较早的牧草，首先被牲畜吃掉，这样年年下去，适口性好的优良牧草减少，牲畜不喜食的杂草、毒草、害草逐渐增多，使草地品质逐渐变坏。如果牲畜“抢青”、“跑青”，牧草刚返青时，远处看一片青色，近看若有若无，牲畜为了寻找青草，到处乱跑，既体力消耗大，又吃不到多少青草，反而消耗过多牲畜体能，甚至造成牲畜死亡。

牧草开花结籽期应“忌牧”。待牧草完成开花、结籽后再行放牧，这时成熟种子在第二年萌发生长，可补充草地中牧草植株的数量，保证优良牧草在草地中的合理比例。

1．适宜开始放牧的时期：返青半个月后，饲草消耗的营养物质开始得到补充。因此，开始放牧的适宜时期，一般在牧草开始返青后

15～20天。具体地说，以禾草为主的草地，放牧开始不迟于拔节期，草高在5～7厘米；以豆科、杂类草为主的草地，分枝开始（腋芽或侧枝发生时）即可放牧，此时牧草高5～10厘米；以莎草科为主的放牧地，应在分蘖停止或叶片生长到成熟大小时放牧。

2. 适宜放牧结束时间：放牧停止过早，牧草成熟度加大，会影响冬季利用效果，将造成草地资源的浪费；停止过迟，则多年生牧草没有足够的贮藏养料时间，以备越冬和春季萌生需要，影响春季返青和第二年的产草量。实验证明，在生长季结束前30天左右（25～40天）停止放牧最为适宜。

（二）掌握合理的载畜量

放牧合理不合理，科学不科学，主要依据就是是否实现畜草平衡，草原承包经营者应根据一年之中牧草生长供应的情况，经常不断地调整放牧牲畜的头数，以求草地牧草的产量和牲畜对牧草的需求之间达到相对的平衡。夏秋季节牧草繁茂，多饲养牲畜；冬春季节饲草不足，少饲养牲畜或补饲。因为只有实现畜草平衡，才有可能达到牧草的合理利用，才有可能实现草原生态系统的平衡，才有可能实现可持续发展。

（三）掌握适宜的放牧强度

放牧地表现出来的放牧轻重的程度叫做放牧强度。放牧强度与放牧牲畜的头数及放牧时间有密切关系。牲畜头数越多，放牧时间越长，放牧强度也就越大。如在一块放牧地上，长时间放牧一种牲畜，容易破坏植被结构，表现出放牧过重。放牧强度常用草地的利用率和牲畜的采食率两项指标来衡量。

草地合理的利用率具体指牲畜的采食未超过牧草的忍耐限度，并保持牲畜的正常生长、发育。即在适宜利用条件下，草地的表现是既不放牧过重也不放牧过轻，牧草正常生长，并能维持牲畜的正常生产生活。但是，牲畜实际采食的情况不总是符合利用率的要求，或偏高或偏低。如果采食率≈利用率，放牧适宜；利用率>采食率，轻度放牧；利用率<采食率，过度放牧。

四、以草定畜

（一）划区轮牧

青海省过去大部分地区采取游牧，即自由放牧的方式，也就是整个放牧季，对放牧地不做划区轮牧规划，牲畜始终保持在较大范围的草地自由采食。这种放牧制度有不同的放牧方式，其优点是可以随意驱赶畜群，在较大范围内任意放牧。管理简单，不需花很多的劳力与成本，牲畜也可任意选择最喜食的牧草；缺点是导致某些植物的过度采食和其他植物的过轻采食（牧草浪费），牲畜体力消耗过多，致使其生产能力下降，还可能引起牲畜蠕虫病的发生。

划区轮牧是控制放牧中的一种主要形式，是根据草原生产力和放牧畜群的需要，把放牧草场分成若干轮牧分区，按照一定次序逐区轮回利用的一种放牧制度。是一种科学利用草原的方式。通俗地讲，就是根据草场的产草量和畜群的大小，把草场划分成若干个小区，每个小区放牧一定天数，在这些小区有序轮流放牧（图2-1）。

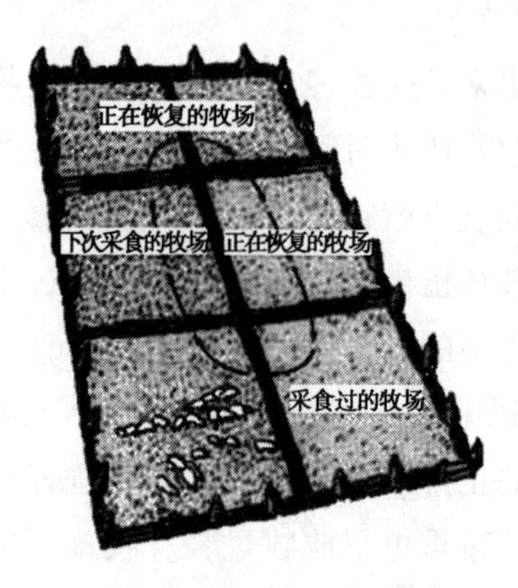

图2-1　划区轮牧示意图

1. 划区轮牧的优点

（1）减少牧草浪费，节约草地面积：在划区轮牧中，一定数量的牲畜只在规定的日期内采食，对牧草的选择机会大大减少，草地利用更加均匀，一般可提高采食率20%～30%，剩余草量不超过12%～15%。在同等水平上，划区轮牧比自由放牧多容纳30%的牲畜，牲畜生产力提高5%～10%。如自由放牧时每头奶牛需草地142．5亩以上，划区轮牧时则为247．5亩以上。

（2）保证牧草的产量和品质：划区轮牧能均匀利用草场植被，防止杂草滋生，保证优良牧草的生存和发展。

（3）增加畜产品产量：由于牲畜多采食，少走路，降低了能耗，增加了饲料的生产效益。牲畜日增重平均比与自由放牧提高17.3%～34.0%，绵羊个体产毛量增加7%～10%。

（4）有利于草场管理：划区轮牧范围较小，便于集中建设管理，如灌溉、施肥、补播等，同时还减轻了牧工的劳动强度。

（5）防止牲畜寄生虫病的感染：许多寄生虫以牲畜为寄主，在连续放牧情况下，寄生虫的幼虫随牲畜采食进入体内，使牲畜染病，危害牲畜健康，尤其对幼畜危害更大。划区轮牧，牲畜经常转移，减少了蠕虫生存和传播概率，降低了危害。

2. 划区轮牧的设计步骤：根据牧户草原利用现状，把天然放牧场划分为冬春季放牧场和夏秋季放牧场，对冬春季或夏秋季放牧草场划分为几个小区进行轮牧。根据草地植被自然生长规律制定划区轮牧主要技术参数和轮牧作息时间表进行管理，如冬春场在夏秋季节休牧，只在冬春季节放牧利用。由人工草地和打草场提供的优质饲草料作为冬春补饲，减少冬季放牧场放牧压力。这样可提高放牧场单位面积载畜率，达到草地的永续利用和草地畜牧业的可持续发展。

（1）划分季节牧场

1）根据地形和地势划分：地形和地势是影响放牧地水热条件的主要因素，也是划分季节牧场的主要依据。山地草地地形条件变化很大，地势、海拔不同，气候差异较大，植被的垂直分布也十分明显。在这种地方季节牧场基本上是按海拔高度划分的：每年从春季开始，随气温上升逐渐由平地向高山转移，到秋季又随气温下降由高山转向山麓和平滩。也可以按坡向划分，在冷季（冬春）利用阳坡，暖季（夏秋）利用阴坡。生产中常有“天暖无风放平滩，天冷风大放山湾”的说法。在比较平坦的地区，小地形对水热条件影响较大，夏秋牧场可划分在凉爽的岗地、台地，冬春牧场安排在温暖、避风的洼地、谷地和低地。

2）根据植被特点划分：“四季气候四季草”，如以芨芨草为主的草地尽可划为深秋利用；针茅可在盛花期及结实期之前利用。在荒漠半荒漠地区，有些短命与类短命植物，在春季萌发较早，并在很短时间内完成其生命周期，以这类植物为主的牧场早春利用是最合适的。在干旱草原地区有些早熟的小禾草，如硬质早熟禾、冰草等，以及一些无茎豆科牧草，如乳白花黄芪、米口袋等，春季萌发较早，而且在初夏即完成其生命周期，这类牧草也只适合于春季和夏初利用。

3）根据水源条件划分：放牧场的适宜利用期与其水源条件有密切关系。不同季节，气候条件不同，牲畜生理需要有差异，其饮水次数、饮水量也不一样。暖季气温高，牲畜饮水较多，故要求水源充足，距离较近；冷季气温低，牲畜饮水量和次数较少，可以选择离水源较远的牧场。有些草原夏季无水，冬天有雪时，可靠积雪解决饮水问题。

根据上述一些基本原则，可以将放牧地首先划分成两季（冷季、暖季）、三季（夏场、春秋场、冬场等）或四季牧场，然后在季节牧场内再划分轮牧分区。

（2）季节牧场划分后，再划分轮牧小区：确定轮牧周期（再生能力、气候特点、管理条件、利用时期）、每小区放牧天数、放牧频率（放牧次数 = 牧草再生次数）、小区数目、小区面积（形状）、放牧密度、轮牧方法、小区形状和布局（自然障碍物为分界）。

划区轮牧是一项技术性很强的工作，首先要考虑轮牧周期和频率，这是制定轮牧规划的基础。所谓周期，就是在已划分的若干小区上依次轮回，轮回一次所需要的时间叫轮牧周期，即从第一分区至最后分区循序利用一遍，并返回第一区的时间。轮牧周期的时间是放牧后牧草再生达到可以再次利用的时间，一般为 25 ~ 60 天，一般年份各类草原轮牧周期大概是荒漠草原 40 ~ 60 天，干旱草原 30 ~ 40 天，草甸草原 20 ~ 30 天，高山草原 30 ~ 45 天。

划区轮牧中，一个小区在放牧季节中能轮流放牧的次数称为放牧频度，放牧频度应有限制。一般来说，草甸草原不超过 3 ~ 4 次，干旱草原 2 ~ 3 次，荒漠草原 1 ~ 2 次，高山草原 2 ~ 3 次。为保证牧草的充分再生，每一分区内放牧不能采集到再生草，同时躲开粪便中排出的寄生性蠕虫的感染，在每个小区放牧的时间，春夏秋三季不要超过 6 天，非牧草生长季或荒漠地区可不受 6 天的限制。

（二）草原休牧、禁牧

草原休牧是时限 1 年以内的短期禁止放牧利用草原的草原管理措施。即某一块放牧地段上，特定时间内不放任何牲畜，可以是几十天或几个月。草原禁牧是指在中度以上退化草原上不放养任何牲畜，时限 1 年以上的长期禁止放牧利用。

1. 禁牧区、草畜平衡区的划定：青海省对生态脆弱、生存环境恶劣、退化严重、不宜放牧的中度以上退化草原划为禁牧区，对禁牧区域以外的草原划为草畜平衡区，在核定合理载畜量的基础上，中央财政对未超载放牧的牧民给予奖励。禁牧区和草畜平衡区要明确地块、面积、四至界线，并落实到已承包草原的牧户。

2. 草原休牧管理：如果放牧的牲畜数量明显低于草原载畜能力，就没有休牧的必要。但当放牧的牲畜数量接近或超出草原载畜能力时则需考虑采取休牧措施。草原的重要休牧时期有3个，分别为春季牧草返青期、秋季牧草结实期和冬前牧草养分贮藏期，其中，春季牧草返青期休牧最为重要。

春季牧草返青初期，越冬芽萌发完全依赖于根和地下茎等养分贮藏器官冬前储备的养分，尽管叶片已经开始通过光合作用合成营养物质，但由于叶量少、光合产物有限，在一段时间内依然需要消耗冬前储备的养分。返青期放牧，将使牧草刚刚形成的有限光合器官被采食掉，加之此时养分贮藏器官的储备养分亦已濒于枯竭，势必导致牧草生命活力减弱，甚至衰亡。因此，当放牧牲畜数量接近或超出草原载畜能力时，返青期放牧会明显降低草场产草量，甚至导致草场退化。

秋季牧草结实期放牧会降低草籽产量，不利于草原的自我修复和自然更新。

入冬之前一个月是牧草为安全越冬和春季返青储备养分的重要阶段。放牧使牧草光合器官被采食掉，导致光合产物减少，养分贮藏器官中的储备养分数量降低。为了让牧草安全越冬和正常返青，冬前牧草养分贮藏期不宜重牧。若放牧牲畜数量超出草原载畜能力，应采取休牧措施。

3. 草原禁牧管理：若放牧牲畜的数量远远超出草原载畜能力，导致草原明显退化时，就应实施禁牧。草原退化通常表现为植被高度降低，植株稀疏，盖度下降，产草量降低，优质牧草比例减少，毒害植物和劣质牧草比例上升。当产草量恢复至未退化草原水平时，可以解除禁牧，解除禁牧后，应实施休牧。

（三）草原生态保护补助奖励机制草畜平衡措施

国家建立草原生态保护补助奖励机制的政策，其核心内容是对生存环境非常恶劣、草场严重退化、不宜放牧的草原，划为禁牧区，实行禁牧封育，中央财政给予禁牧补助；对禁牧区域以外的区域划为草畜平衡区，实行划区轮牧和休牧，国家给予草畜平衡奖励。禁牧补助和草畜平衡奖励以 5 年为一个周期，第一个周期为 2011～2015 年。

1. 超载牲畜核减：首先由县级农牧部门核定本地区的合理载畜量；其次，根据核定的载畜量确定减畜头数，制定减畜计划，将减畜任务分解到户，并在村级范围进行公示；最后，由县级农牧部门组织乡、村及牧户逐户核减牲畜。

2. 牧户数量核实：必须同时具备以下三个条件：一是依法拥有承包经营的草原，并符合禁牧或草畜平衡条件的；二是经济收入主要来源于草原畜牧业生产的；三是经县级人民政府户籍管理部门确认户籍关系的。

3. 草畜平衡责任书的主要内容：一是草原现状，包括承包草原的边界、面积、类型、等级、草原退化面积及程度；二是现有的牲畜种类和数量；三是核定的草原载畜量；四是实现草畜平衡的主要措施；五是草原使用者或承包经营者的责任；六是责任书的有效期限；七是其他有关事项。

第二节　草原野生植物的保护利用

一、概念

草原野生植物一般是指天然草原上生长的植物，特指草原上生长分布的珍稀、特有和重要的经济植物以及具有特殊生态功能的植物。

二、重点保护野生植物

草原野生植物的保护重点是珍贵稀有的野生植物。为保护野生植物资源，国家及地方政府将生态作用关键、经济需求量大、国际较为关注、科研价值高，且资源消耗严重的野生植物划为重点保护野生植物。

草原重点保护野生植物分为国家重点保护野生植物和地方重点保护野生植物。国家重点保护野生植物由国务院批准并公布，地方重点保护野生植物是指国家重点保护野生植物以外，由省人民政府制定公布省级保护的野生植物，并报国务院备案。

国家重点保护野生植物分为国家一级保护野生植物和国家二级保护野生植物。国家禁止采集、收购、出售一级保护草原野生植物，如发菜是青海省资源量较大的国家一级保护野生植物，冬虫夏草、甘草、麻黄草为我国二级保护野生植物。

青海省省级重点保护野生植物（地方重点保护野生植物）有掌叶大黄、鸡爪大黄、黑蕊虎耳草、青海虎耳草、腺荚黄芪、小果白刺、唐古特白刺、锁阳、青海茄参、青藏龙胆、达乌里秦艽、高山龙胆、椭圆叶花锚、川西獐芽菜、抱茎獐牙菜、短管兔耳草、华福花、固沙草、以礼草、梭罗草、一把伞南星、西南手参、蕨、中麻黄、青海沙拐枣、柴达木沙拐枣、梭梭、驼绒藜、青海雪灵芝、青藏雪灵芝、甘肃雪灵芝、川赤芍、松潘乌头、狭叶红景天、唐古特红景天、蕨麻、多花黄芪、甘草、霸王、远志、泽库棱子芹、玉树藁本、黑柴胡、簇生柴胡、宽叶羌活、鹿蹄草、麻花艽、黑果枸杞、青海玄参、小缬草、甘松、水母雪莲、玉树鹅观草、青海披碱草、野青茅属、青海野青茅、暗紫贝母、梭砂贝母、轮叶黄精等58种野生植物。

三、野生植物的采集

（一）野生植物采集的规定

采集野生植物，特别是采集国家二级保护野生植物应遵循以下规定。

1. 严格执行年度采集计划制度：对草原野生药用植物要合理采挖，县级以上农（畜）局根据辖区内草原野生药用植物产区的资源情况，每年年末逐级向省农牧厅申报下一年度草原野生药用植物年度采集计划，确定本级采集野生药用植物的限额指标。每年年初依照省农牧厅下达的年度草原野生植物采集计划以及本级草原野生药用植物资源保护规划，科学合理地确定采集区域、采集面积、采集人数、采集期限等内容，有序进行采集活动。

2. 实行采集证制度：采集国家二级草原保护野生植物的，应当填写《国家重点保护野生植物采集申请表》，并经采集地的县农（畜）局签署意见后，向省农牧厅或者其授权的野生植物保护管理机构申请采集证。未取得采集证或者未按照采集证的规定采集国家重点保护野生植物的，由野生植物行政主管部门没收所采集的野生植物和违法所得，并处违法所得10倍以下的罚款；有采集证的，吊销其采集证。

采集国家重点保护野生植物的单位和个人，必须按照采集证规定的种类、数量、地点、期限和方法进行采集。采集作业完成后，应当及时向批准采集的省农牧厅或者其授权的野生植物保护管理机构申请查验。

3. 制定禁挖制度：结合轮牧制度，制定野生植物采挖轮休制度，即每年划出一定区域禁挖野生植物，在一定程度上维持种子库的正常补充机制，保障该物种的正常生存。

（二）冬虫夏草的采挖技术

冬虫夏草是国家二级保护野生植物，是青海省珍贵的野生植物资源。为合理采挖利用冬虫夏草，青海省农牧厅、省畜牧兽医科学院制定了《冬虫夏草采挖技术规程》地方标准，并于2008年4月开始施行。现摘选《冬虫夏草采挖技术规程》的部分内容，供采挖群众学习。

1. 采挖地区、时间：旺季采挖的冬虫夏草，不仅虫草体充实饱满，菌苗茂盛而肥壮，且容易发现和采挖，其产量、质量、药效也相应较高。如果过早采挖，多数子实体还未出土，不易寻找和采挖，且此时的冬虫夏草孢子还没有成熟，其有效成分含量会很低，因而药用价值也就大打折扣。如果过晚采挖，孢子飞散，菌苗萎缩或干枯，虫体空心或腐烂，同样也不符合药用标准，所以为了便于寻找和保证质量，应该在冬虫夏草生长最茂盛而孢子还没有飞散的时候采挖是最佳选择。

冬虫夏草虽然是再生性资源，但主要通过冬虫夏草上部的子囊孢子来传播扩散。如果长时间过度采挖就会造成冬虫夏草菌无法传播以及幼虫丧失感染虫草菌的机会，致使接下来的年份产量急剧下降，长此以往，冬虫夏草就有灭绝的危险。因此，应严格控制采收时间。

冬虫夏草可分为头草、二草和三草。为确保农牧民增收，头草二草可以采挖，三草应严禁采收，留着自然界虫草菌种源的复壮更新。各地区采挖时间：海南州4月下旬至6月上旬；黄南州5月上旬至6月上旬；玉树、果洛州：5月上旬至6月中旬。

2. 采挖工具：采挖工具切面宽度不超过3厘米。

3. 采挖方式：用采挖工具在距离草头7厘米左右，连草皮挖9厘米取出冬虫夏草。采挖产生的裸露面积不应超过30~50平方厘米。

4. 采挖时的保护措施：采挖冬虫夏草后，坑要填平、踩实，把裸露泥土的原植被放回原处，做到随挖随填。采挖出来的冬虫夏草应放置在布袋内。

四、野生植物出售、收购、出口

（一）出售、收购

出售、收购国家二级保护野生植物的，应当向所在地县级农（畜）局申请填写《出售、收购国家重点保护二级野生植物申请表》。农业行政主管部门审查符合要求的，报送省级农牧厅或其授权的野生植物保护管理机构审批。

出售、收购国家二级保护野生植物的许可为一次一批，其许可文件应当载明野生植物的物种名称、数量、期限、地点及获取方式、来源等项内容。

（二）出口

青海省冬虫夏草等国家二级保护野生植物出口需要省农牧厅申请办理，具体为申请出口的单位和个人先到省农牧厅行政审批综合办公室申请，经农牧厅审核后，报农业部批准后，再由国家濒管办西安办事处按规定出证。

第三章　草原管理

第一节　草原承包经营责任制

1983～1993年，青海省在广大牧区推行“草原公有、承包经营、牲畜作价归户、私有私养”的家庭承包经营责任制和草原长期有偿分户承包经营生产责任制，推行草原承包。1994～1996年，草原长期分户承包作为畜牧业家庭联产承包责任制的核心，草原承包期限、依法确认使用权及承包的技术要求等问题有了明确规定，使草原承包开始步入规范化、制度化轨道。1997年，在不断总结经验的基础上，提出长期稳定以家庭联产承包为主的责任制，巩固和完善草原家庭承包制。2011年，为落实国家草原生态保护补助奖励机制政策，青海省对草原承包工作又进行了补充和完善，进一步明确草原权属问题，完成草原承包合同签订和使用权证、经营权证补换发。

确认草原权属，落实完善草原承包责任制，是遏制草原退化，维护生态平衡的根本保障，同时对加速社会主义新牧区建设，促进畜牧业经济的高速发展起到了积极的推动作用。

一、草原权属

草原权属主要包括草原所有权、草原使用权和草原承包经营权三种类型。

（一）草原所有权

草原所有权是指拥有草原的国家和集体，在法律规定的范围内对草原享有占有、使用、收益和处分的权利，是草原所有制在法律上的表现。草原所有权的取得必须符合宪法、草原法和其他有关的法律法规。

我国草原所有权有国家所有和集体所有两种形式。青海省草原均属于国家所有。

（二）草原使用权

草原使用权是指全民所有制单位或者集体所有制单位在法律允许的范围内对依法交由使用单位使用的国有草原的占有、使用、收益的权利。

（三）草原承包经营权

草原承包经营权是指牧民、集体在法律和合同规定范围内对于集体所有或者国家所有由集体使用的草地的占有、使用、收益的权利。

二、草原承包

（一）承包范围

青海省全民所有的一切草原、草山、草坡，包括天然草原和人工草地均应确认草原使用权，落实草原承包经营权。草原界线不清的，草原界线未定或有争议的，在定界或争议解决前，暂不进行承包。

草原地表、地下矿产资源属国家所有，不因其所依附的草原所有权和使用权的不同而改变。

（二）承包方式

青海省草原承包方式主要有两种：一是个户承包，二是联户承包。国有农牧场及其他单位使用的草原，按照隶属关系和《青海省草原承包办法》的规定，通过合同形式由职工（户或联户）承包经营。

（三）承包主体

承包草原的主体是全民所有制单位和集体经济组织内的牧户或者联户，也就是说一家一户或者两家以上联户才有权承包草原，家庭内部个别成员无权承包。

（四）承包期限

青海省的草原承包期限为50年，草地承包期内牲畜、人口增减不予调整承包草地面积与期限。

承包期内，妇女结婚，在新的居住地没有取得承包地的，乡政府或村（牧）委会不得收回其出嫁前承包的草原；妇女离婚或丧偶的，仍在原居住地生活或者不在原居住地生活但在新居住地没有取得承包地的，乡政府或村（牧）委会不得收回其承包的草原。

（五）两证一合同

"两证一合同"是指在草原承包过程中，应核（换、签）发的草原使用权证、草原经营权证及草原承包经营合同。

1. 草原使用权证：是指草原使用单位和个人行使草原使用权的法律文书。由青海省农牧厅统一印制，县级以上人民政府负责发放给村（牧）委会或全民所有制单位集体的，一村或一单位一本。

草原使用权证填写内容，包括编号、证书号、使用者、使用者地址、使用者起止日期、使用方式、草原用途、草原总面积、地点、地块号、图号、草原面积、利用季节、四至界限、发证机关、填证机关、发证日期、填证日期等。

2. 草原承包经营合同：是指草原承包经营单位和个人行使草原经营权的法律文书。草原使用权属明确后，对承包草原，按照隶属关系，由乡（镇）政府或牧（村）委会与承包草原的牧户签订承包合同。合同一式三份，乡镇政府或牧（村）委会和承包牧户各持一份，县农牧局或草原监理站存档一份。

草原承包经营合同填写内容，包括基本情况：包括发包方、承包方、合同编号；草原承包情况：包括承包方所承包经营的草原乡（镇）、村（牧）委会的草原块数、面积以及承包户（联户）户数，承包期、签订日期、承包户主（或联户）姓名、承包草原总面积、承包草原总块数、地点、地块号、图号、面积、类型及等级、利用季节、是否基本草原、四至界限等。

3. 草原承包经营权证：是指草原承包经营单位和个人行使草原经营权的法律文书。在草原使用权属明确、草原承包经营合同签订后，为承包草原的牧户核（换）发草原承包经营权证。由县以上人民政府和填发机关共同盖章生效。草原承包经营权证内容如下。

（1）基本情况：包括编号、使用者姓名、住址、使用面积、发证机关、填发机关、发证日期、填发日期、使用期限、地块数量等。

（2）草场固定情况：包括草场所在地点、面积、折标准草场面积、类型及等级、利用季节、地块号、四至界限、图号等。

（3）草地生产力情况：包括亩产鲜草、理论载畜量、现有载畜量等。

（4）牲畜情况：指实际存栏牲畜情况。

（5）草场建设设施情况：指现有草原建设设施情况。

（6）家庭基本情况：家庭中劳力分配情况。

（7）变更事项：用于草场及草原建设设施权属发生变更时的登记。变更事由填写时，应写明变更的原因和依据。

（8）调查日期：调查各登记内容时的日期，每一项内容的调查日期分别填写。

（六）承包程序

踏查现场、明确草场界线→确定户均承包面积→勾绘草原承包图→登记造册。

1. 踏查现场，明确乡村集体单位的草场界限、面积和草场等级，并在1∶50000～1∶100000的地形图上标出。

2. 综合人口、牲畜数量和草场等级等因素，提出合理的户均承包面积，交村（牧）民委员会讨论通过。

3. 现场划定各户草原使用界线，丈测草场面积，并在1∶50000的地形图上勾出草原界线，标明草原等级。

4. 登记造册。登记内容应包括承包草原总面积、各等级草原面积，现有牲畜、人口、劳力、各种草原建设设施数量，四至界线名称及毗邻牧户姓名。

草原承包必须作到权属明确，四至清楚，标志显著，数据准确，图册相符。

（七）草原承包经营者享有的权利和义务

1. 权利

（1）依法使用草原、从事畜牧业生产的经营自主权。

（2）对生产成果和经济收益的自主支配权。

（3）接受国家资助、按规定建设草原的权利。

（4）在承包经营权受到侵犯时，请求处理及要求赔偿损失的权利。

（5）依法转让、子女继承草原承包使用权的权利。

2. 义务

（1）全面履行承包合同，接受国家指导，服从乡、村草原建设统一规划，依法纳税。

（2）以草定畜，合理利用和保护草原。

（3）接受国家草原监理部门的监督。

（4）保护国家建设设施和公共设施。

第二节　草原流转

一、概念

草原流转是指草原承包经营权在不同牧户之间的流动和转让。即牧户将自家承包的草原通过出租、转包、互换等方式与其他牧户之间交流的行为。

二、草原流转遵循的原则

草原流转应当遵循法律、法规规定，坚持平等、协商、自愿、有偿的原则。

草原承包经营权流转不得改变承包草原的用途，流转期限不得超过承包期的剩余期限。

草原承包经营权流转受让方必须履行草原保护和建设义务，严格遵守草畜平衡制度，签订草畜平衡责任书，按照合同约定，合理利用草原，不得进行掠夺性经营。

草原承包经营权流转受让方进行草原承包权的再流转时必须先取得原承包方的同意，否则再流转无效。

三、草原流转的条件

1．承包草原的牧户依法有权自主决定承包草原是否流转、流转给谁，怎么流转等。

2．草原承包经营权受让方必须具有畜牧业经营能力。

3．实施禁牧的、未落实草原承包经营权的、草原权属有争议的或法律法规禁止的其他情形的草原不得流转。

四、草原流转的方式

草原流转的方式主要有转包、出租、互换、转让、股份合作等形式。

(一) 转包

承包方将部分或者全部草原承包经营权以一定期限转包给同一集体经济组织内其他牧户或个人从事畜牧业生产经营。转包后原草原承包关系不变，原承包方继续履行原草原承包合同规定的权利和义务。受让方按转包时约定的条件对转包方负责。

例如，某村牧户甲承包草原 3 000 亩，因牲畜少，部分草原闲置，而本村牧户乙牛羊多，自己承包的草原不够用，牧户乙想承包牧户甲闲置的那部分草原用于放牧，在征得牧户甲的同意后，双方协商签订转包合同。转包后，牧户乙承包使用的这几年中，草原的承包经营权仍归牧户甲所有，牧户乙只能根据双方的约定进行放牧利用。

(二) 出租

承包方将部分或全部草原承包经营权以一定期限租赁给他人从事畜牧业生产经营。出租后原草原承包关系不变，原承包方继续履行原草原承包合同规定的权利和义务。受让方按出租时约定的条件对承包方负责。

例如，牧户甲承包草原面积 3000 亩，因牲畜少，他将其中的 1000 亩草原租给牧户乙放牧 3 个月，牧户乙按 50 元/亩缴纳租金。这 3 个月中，牧户乙只能在这 1000 亩草原上放牧利用，而草原经营权仍属于牧户甲，其享有的权利和义务不发生改变。

(三) 互换

承包方之间为方便放牧或者各自需要，对属于同一集体经济组织内的承包草原进行互换，同时交换相应的草原承包经营权。

例如，为了方便生产，牧户甲想用离家较远的 500 亩承包草原与牧户乙的 400 亩草原互换，经两家协商，报村（牧）委会同意后进行互换。互换后，原牧户甲的 500 亩草原的承包经营权就归牧户乙所有，原牧户乙的400亩草原的承包经营权归牧户甲所有。

（四）转让

承包方有稳定的非农牧职业或者有稳定的收入来源，由承包方和受让方申请，经发包方同意，将部分或者全部承包经营的草原及其相应的权利义务让渡给其他从事畜牧业生产经营的组织或个人，原承包方在承包期内的草原承包经营权部分或全部灭失。由受让方与发包方重新确立承包关系，签订草原承包经营合同，并到草原经营权证发证机关办理权属变更手续，更换证书。

例如，牧户甲在乡上经营一家店铺，有稳定的经济收入，承包的草原部分闲置，想将其中的1 000亩草原让给本村的牧户乙，牧户乙也愿意承包这1 000亩草原。二人向村委会申请同意后，牧户乙与村委会签订草原承包经营合同，并到县农牧局办理权属变更手续，这1 000亩草原的承包经营权就归牧户乙所有，牧户甲不再享有任何权利和义务。

（五）股份合作

承包方之间为发展畜牧业经济，将草原承包经营权作为股权，自愿联合从事畜牧业生产经营，承包方承包经营权不变。

例如，村里开办经济合作社，发展畜牧业，牧户甲将自己承包的2000亩草原作价后投入到经济合作社中，自愿与大家一起联合从事畜牧业生产经营。入股后，经济合作社可依法使用这2000亩草原，但其承包经营权仍归牧户甲所有。

五、草原流转的程序

草原承包经营权在本村内进行流转的，由承包方和受让方共同向发包方提出申请，经村（牧）委会核实，到乡（镇）人民政府登记。

草原承包经营权向本村以外人员进行流转的，由承包方和受让方共同向发包方提出申请，经村（牧）民会议2/3以上成员或者2/3以上村（牧）民代表同意，到乡（镇）人民政府登记。

草原承包经营权以转让、互换方式流转的，当事人应当到县农牧局办理草原承包经营权证变更手续。

六、草原流转管理

（一）管理

县以上农（畜）牧局负责指导本行政区域内草原承包经营权流转服务的管理，县以上草原监理站具体负责流转草原的流转合同备案、定期监测、草原流转服务培训及监督检查工作。

乡（镇）人民政府负责本行政区域内草原承包经营权流转的登记管理以及政策宣传、纠纷调解等服务工作。

村（牧）民委员会承担本集体经济组织内草原承包经营权流转的审查核实及信息采集、上报工作，配合乡（镇）人民政府做好流转的相关工作。

（二）草原流转合同

草原承包经营权流转，承包方和受让方应当协商一致，签订书面流转合同。流转合同应向发包方、乡（镇）人民政府和县级以上草原监督管理机构备案。

流转合同格式由省农牧厅统一制定。具体包括以下内容：双方当事人的姓名（名称）和住址等基本信息；流转草原的四至界限、面积、等级、类型、核定的载畜量；流转方式；流转期限和起止日期；流转草原的用途；流转价款及支付方式；双方当事人的权利和义务；流转合同到期后草原地上附着物及相关设施的处理；草原保护建设、临时征用等补助补偿资金分配方式；违约责任；双方当事人约定的其他内容。

第三节　基本草原

基本草原是指为维护和改善草原生态环境，适应国民经济及畜牧业可持续发展而确定的实施严格保护的草原。建立和落实基本草原保护制度，加强基本草原的监督管理，可以有效保护草原资源，维护生态安全，提高畜牧业综合生产能力，实现草地畜牧业可持续发展。

一、基本草原划定

（一）概念

基本草原划定是指在当地人民政府的组织下，以地形图作为工作底图，依据草原资源调查、人工草地调查、草场承包档案资料、土地详查图件、数据等详实资料，在全国摸清草地资源的基础上，通过实地调查和内业统计、分析及整理，将草原的面积、分布等状况勾绘在图上，制作出基本草原类型分布图、建立基本草原数据库，并进行公示的具体划定过程。

（二）基本草原划定的原则

1. 坚持实事求是、因地制宜，分类指导、统筹兼顾，步调一致、密切配合，图文相符，逐级汇总的原则。

2. 坚持政府组织、部门参与、方案现行、分级实施的原则。

3. 牧区坚持做到划定的基本草原占草原总面积的80%以上；农区、半农半牧区将主要放牧地、人工草地和退耕还草地全部划入基本草原，且符合《土地利用总体规划》的原则。

4. 坚持应划尽划的原则。

（三）基本草原划定的范围

基本草原包括：①重要放牧场：指青海省牧区、半农半牧区面积较大的天然放牧草场；②割草地：指牧区、半农半牧区草原、草山草坡中具备割草条件的生产地段，常位于水土条件比较好的区域，牧草长势良好或经过人工改良和补播，产草量比较高。一般不用于放牧，而是通过围栏等方式加以保护，使其自然生长，牧草收割加工后主要用于牲畜舍饲圈养或冬春季节的补饲；③用于畜牧业生产的人工草地、退耕还草地以及改良草地、草种基地；④对调解气候、涵养水源、保持水土、防风固沙具有特殊作用的的草原；⑤作为国家重点保护野生动植物生存环境的草原：指国家重点保护的野生动物的栖息地和国家重点保护的野生植物的附着地的草原；⑥用于草原科学研究、教学试验基地；⑦国务院规定应当划为基本草原的其他草原。

二、基本草原的管理

（一）建立基本草原保护制度

设立基本草原保护制度，将草原的主体纳入基本草原范畴，把重点保护的草原真正固定下来，明确草原的分布地点、准确的面积、草原界线以及草原保护的具体目标，实行严格的保护制度（图3－1）。

（二）严格实行基本草原征占用审批制度

对基本草原严格控制征占用数量，禁止在基本草原上乱采滥挖野生植物，不得擅自改变基本草原用途。采矿探矿、采砂采石、修路、挖壕沟填埋光缆及开办旅游景点等确需征占用基本草原的，要依照国家有关规定审核审批，确保基本草原的征占用面积控制在最小合理使用限度内。

图3－1　基本草原保护区标牌

（三）严格实行草畜平衡制度

基本草原划定后，要定期开展基本草原生态监测工作，定期发布监测信息，依据草地生产力状况核定基本草原载畜量，加快推行草畜平衡、禁牧休牧轮牧制度（图3－2），切实扭转超载过牧局面，尽快遏制草原退化、沙化和盐碱化。禁止在围栏封育或者禁牧、休牧的基本草原上放牧。对于违反草畜平衡规定的，要依照有关规定予以纠正或处罚。

图3－2　天然草原禁牧区标牌

（四）严厉打击各种破坏基本草原的违法行为

加强草原法律、法规的宣传教育工作，加大草原监督执法力度，依法严厉打击各种破坏基本草原的违法行为。

（五）建立完善的投入保障机制，加大生态保护与治理力度

基本草原划定后，各级政府要加大对基本草原的投资力度，将基本草原生态建设纳入公共财政预算，设立专项资金，尤其是要增加对草原监理、监测、科研、推广、灾害防治等公益性事业的投入。地方政府要将基本草原保护建设利用纳入当地国民经济和社会发展规划。

第四节　草原法律体系

2003 年 3 月 1 日《中华人民共和国草原法》修订颁布施行，为深入贯彻实施《草原法》，国务院及相关部门加快了相关配套法规规章及有关政策出台步伐，先后修订制定了《中华人民共和国野生植被物保护条例》《中华人民共和国草原防火条例》《草种管理办法》《草畜平衡管理办法》《草原征占用审核审批管理办法》和《甘草麻黄草采集管理办法》等配套法规和规章；青海省亦修订出台了《青海省实施〈草原法〉办法》和《青海省草原承包经营权流转办法》。目前，草原法律体系已经初步形成。

一、法律

目前，草原方面的法律有《草原法》，它是在 1985 年 6 月 18 日第六届全国人民代表大会常务委员会第十一次会议通过，自 1985 年 10 月 1 日起颁布施行。2002 年 12 月 28 日又经第九届全国人民代表大会常务委员会第三十一次会议修订通过，于 2003 年 3 月 1 日正式施行。

二、行政法规

草原方面的行政法规有《中华人民共和国野生植被物保护条

例》和《中华人民共和国草原防火条例》。《野生植物保护条例》经国务院1996年9月30日发布，自1997年1月1日起施行；《草原防火条例》于1993年10月5日经国务院发布施行，2008年11月19日经国务院修订通过，自2009年1月1日起施行。

三、地方性法规

青海省草原方面的地方性法规主要有《青海省实施〈中华人民共和国草原法〉办法》于2007年9月28日经青海省第十届人民代表大会常务委员会第三十二次会议审议通过，自2008年1月1日起施行。

四、农业部规章

2001年10月农业部出台《甘草麻黄草采集管理办法》，2003年3月《草原法》修订颁布施行后，农业部又陆续制定出台《草畜平衡管理办法》（2005年1月发布）、2003年3月《草种管理办法》（2006年1月发布）和《草原征占用审核审批管理办法》（2006年1月发布）。

五、政府规章

《草原法》修订颁布后，青海省人民政府出台的政府规章主要有《青海省草原承包经营权流转办法》（2011年12月28日青海省人民政府第94次常务会议审议通过，自2012年3月1日起施行）和《青海省草原监理规定》（修订工作即将完成）。在2003年以前出台的还有《青海省草原承包办法》（1993年6月24日发布实施）尚未废止。

第五节　草原监测

草地监测就是运用各种有效手段，及时、准确地获取草原面积、等级、植被构成、生产能力、自然灾害、生物灾害、利用状况以及草地保护建设效益等动态信息，并进行科学分析与评价，从而为草地保护与建设提供科学的指导。

一、草地监测目的

了解和掌握草原的动态变化，为落实草原生态补奖机制等系列草原生态保护工程提供服务，推动草原合理利用，评价草原生态保护和建设效益。

二、草地监测内容

草地监测内容包括牧草返青状况；生长季内植被盖度、高度等草群结构和草原生产力状况；退牧还草工程效益评估；牧户进行牲畜饲养量、饲草料贮备及补饲等情况调查。

三、草地监测现状

目前，青海省依托省、州、县三级草原监理机构初步建设了草地生态监测体系。2012 年在全省设立了国家级监测点 13 个监测样地，常规监测点 594 个，主要开展生产力监测、工程效益评估、生态状况调查、补饲调查及天然草地载畜量核定等工作，并编制草地监测报告，指导畜牧业生产，为草地保护、建设、利用提供科学依据。

第六节　使用草原和临时占用草原

一、概念

（一）使用草原

使用草原是指国家将国有（包括依法确定给农村集体经济组织、机关、企事业单位、军队使用的）草原用于矿藏开采和工程建设的草原。

例如，2010 年某矿业开发有限公司的铁矿采选项目占用某乡某村集体草原 68 公顷（1 020 亩），涉及草原承包牧户共 3 户，该企业向省农牧厅（省行政审批综合办公大厅）提出使用草原的申请，同时提交项目批准文件，如该矿业开发有限公司法人证明、草原权属证明材料、与 3 户承包牧户签订的草原补偿协议以及环保部门对项目建设环境影响报告书的批复等；申请资料符合要求，农牧厅受理后，向申请人发出《农牧厅行政审批受理通知书》，组织有关部门现场查验并审查资料，该公司铁矿采选项目资料齐全，符合条件。预交了植被恢复费，省农牧厅向该企业发放《草原征用使用审核同意书》，该企业持审核同意书，到国土部门办理了建设用地审批手续。

（二）临时占用草原

临时占用草原是指因工程建设、勘查、旅游和其他一些临时性使用草原的行为。临时占用草原的期限不得超过二年。

例如，2006 年 4 月，某县市政工程管理处进行道路建设，需要在草原上采挖砂石，计划占用草原 20 亩，时间为一年。市政工程管理处向该县农牧局申请，经审查符合批准条件，并缴纳植被恢复费，县农（畜）牧局给予批准，准予在规定范围内采挖砂石。

（三）两者的区别

使用草原是指因建设需要被使用后，用于畜牧业生产的草原性质发生改变，即土地的农用地属性发生改变，由草原变为厂矿、铁路、公路乃至城市等等；而临时占用草原不改变草原性质，即草原的农用地属性不变，临时占用草原无需办理农用地转用手续。只是临时改变草原用途，临时占用期满后，用地单位要及时归还并恢复草原原有用途。

二、使用草原和临时占用草原的形式

使用草原和临时占用草原有以下几种形式。

1．一种是使用草原，进行矿藏开采和工程建设使用草原。

2．一种是临时占用草原，指因工程建设、勘查、旅游和其他需要临时性使用草原的行为。

3．在草原上修建直接为草原保护和畜牧业生产服务的工程设施使用草原的行为。

4．在草原上开展经营性旅游活动。

5．在草原上采土、采砂、采石等作业活动。

6．抢险救灾和牧民搬迁机动车辆离开道路在草原上行驶，或因从事地质勘探、科学考察等活动确需离开道路在草原上行驶等行为。

三、审核、审批权限

1．使用草原超过1 050亩的，由农业部审核；1 050亩及其以下的，由省农牧厅审核。

2．临时占用草原，450亩以上的，由省农牧厅审核同意；150亩以上不足450亩的，由州农（畜）牧局审核同意；不足150亩的，由县农（畜）牧局审核同意。

3．修建直接为草原保护和畜牧业生产服务的工程设施使用草原，450亩以上不足1 050亩的，由省农牧厅审批；150亩以上不足450亩的，由州农（畜）牧局审批；不足150亩的，由县农（畜）牧局审批。

4．在草原上从事采土、采砂、采石等作业活动，应当报县农（畜）牧局批准。

5．在草原上开展经营性旅游活动，要事先征得县级以上农（畜）牧局的同意，方可办理有关手续。

6．抢险救灾和牧民搬迁机动车辆离开道路在草原上行驶或因从事地质勘探、科学考察等活动确需离开道路在草原上行驶的，应当向县农（畜）牧局提交行驶区域和行驶路线方案，经确认后执行。

四、使用草原和临时占用草原审核程序

使用草原或临时占用草原的单位或个人，必须依法办理草原审核手续。

（一）使用草原审核程序

1. 矿藏开采和工程建设使用草原申请人，应当到县草原监理站提出申请，领取《草原征占用申请表》，并按要求填写相关内容，并报送以下材料。

（1）草原征占用申请表：1 050 亩以下报 3 份，1 050 亩以上报 4 份。

（2）项目批准文件（具有项目批准权限的行政主管部门批准的文件）。

（3）被使用草原的权属证明材料。

（4）有资质的设计单位做出的项目使用草原可行性报告。

（5）与草原所有者、使用者或承包经营者签订的草原补偿费和安置补助费等补偿协议。

（6）拟使用草原的坐标图。

2. 初审：由县农（畜）牧局对申报的材料进行初审，个人或法人资格合法、材料齐全合法的上报省农牧厅复审。

3. 复审：由省农牧厅对申报的材料进行复审，个人或法人资格合法、材料齐全合法，使用草原面积超过 1 050 亩的上报农业部审核；个人或法人资格合法、材料齐全合法，使用草原面积 1 050 亩及其以下的报省农牧厅审核。

4. 复核和现场查验：使用草原面积 1 050 亩及其以下的，由省农牧厅复核申报材料，并组织有关人员对使用草原进行核查勘验，并填写《征用使用草原现场查验表》。

5. 审核：使用草原 1 050 亩以上的，由中华人民共和国农业部审核；使用草原 1 050 亩及其以下的，由省农牧业厅审核。经审核同意的，向申请人发放《草原征用使用审核同意书》。

6. 申请人依法交纳草原植被恢复费：因建设使用草原的，应当交纳草原植被恢复费。草原植被恢复费专款专用，由农业部及省农牧厅、省财政厅按照规定用于恢复草原植被，任何单位和个人不得截留、挪用。

草原植被恢复费按征占用草原面积征收。具体收费标准按《青海省草原植被恢复费收费标准》执行。征占用草原面积不足1亩的，按实际占用面积和规定的标准面积收费标准折算征收草原植被恢复费。

7. 使用草原审核手续办理流程图（图3-3）。

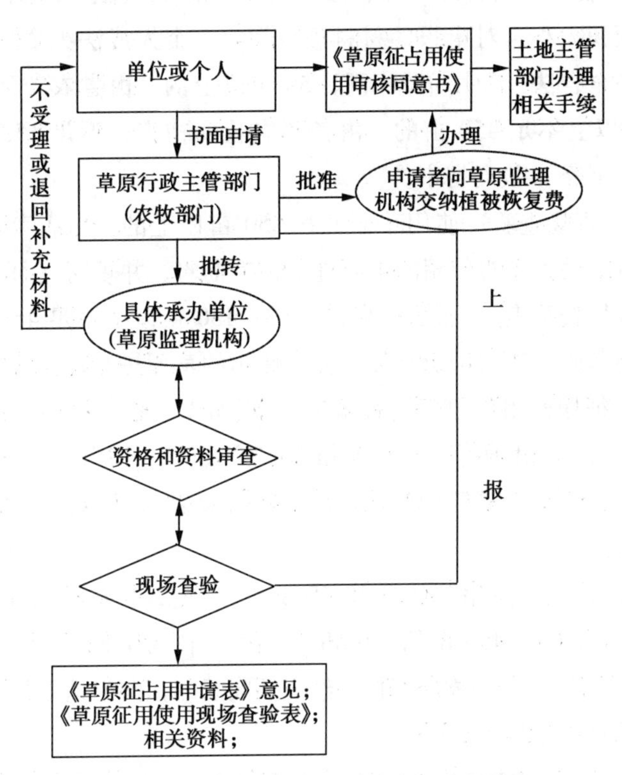

图3-3 使用草原审核手续办理流程图

（二）临时占用草原审核程序

1．在草原上修路、修筑地上地下工程、勘探、钻井、旅游等活动临时占用草原申请人，应当到县草原监理站提出申请，领取《草原征占用申请表》，并按要求填写相关内容，报送以下材料：①草原征占用申请表；②被使用草原的权属证明材料；③有资质的设计单位做出的项目使用草原可行性报告；④草原植被恢复方案；⑤草原所有者、使用者或承包经营者签订的草原补偿费和安置补助费等补偿协议。

2．初审：由各级草原行政主管部门按照权限，即临时占用草原面积大小，对申报的材料进行初审，个人或法人资格合法、材料齐全合法，使用草原面积450亩以上的，由省农牧厅初审；150亩以上不足450亩的，由各州农牧局初审；不足150亩的，由县农（畜）牧局初审。

3．现场查验：使用草原面积450亩以上的，由省草原监理站组织有关人员对使用的草原进行核查勘验，并填写《征用使用草原现场查验表》，报省农牧厅审核；150亩以上不足450亩的，由各州草原监理站组织有关人员对使用的草原进行核查勘验，并填写《征用使用草原现场查验表》，报州农（畜）牧局审核；不足150亩的，由县草原监理站组织有关人员对使用的草原进行核查勘验，并填写《征用使用草原现场查验表》，报县农（畜）牧局审核。

4．审核：使用草原面积450亩以上的，由省农牧厅审核；150亩以上不足450亩的，由州农（畜）牧局审核；不足150亩的，由县农（畜）牧局审核。经审核同意的，向申请人发放《草原征用使用审核同意书》。

5．申请人依法交纳草原植被恢复费：因在草原上修路、修筑地上地下工程、勘探、钻井、旅游等活动临时占用草原，应当交纳草原植被恢复费。具体收费标准按《青海省草原植被恢复费收费标准》执行。

6. 临时占用草原审核手续办理流程图（图3-4）。

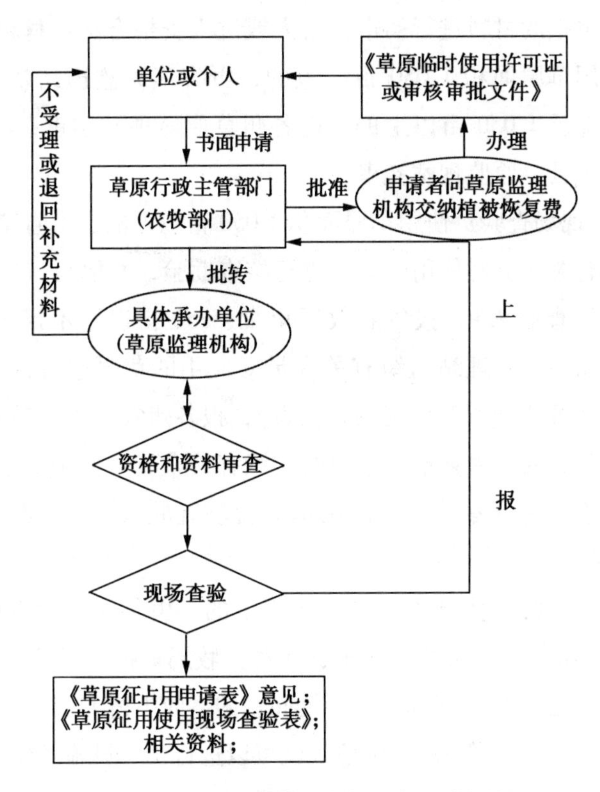

图3-4 临时使用草原许多证办理流程图

（三）修建直接为草原保护和畜牧业生产服务的工程设施审批程序

1. 修建直接为草原保护和畜牧业生产服务的工程设施使用草原的申请人，应当到县草原监理站提出申请，领取《草原征占用申请表》，并同时提供以下材料：①草原征占用申请表；②项目批准文件；③被使用草原的权属证明材料；④与草原所有者、使用者或承包经营者签订的草原补偿费和安置补助费等补偿协议。

2. 初审：由省、州、县草原监理站按照临时占用草原面积大小对申报的材料进行初审，个人或法人资格合法、材料齐全合法，使用草原面积1 050亩以上的，由省草原监理站初审；150亩以上不足1 050亩以上的，由各州草原监理站初审；不足150亩的，由县草原监理站初审。

3. 现场查验：使用草原面积1 050亩以上的，由省草原监理站组织有关人员对使用的草原进行核查勘验，并填写《征用使用草原现场查验表》，报省农牧厅审批；150亩以上不足1 050亩的，由州草原监理站组织有关人员对使用的草原进行核查勘验，并填写《征用使用草原现场查验表》，报各州农（畜）牧局审批；不足150亩的，由县草原监理站组织有关人员对使用的草原进行核查勘验，并填写《征用使用草原现场查验表》，报县农（畜）牧局审批。

4. 审批：使用草原1 050亩以上的，由省农牧厅审批；150亩以上不足1 050亩的，由州农（畜）牧局审批；不足150亩的，由县农（畜）牧局审批。经审批同意的，向申请人发放《草原使用审核（批）同意书》，申请人就可以进行工程设施的建设。

（四）在草原上从事采土、采砂、采石等作业活动批准程序

1. 在草原上从事采土、采砂、采石等作业活动，应当向县草原监理站提出申请，领取《草原征占用申请表》。

2. 审核、现场查验：由县草原监理站组织有关人员对申请人身份合法性、草原权属情况、给草原承包经营者补偿情况进行审核，并进行现场核查，填写《征用使用草原现场查验表》，报县农（畜）牧局批准。

3．批准：由县农（畜）牧局批准。经批准同意后，向申请人发放《草原使用审核（批）同意书》，申请人就可以按照规定的时间、区域和采挖方式在草原上进行采土、采砂、采石等活动。

4．补偿、恢复草原植被：申请人在草原上从事采土、采砂、采石等作业活动，要事先征得草原承包经营者同意并给予其补偿；作业活动结束后，应当限期恢复植被或者委托县草原监理站代为恢复。

（五）在草原上开展经营性旅游活动审核程序

1．在草原上开展经营性旅游活动，应当向县草原监理站提出申请，领取《草原征占用申请表》。

2．审核、现场查验：由县草原监理站组织有关人员对申请人身份合法性、草原权属情况、给草原承包经营者补偿情况进行审核，并进行现场核查，填写《征用使用草原现场查验表》，报县农（畜）牧局批准同意。

3．办理相关手续：经县农（畜）牧局批准同意后，按照使用和临时占用草原两种形式办理相关手续。在草原上开展经营性旅游活动使用草原，按使用草原审核程序办理；在草原上开展经营性旅游活动临时占用草原，按临时占用草原审核程序办理。

（六）其他占用草原行为

抢险救灾和牧民搬迁机动车辆离开道路在草原上行驶或因从事地质勘探、科学考察等活动确需离开道路在草原上行驶的，应当向县农（畜）牧局提交行驶区域和行驶路线方案，经确认后执行。

（七）草原植被恢复费收费标准（表3－1）

表3－1 青海省草原植被恢复费收费标准（单位：元/亩）

序号	草地类型	收费标准
1	高寒草甸（含沼泽类草地）	43 350
2	高寒草原	43 350
3	高寒草甸草原	43 350
4	温性草原	49 350
5	温性荒漠	55 350
6	低地草甸	46 350
7	山地草甸	49 350
8	高寒荒漠	55 500
9	附带草地	46 500
10	灌丛草原	43 200
11	疏林草地	43 950
12	人工草地	46 800

（八）占用基本草原的植被恢复费

占用草原属基本草原的植被恢复费，按占用草原对应的草地类型征收标准上浮30%执行。

按照《草原法》的规定，基本草原指的是重要放牧场；割草地；用于畜牧业生产的人工草地、退耕还草地以及改良草地、草种基地；对调节气候、涵养水源、保持水土、防风固沙具有特殊作用的草原；作为国家重点保护野生动植物生存环境的草原；草原科研、教学试验基地；国务院规定应当划为基本草原的其他草原。

（九）办理期限

受理使用草原、临时占用草原申请材料的审核部门，自受理之日起，应当在20个工作日内完成审核工作。20个工作日内不能完成的，经本部门负责人批准，可延长10个工作日，并告知申请人延长的理由。

五、法律责任

（一）民事责任

1. 使用草原和临时占用草原必须依法按程序办理征占用草原的手续，如果没有经过批准或者采取欺骗手段骗取批准，非法使用草原，构成犯罪的，将依法追究刑事责任；不够刑事处罚的，由县级以上人民政府草原行政主管部门依据职权责令退还非法使用的草原，对违反草原保护、建设、利用规划擅自将草原改为建设用地的，限期拆除在非法使用的草原上新建的建筑物和其他设施，恢复草原植被，并处草原被非法使用前三年平均产值6倍以上12倍以下的罚款。

2. 没有经过批准或者没有按照规定的时间、区域和采挖方式在草原上进行采土、采砂、采石等活动的，由县级人民政府草原行政主管部门责令停止违法行为，限期恢复植被，没收非法财物和违法所得，可以并处违法所得1倍以上2倍以下的罚款；没有违法所得的，可以并处2万元以下的罚款；给草原所有者或者使用者造成损失的，依法承担赔偿责任。

3. 没有经过县级以上地方人民政府草原行政主管部门同意，擅自在草原上开展经营性旅游活动，破坏草原植被的，由县级以上地方人民政府草原行政主管部门依据职权责令停止违法行为，限期恢复植被，没收违法所得，可以并处违法所得1倍以上2倍以下的罚款；没有违法所得的，可以并处草原被破坏前三年平均产值6倍以上12倍以下的罚款；给草原所有者或者使用者造成损失的，依法承担赔偿责任。

4. 非抢险救灾和牧民搬迁的机动车辆离开道路在草原上行

驶或者从事地质勘探、科学考察等活动未按照确认的行驶区域和行驶路线在草原上行驶，破坏草原植被的，由县级人民政府草原行政主管部门责令停止违法行为，限期恢复植被，可以并处草原被破坏前三年平均产值3倍以上9倍以下的罚款；给草原所有者或者使用者造成损失的，依法承担赔偿责任。

5. 在临时占用的草原上修建永久性建筑物、构筑物的，由县级以上地方人民政府草原行政主管部门依据职权责令限期拆除；逾期不拆除的，依法强制拆除，所需费用由违法者承担。

临时占用草原，占用期届满，用地单位不予恢复草原植被的，由县级以上地方人民政府草原行政主管部门依据职权责令限期恢复；逾期不恢复的，由县级以上地方人民政府草原行政主管部门代为恢复，所需费用由违法者承担。

6. 征占用草原的单位和个人，不按规定期限缴纳草原植被恢复费，由县级以上人民政府草原行政主管部门或者草原监督管理机构责令限期补缴；逾期仍未缴纳的，每日加收3‰的滞纳金。

（二）刑事责任

征占用草原的单位和个人，不按规定办理征占用草原手续，非法占用草原，改变被占用草原用途，数量较大，造成草原大量毁坏的，以非法占用农用地罪定罪处罚。

1. 征占用草原的单位和个人，不按规定办理征占用草原手续，非法占用草原，改变被占用草原用途。其中，第一种情形是开垦草原种植粮食作物、经济作物、林木的；第二种情形是在草原上建窑、建房、修路、挖砂、采石、采矿、取土、剥取草皮的；第三种情形是在草原上堆放或者排放废弃物，造成草原的原有植被严重毁坏或者严重污染的；第四种情形是违反草原保护、建设、利用规划种植牧草和饲料作物，造成草原沙化或者水土严重流失的；第五种情形是其他造成草原严重毁坏的，只要是有以上五种情形之一，造成草原大量毁坏的，数量在 20 亩以上的，或者曾因非法占用草原受过行政处罚，在 3 年内又非法占用草原，改变被占用草原用途，数量在10 亩以上的，处5 年以下有期徒刑或者拘役，并处或者单处罚金。

2. 非法征占用草原的单位和个人，以暴力、威胁方法阻碍草原监督检查人员依法执行职务，以妨害公务罪追究刑事责任，处3 年以下有期徒刑、拘役、管制或者罚金。如果煽动群众暴力抗拒草原法律、行政法规实施，处3 年以下有期徒刑、拘役、管制或者剥夺政治权利；造成严重后果的，处3 年以上7 年以下有期徒刑。

第七节　禁止开垦草原

开垦草原是指开垦草原种植粮食作物、经济作物、林木等行为。草原像耕地和林地一样，是受法律保护的自然资源，开垦草原收益低，破坏生态环境，并且会受到严厉的处罚，得不偿失。

一、开垦草原受益低

粮食生产有其客观规律，必须依赖一定的水、热条件和土壤条件。青海省草原主要分布在干旱、半干旱、高寒、高海拔地区，土壤瘠薄，有很多草原还沙化、盐渍化，由于自然界生物长期淘汰、选择的结果，这些地区在气候条件、土壤条件等方面更适宜草本植物生长，开垦种粮产量极低，且投入较大，难以得到合理回报，最终往往导致撂荒。一些地方和建设单位开垦的目的主要是为了完成占补平衡的任务指标，而对于耕地质量和粮食产量并不重视，因而难以保证草原开垦后能成为丰产的良田。

二、开垦草原破坏生态环境

开垦草原曾经给我们带来过惨痛的教训。中华人民共和国成立初期，青海省天然草原曾经历了两次较大规模的开垦阶段，由于大部分垦区不具备作物生长的水热条件，且水利设施又不配套，许多新垦耕地作物产量很低，甚至颗粒无收，结果成本高，而效益低，弃耕率达70%以上。失去植被保护的撂荒地，地表长期裸露，表层土遭风蚀和雨水冲刷成为新的沙源，更有甚者沦为沙地、石砾地和盐碱地。可以说，轰轰烈烈的开荒造地运动，曾经对人类解决吃饭问题起到过积极的作用。但今天当一次次遮天蔽日的沙尘暴袭来时，当干旱、水灾、水土流失、土地沙化与荒漠化使我们的生存发展环境变得日益恶劣时，我们不得不重新审视这些开垦活动，常常会为过去不尊重自然规律和客观规律的行为而后悔。今天，我们决不能重蹈覆辙，再做破坏生态环境、影响青海省甚至国家可持续发展的蠢事。

三、开垦草原是严重的违法行为

为保护草原资源，国家专门制定了《中华人民共和国草原法》。《草原法》规定，国家对草原实行科学规划、全面保护、重点建设、合理利用的方针，促进草原的可持续利用和生态、经济、社会的协调发展。《草原法》第四十六条还明确规定“禁止开垦草原”。为严厉打击非法开垦草原的行为，最高人民法院出台的《关于审理破坏草原资源刑事案件具体应用法律若干问题的解释》规定，开垦草原种植粮食作物、经济作物、林木的等破坏草原行为，依照刑法第三百四十二条的规定进行定罪处罚，属“非法占用农用地罪”，处5年以下有期徒刑或者拘役，并处或者单处罚金。不仅如此，《草原法》还规定，对于水土流失严重、有沙化趋势、需要改善生态环境的已垦草原，要退耕还草。这就明确告诉我们，草原受法律保护，严禁开垦，违禁者将受到法律的惩处。

第八节　草原防火

青海省是我国四大牧区之一，冬春季节气候干燥、风大，是草原火灾易发期。由于地处高寒，生态环境脆弱，一旦发生火灾，不仅给农牧区广大牧民群众造成巨大的经济损失，同时也威胁着周边的森林资源，严重影响着草地生态环境。据统计，全省每年发生草原火灾30余起，重大草原火灾2～3起，经济损失上百万元。因此，草原防火压力增大，形势严峻。主要表现为：一是由于全球气候变暖，有效降水减少，大风日数增多，风大物燥，火险等级上升；二是随着西部大开发的不断深入，青海省各类草原建设和保护力度不断加大，退牧还草、荒山绿化、天然草原植被恢复与建设、草地围栏建设等工程的全面展开，草原可燃物急剧增多，草原火险的范围不断扩大；三是随着草原农牧区经济的快速发展，进入草原的流动人口及运输车辆猛增，草原火源管理难度越来越大。

一、草原防火的概念、目的

草原防火就是防止草原火灾的发生和蔓延，即对草原火灾进行预防和补救。

草原火灾的预防是指采取一切可能的手段，使草原火不能成为灾害，换句话说，就是防止草原火灾的发生；草原火灾的扑救，即一旦草原火形成灾害，就要采取一切可能的手段，将其迅速扑灭，免遭或减少损失。

草原防火的根本目的，就是最大限度地减少火灾发生次数，避免或减轻草原灾造成的损失。也就是保护草地资源、维护生态平衡、有效保护草原农牧区人民生命财产的安全和畜牧业生产的安全，保障边疆和牧区社会经济的稳定发展。

二、草原火灾的危害

（一）烧毁牧草，制约畜牧业的发展

草原一旦遭受火灾，最直观的危害是导致大面积草场的毁坏。受气候条件的制约，青海省大部分地区牧草低矮，冬、春季由于干燥，一旦着火，地表物全部烧尽，植物种类数量以及生物量大减，甚至一些分布区域较窄的植物种类濒临灭绝（图3－5）。由于火灾发生区草场牧草产量剧减，还直接影响畜牧业生产和高原脆弱的生态环境。

图3－5　火灾烧毁牧草

（二）威胁人民生命财产安全

一把火，往往使人们辛勤劳动创造出的物质财富，顷刻间化为灰烬。火灾常常引起房屋烧毁、牲畜死亡、人员伤亡（图3－6）。2007年2月7日15时，青海省某地发生草原火灾，过火面积785亩，一位60岁妇女救火时晕倒被烧伤，伤势严重。由于家庭经济困难，无钱医治，后在乡政府的帮助下，多渠道筹措资金，并通过乡信用社贷款1万元才得到了救治。

图 3－6　草原火灾烧伤牲畜

（三）危害野生动物

草原是多种野生动物的家园。遭受火灾后，有的野生动物直接被烧死、烧伤，高强度大面积草原火灾会永久破坏野生动物赖以生存的环境，致使野生动物生存困难，甚至灭绝。

（四）引起水土流失

草原能吸收大量的水分。当草原火灾过后，草原的这种功能会明显减弱，严重时，甚至会消失，引起水土流失。

（五）引起空气污染

草原燃烧会产生大量的烟雾，其主要成分为二氧化碳和水蒸气，另外还会产生一氧化碳、碳氢化合物、硫化物、氮氧化物及微粒物质，造成空气污染，危害人类身体健康及野生动物的生存（图 3－7）。

图 3－7　草原火灾污染空气

（六）引发森林火灾

青海省部分农牧区林草错综分布，草原火常常引发森林火灾。2004 年 3 月 25 日，青海省某林场发生草原火灾，引发一次重大的森林火灾。林区密布树木、灌丛，气候干燥，林木尚未返青，火势蔓延很快。当地干部群众出动近 2 000 人以及驻地武警官兵、解放军战士全力以赴扑救火灾，但由于火势凶猛，扑救人员无法靠近，只能开设隔离防火带进行扑救。大火扑灭后，造成林场 3 000 余亩的林草被烧，损失惨重。

三、草原起火的主要原因

发生草原火灾必须具备可燃物、火环境、火源三个基本要素。可燃物（草、灌等植物）是发生草原火灾的物资基础；火环境是发生火灾的重要因素；火源是可以进行人为调控的因素，更是发生草原火灾的主导因子，没有火源就不会发生火灾。从火源来分，青海省草原起火主要有以下原因。

（一）炉火复燃及煨桑

在牧区，一般人们把已烧尽的牛粪、煤等称为“死灰”，有些牧民将这些刚从炉子里掏出的灰随便倒在草场上，或未等煨桑台上的火燃尽就离开，经风一吹，灰里夹杂着的火星有可能吹进牧草里，复苏引燃牧草，引发草原火灾。

（二）上坟烧纸

每年清明及五一节前，上坟烧纸引发的草原火灾事故居高不下。2013 年清明，某县一天内发生草原火灾 4 起。

（三）吸烟

草原农牧区由于吸烟引发草原火灾的情况也屡见不鲜。据有关专家解释，烟头表面温度在 200～300℃，中心温度高达 700～800℃，在这个温度极易引燃牧草引起火灾事故。很多人吸烟后随手一扔，一个小小的疏忽，一个不经意的行动，就可能毁掉一片草原，毁掉一座山。

（四）机动车引擎喷火、高压线短路

近年来，农牧区机动车引擎喷火或高压电线短路引发草原火灾的比例也在逐年增高。

（五）烧秸秆及野外生火取暖

农牧交错区烧秸秆也是引发草原火灾的一个重要因素。冬春季节，青海省农牧区气候寒冷，常有野外施工人员或路人在路边堆草生火取暖，也易引发草原火灾。

（六）小孩玩火

少年儿童缺乏生活经验，出于好奇心，燃放烟花爆竹、在室外点火取暖、放野火取乐、随意烧杂草等玩火行为，都有可能引燃周围的可燃物发生草原火灾。

（七）磷火自燃

磷火也是草原火灾的起因之一。草原农牧区由于长期放牧，牲畜繁多，大量的死畜骨架遗留在草原上，而骨中丰富的磷元素很容易引起野火。

据不完全统计，近十年的草原火灾中，炉火复燃及煨桑引发的草原火灾事故占全省草原火灾事故的24.6%；上坟烧纸引发的草原火灾占23.8%；吸烟引发的草原火灾占16.9%；机动车引擎喷火及高压线短路引发的草原火灾占7.2%，烧秸秆及野外生火取暖引发的草原火灾占6.5%；小孩玩火引发的草原火灾事故占全省草原火灾事故的5%以上；其他原因引发的草原火灾占16%。

四、影响草原火灾的因素

（一）可燃物多少

地面堆积的可燃物多少是草原起火的关键因素。草地植被的枯枝落叶一般不易分解，极易积累。可燃物的紧实程度，单位体积含可燃物多少等都会影响草原火燃烧。

（二）降水

降水的变化能直接影响可燃物、土壤的含水量。降水量大、降水间隔时间短，降水均匀，火灾就少；反之，火灾就多。同时，降水间隔时间愈长，野外可燃物就愈干燥，因此越容易发生火灾。据有关资料，连续干旱时间超过 10 天，火灾就会频繁发生；如果超过 20 天，就可能发生较大的火灾。

青海省主要受大陆性季风气候影响，9 月份到次年 5 月份，风大，空气干燥，降雨很少，加之9 月底到10 月初广大草原农牧区的各种植物进入休眠期，地上部分干燥凋落，特别在 12 月和来年的4 月份融雪后，可燃物含水量少，是草原火灾最频繁的发生时期。

（三）风速、风向

风是草原起火的主要诱导因子，是决定火场面积及发展方向的重要条件。它不仅能加快可燃物水分的蒸发，加速干燥使其变得极易燃烧，同时还不断补充新的氧气，推波助澜，使火焰燃烧的更高、更旺。古谚说“火借风势，风助火威”，也就是说，火迅速随风蔓延，从而加重了火灾损失程度。风还可以使扑救后的隐火复燃，也可以使牧民倾倒的炉火复燃再次起火。大风日数越多，风速愈大，火灾次数就增加，特别是在干旱和高温天气，风对火灾的影响更大，重大草原火灾和特大草原火灾，大多数在 5 级以上的大风天气条件下发生。2000 年 10 月 29 日，某地发生草原火灾，当时，风速达到 12 米/秒，使得火势迅速蔓延、扩大，结果烧毁草场面积 802.05 亩。

（四）空气湿度

空气湿度是影响火灾的关键因素。湿度的大小，不仅直接影响到可燃物的干湿程度，而且随着湿度的减少，可燃物的干燥速度不断加快，空气湿度对火灾的直接作用和间接作用都是明显的。湿度的大小直接影响可燃物的水分蒸发。当空气相对湿度低时，可燃物失水多，草火易发生和蔓延。

（五）大气温度

大气温度也是影响草原火灾的主要因素。草原防火期内，由于长期干旱，气温如果升高，草原火灾就会随着增多。据有关资料显示，冬春季节平均气温年际变化每升高1℃，年火灾次数就增加1.6次。当气温在0℃以下，火灾就很少发生，即使着火，蔓延速度亦较慢；当气温在5℃以上时，火灾常有发生；当气温高于15℃时，火灾大量发生；当气温日较差（即日最高气温与最低气温之差）在7~20℃时，火灾频繁发生。

根据各地气候特点和草原类型以及历年草原火灾发生情况，明确各地区草原火灾发生的危险程度和影响范围，将青海省草原划分为极高火险区、高火险区和中火险区三个火险区（表3-2和表3-3）。

表3-2　青海省州级草原火险区级别划分

火险等级	州（市）
极高火险（4个）	海南州、海北州、果洛州、黄南州
高火险区（4个）	海西州、玉树市、海东市、西宁市

表3-3　青海省县级草原火险级别划分

等级县（市）区	环青海湖区（17个）	三江源区（16个）	西宁海东区（13个）
极高火险县（市）	祁连县、贵南县、共和县、德令哈市、天峻县、都兰县、海晏县（7个）	班玛县、久治县、玛沁县、格尔木市、玉树县、泽库县、兴海县、河南县（8个）	

续表：

等级县（市）区	环青海湖区（17个）	三江源区（16个）	西宁海东区（13个）
高火险县（市）	刚察县、门源县、乌兰县、尖扎县、同仁县、同德县、贵德县（7个）	甘德县、囊谦县、杂多县、称多县、玛多县、治多县、达日县、曲麻莱县（8个）	大通县、循化县、互助县、湟源县、化隆县、乐都县（6个）
中火险县（市）	大柴旦行委、茫崖行委、冷湖行委（3个）		平安县、民和县、湟中县、城北区、城东区、城西区、城南区（7个）

五、草原防火期与火源管理

（一）草原防火期

草原防火期为每年的9月15日至第二年的6月15日。

（二）火源管理

草原防火期内，在草原上禁止野外用火。因特殊情况需要用火的，必须遵守下列规定。

1. 因烧荒、烧茬、烧灰积肥、烧秸秆、烧防火隔离带等，需要生产性用火的，须经县级人民政府或者其授权单位批准。生产性用火经批准的，用火单位应当确定专人负责，事先开好防火隔离带，准备扑火工具，落实防火措施，严防失火。

2. 在草原上从事牧业或者副业生产的人员，需要生活性用火的，应当在指定的安全地点用火，并采取必要的防火措施，用火后必须彻底熄灭余火。

3. 进入草原防火管制区的人员，必须服从当地县级以上地方人民政府草原防火主管部门或者其授权单位的防火管制。

六、火灾发生后的处置

（一）报告火情

首先要记清当地村社、乡政府干部或当地县政府草原防火办公室的电话；接通电话后，要说清起火的地点、火势大小、起火时间、火场风力、烟雾走向、发展方向以及对蔓延趋势的估计和起火地点的植被状况；车辆能否通行以及附近道路状况，扑火力量及居民居住情况等。同时把自己的电话号码和姓名告诉接电话的人员，以便联系。

（二）初发火处置

初发火火势很小或只见烟雾不见火光，较易扑灭时，应及时扑救。

（三）火势凶猛或起大风时

应在保证自身安全的情况下，及时报告，并积极转移疏散老、弱、病、残、孕妇、儿童，然后在当地政府或村社干部的指挥下，扑救火灾。

七、如何扑救草原火灾

（一）常见的草原扑火方法

1. 直接扑火法：常见的有三种。

（1）用沙土灭火法：用铁锹、推土机等挖沙、挖土覆盖火线。

（2）用器械扑打使用：使用风力灭火器或二号、三号工具扑打。扑打时，扑火队员应与火线成一定角度站立，将二号工具斜上火焰，使其呈45°角。轻举高压，一打一拖，不能呈90°角，直上直下猛起猛落，以免煽风助燃和造成火星四溅。一般扑火时，3～5人组成小组，轮流沿火线两翼扑打，要沿火线逐段扑打，不可脱离火线去打内线火，对阳坡陡坡的上山火，切莫迎着火头打，以免造成伤亡。

（3）用水灭火：离水源较近的火场，用水灭火。

2. 间接扑灭法

（1）开设防火线：如开设防火隔离带。

（2）火烧防火线：分段逆风点火，烧一段，清一段，要逆风看守。

（二）扑火前准备事项

1. 要准确掌握火的蔓延方向、草原可燃物类型、火场周围情况和灭火可利用条件，如河流、公路、农田及防火带等。

2. 要准确掌握火场面积、火场周边、火强度、火焰高度及火的发展趋势。

3. 准确掌握天气条件：火场风力、风速、风向、气温、相对湿度等气象因素。

4. 及时进行形势分析：绘制火场区域草图；选择和确定灭火队伍的数量及最佳行进路线；火场指挥员要清点人数，亲自进行火场实地勘察，确定灭火方案，下达灭火任务，明确灭火及看守火场方法，布署联络方法及集合地点。

5. 及时修订灭火方案：灭火时，应根据火场的变化、扑火过程的发展，随时修订扑火方案，以适应灭火的需要。

（三）扑火程序

1. 指派有扑火经验的领导担任前线指挥员。

2. 临时组织的扑火人员，指定区段和小组负责人。

3. 明确扑火纪律和安全事项，注意不能动员老人、儿童、孕妇参加扑火。

4. 检查扑火用品是否符合要求，扑火服应十分宽松、阻燃。

5. 加强火情侦察，组织好火场通信、救护和后勤保障。

6. 选定进退路线和安全区。从火尾入场扑火，沿着火的两翼火线扑打。

7. 不要直接迎风打火头，不要打上山火头，不要在悬崖、陡坡和破碎地势处打火，不要在大风天气下、烈火条件下直接扑火，不要在可燃物稠密处扑火。

8. 正确使用扑火机具，划分战略灭火地带。根据火灾威胁程度不同，划分为主、次灭火地带。在火场附近无天然防火障碍物和人为防火障碍物，火势可以自由蔓延，这是灭火的主要战略地带。在火场边界外有天然防火障碍物和人工防火障碍物，火势不易扩大，当火势蔓延到防火障碍物时，火会自然熄灭。这是灭火地次要地带，先灭主要地带的火，后集中消灭次要地带的火。

9. 安全第一。参加扑火时，火场火星乱溅，浓烟翻滚，人员容易迷失方向，被烟呛窒息，也易忙中出错，乱中出事，较容易引发人身伤害事故。大风天扑火，要随时注意风向的变化，避免被火围困和人身伤亡。

（四）火场清理

火灾扑灭后，火场里还残留着余火，特别是未燃烧尽的牲畜粪便必须彻底消灭，否则就有可能引起余火复燃而造成更大的火灾。清理火场的标准必须达到“无火、无烟、无气”，经检查验收，真正达到这个标准后方可撤离火场，并留下少量人员继续对火场巡查1~2天（图3-8）。

图3-8　看守火场

八、处罚

1．未经批准在草原上野外用火或者进行爆破、勘察和施工等活动的，由县级以上地方人民政府草原防火主管部门责令停止违法行为，采取防火措施，并限期补办有关手续，对有关责任人员处 2 000 元以上 5 000 元以下罚款，对有关责任单位处 5 000 元以上 2 万元以下罚款。

2．具有以下行为之一的，由县级以上地方人民政府草原防火主管部门责令停止违法行为，采取防火措施，消除火灾隐患，并对有关责任人员处 200 元以上 2 000 元以下罚款，对有关责任单位处 2 000 元以上 2 万元以下罚款；拒不采取防火措施、消除火灾隐患的，由县级以上地方人民政府草原防火主管部门代为采取防火措施、消除火灾隐患，所需费用由违法单位或者个人承担。

（1）在草原防火期内，经批准的野外用火未采取防火措施的。

（2）在草原上作业和行驶的机动车辆未安装防火装置或者存在火灾隐患的。

（3）在草原上行驶的公共交通工具上的司机、乘务人员或者旅客丢弃火种的。

（4）在草原上从事野外作业的机械设备作业人员不遵守防火安全操作规程或者对野外作业的机械设备未采取防火措施的。

（5）在草原防火管制区内未按照规定用火的。

3．草原上的生产经营等单位未建立或者未落实草原防火责任制的，由县级以上地方人民政府草原防火主管部门责令改正，对有关责任单位处 5 000 元以上 2 万元以下罚款。

4．故意或者过失引发草原火灾，构成犯罪的，依法追究刑事责任。

第四章　草原监督管理

草原监督管理是草原监督管理部门依法履行法律法规赋予的职责，对草原法律法规执行情况进行监督检查，对违反草原法律法规的行为，依法做出行政处理。

第一节　草原监督管理部门

草原监督管理主体包括各级人民政府草原行政主管部门和草原监督管理机构。广义的草原监督管理主体还包括立法机关、各级人民政府、司法机关及相关的行政主管部门。

一、草原行政主管部门

草原行政主管部门是指草原保护、利用、建设等活动的行政管理部门，即在行政机关中具体承担管理保护、建设、利用的职能部门。省级草原行政主管部门是指省农牧厅，州、县人民政府草原行政主管部门是指畜牧局或农牧局。

二、草原监督管理机构

草原监督管理机构是指各级草原行政主管部门按照《草原法》和《行政处罚法》的规定设立的专门从事草原监督管理工作的机构，即草原监理站。草原监理站是法律明确授权的执法机构，在行政主管部门的领导下，监督检查草原法律法规的执行情况，对违反草原法律法规的行为进行查处。

青海省县级以上草原行政主管部门（农牧局、农牧厅）和草原监督管理机构（监理站）共同承担草原监督管理职责。乡（镇）人民政府设立有草原监理员，在县级草原监督管理机构的指导下，负责具体的监督检查工作。村级设有村级管护员。

第二节　草原监督管理部门职责

一、草原行政主管部门职责

1. 负责草原监督管理工作，定期对草原保护、利用情况进行监督检查，制止破坏草原植被和掠夺性利用的行为。

2. 按照职权范围，对草原使用、占用行为进行审核审批；监督指导草原承包活动。

3. 会同有关部门定期开展草原资源调查，对草原实施动态监测，提供动态监测和预警信息服务；并定期核定放牧草原载畜量。

4. 对草原监督检查人员进行培训和考核。

二、草原监理机构职责

1. 宣传贯彻草原法律法规，监督检查草原法律法规和政策的实施。

2. 对违反草原法律法规的行为进行查处。

3. 负责草原所有权、使用权和承包经营权的审核、登记、管理的相关工作。

4. 负责草原权属争议的调解及办理调剂使用草原的相关工作。

5. 对使用草原和草原建设项目等进行现场勘验、监督检查，处理临时占用草原的有关事宜。

6．协助有关部门做好草原防火的具体工作。

7．受草原行政主管部门委托，开展草原监督管理有关工作。

三、乡级监理员

1．宣传贯彻草原法律法规，协助县级草原监督管理机构监督检查草原法律法规和政策的实施。

2．协助县级草原监督管理机构对草原所有权、使用权和承包经营权的审核、登记、管理的相关工作。

3．协助乡政府等有关部门做好草原防火的具体工作。

4．对区域内的鼠虫害发生、草原火情及采挖草原野生植物等情况进行监管。

5．指导村级管护员开展牲畜清点和减畜等工作。

四、村级管护员职责

1．协助县、乡（镇）草原监理人员对村（牧）委会、合作社和牧户的载畜量和减畜数量进行核定，并按责任书确定的减畜计划对监管村（牧）委会、合作社和牧户的牲畜进行清点，监督减畜计划的落实。对不按计划核减超载牲畜的，及时报告乡政府及草原监理机构。

2．对监管责任区的村（牧）委会、合作社及牧户禁牧区和草畜平衡区放牧情况进行日常巡查、动态管理，发现违反禁牧令放牧和未按计划核减牲畜超载放牧的，要进行制止并及时报告乡（镇）人民政府和草原监理机构。

3．根据日常巡查情况建立巡护日志。

4．负责对监管责任区的草原基础设施、鼠虫害发生、草原火情及采挖草原野生植物等情况进行监管。

5．积极开展草原保护法律法规和政策的宣传，及时举报草原违法行为。

参考文献

[1] 农业部草原监理中心. 中国草原执法概论 [M]. 北京：人民出版社, 2007.

[2] 中华人民共和国农业部. 天然草地合理载畜量的计算 [M]. 北京：中国标准出版社, 2002.

[3] 戎郁萍，赵萌莉，韩国栋. 草地资源可持续利用原理与技术 [M]. 北京：化学工业出版社, 2004.

[4] 中华人民共和国农业部. 休牧和禁牧技术规程 [M]. 北京：中国标准出版社, 2006.

[5] 中华人民共和国农业部. 草原划区轮牧技术规程 [M]. 北京：中国标准出版社, 2007.

[6] 中华人民共和国农业部. 天然草原等级评定技术规范 [M]. 北京：中国标准出版社, 2007.

[7] 张英俊. 草地与牧场管理学 [M]. 北京：中国农业大学出版社, 2009.

[8] 中华人民共和国农业部草原监理中心. 草原执法理论与实践 [M]. 北京：中国农业出版社, 2010.

[9] 高鸿宾. 中国草原. 北京：中国农业出版社, 2012.

[10] 马有祥. 草原新政与监理工作形势任务 [OL]. 农业部草原监理中心：http：//www. grassland. gov. cn/grassland - new /Item/ 4044. aspx 中国草原网, 2012 - 07 - 02.

[11] 刘加文. 必须高度警惕新一轮草原大开垦 [OL]. 农业部草原监理中心: http: //www. grassland. gov. cn/grassland - new /Item/ 4044. aspx 中国草原网, 2008 - 12 - 16

[12] 刘加文. 开垦草原得不偿失 [OL]. 农业部草原监理中心: http: //www. grassland. gov. cn/grassland-new /Item/ 4044. aspx 中国草原网, 2012 - 03 - 12

[13] 青海省农牧厅. 现代农牧业知识干部读本 [M]. 西宁: 青海民族出版社, 2013.

[14] 青海省草原总站. 青海草地资源 [M]. 西宁: 青海人民出版社, 2012.

[11] [illegible]
[illegible] http://www. [illegible] grassland [illegible]
[illegible] 2008 [illegible]
[12] [illegible]
[illegible] http://www. [illegible] grassland [illegible] gov [illegible] cn/grasslandnew/News/ [illegible] 2044 [illegible]
[illegible] 2012-09-12 [illegible]
[13] [illegible] [M]. [illegible]
[illegible]
[14] [illegible]
[illegible] 2012 [illegible]

ལེའུ་དང་པོ། རྩྭ་ཐང་གི་བྱེད་ལས་དང་གོ་གནས།

ས་བཅད་དང་པོ། གོ་དོན།

དང་པོ། རྩྭ་ཐང་།

རྩྭ་ཐང་ནི་རྒྱ་ཁྱོན་ངེས་ཅན་ཡོད་ཅིང་རྩྭ་དང་རྩེ་ཤིང་གྲུབ་ཆ་གཙོ་བོ་ཡིན་པའི་སྔོ་ཁེབས་ས་གཞིའི་སྤྱི་མིང་ཡིན། དེ་ནི་ཕྱུགས་ལས་ཀྱི་ཐོན་སྐྱེད་ཐོན་ཁུངས་ཡིན་པར་མ་ཟད། བྱེད་ལས་སྣ་ཚོགས་ལྡན་པའི་རང་བྱུང་ཐོན་ཁུངས་དང་མིའི་རིགས་འཚོ་གནས་ཀྱི་རང་བྱུང་ཐོན་ཁུངས་ཡིན། རྩྭ་ཐང་ལ་རིགས་གཉིས་ཡོད་པ་ནི་རང་བྱུང་རྩྭ་ཐང་དང་མི་བཟོས་རྩྭ་ཐང་ཡིན་ཏེ། རང་བྱུང་རྩྭ་ཐང་གི་རིགས་ལ་རྩྭ་ས་དང་རྩྭ་རི། སྤང་རི་བཅས་དང་། མི་བཟོས་རྩྭ་ཐང་གི་རིགས་ལ་ལེགས་བསྒྱུར་རྩྭ་ས་དང་ཟློ་དོར་ཕྱུགས་སྐྱོང་རྩྭ་ས། ཡིན་ཡང་གྲོང་རྡལ་གྱི་རྩྭ་ས་དེའི་ཁུངས་སུ་མི་འདུས་སོ། །

གཉིས། གཟན་རྩྭ།

དེ་ནི་ཕྱུགས་ཟོག་གི་ཟས་ཆོག་པའི་རྩྭ་དང་རྩེ་ཤིང་གི་རིགས་ལ་གོ

ས་བཅད་གཉིས་པ། རྩྭ་ཐང་གི་བྱེད་ལས།

རྩྭ་ཐང་ནི་སའི་གོ་ལའི་སྐྱེ་པགས་དང་མཚུངས་ཤིང་། དེ་ནི་མིའི་རིགས

འཚོ་གནས་ཁྲིད་མེད་དུ་མི་ཉུང་བའི་རང་བྱུང་ཐོན་ཁུངས་གཙོ་བོ་ཡིན་པ་དང་། སྐྱེ་ཁམས་ཆ་སྙོམས་བདེ་སྲུང་དང་ཐོན་སྐྱེད་རྒྱུ་ཆ་མཁོ་སྤྲོད། སྤྱི་ཚོགས་དཔལ་འབྱོར་འཕེལ་བ་སོགས་ཀྱི་ཐད་ནས་གཞན་གྱིས་ཚབ་བྱེད་མི་ཐུབ་པའི་བྱེད་ནུས་ཐོན་ཡོད།

དང་པོ། རྩྭ་ཐང་གི་དཔལ་འབྱོར་བྱེད་ལས།

(གཅིག) རྩྭ་ཐང་སྟེང་གི་གཟན་རྩྭའི་ཐོན་ཁུངས་ཀྱིས་མིའི་རིགས་ལ་ཕྱུགས་ལས་ཐོན་རྫས་མཁོ་སྤྲོད་བྱེད་ཐུབ།

རྩྭ་ཐང་སྟེང་དུ་རྩྭ་དང་རྩི་ཤིང་གི་རིགས་མང་པོ་སྐྱེས་ཡོད་ཅིང་། འོད་སྦྱོར་ནུས་པ་ལ་བརྟེན་ནས་མཁའ་དབུགས་ནང་གི་དབྱུང་གཉིས་སོལ་འགྱུར་ཕྱུགས་ཟོག་གི་ཟོས་ཆོག་པའི་སྐྱེ་ལྡན་བཅུད་རྫས་སུ་བསྒྱུར། ཕྱུགས་རྩྭ་དེ་ཕྱུགས་ཟོག་གིས་ཟོས་པ་ལ་བརྟེན་ནས་ང་ཚོའི་ཐོན་སྐྱེད་འཚོ་བའི་དགོས་མཁོ་ལ་འདོན་སྤྲོད་ཐུབ་པའི་ཐོན་རྫས་སུ་བསྒྱུར། མཚོ་སྔོན་ཞིང་ཆེན་གྱི་རྩྭ་ཐང་སྟེང་དུ་ཕྱུགས་ཟོག་གི་ཟོས་ཆོག་པའི་རྩི་ཤིང་གི་རིགས 340ལྷག་ཡོད་པ་དང་། རྩི་ཤིང་མང་ཆེ་བ་ཟས་ཁ་ཉ་འཕྲོད་ཅིང་འཚོ་བཅུད་ལྡན་པ། རྩྭ་རྒྱུ་བཟང་བ་སོགས་ཀྱི་ཁྱད་ཆོས་ལྡན། དེ་ནི་ཧ་འོར་ལུག་གསུམ་དང་ཇ་མོང་སོགས་ཀྱི་གཟན་རྩྭའི་ཐོན་ཁུངས་གཙོ་བོ་ཡིན་ནོ། །ཉེ་ལོའི་བསྡོམས་རྩིས་མཇུག་འབྲས་ལྟར་ན། མཚོ་སྔོན་ཞིང་ཆེན་ཆ་སྙོམས་མུའུ་རེར་ཕྱུགས་རྩྭ་ཐོན་ཚད་སྤྱི་རྒྱ 2295 (སྤྱི་རྒྱ 153/མུའུ) རྩྭ་ཐང་མུའུ་དུང་ཕྱུར 6.28སྟེང་ལོ་རེར་ཕྱུགས་རྩྭ་ཐོན་ཚད་སྤྱི་རྒྱ་དུང་ཕྱུར 960 ཡིན། 2012ལོའི་བསྡོམས་རྩིས་ལྟར་ན། ཞིང་ཆེན་ཡོངས་སུ་ཕྱུགས་རྩྭ་ཟ་བའི་ཕྱུགས་ཟོག་ཁྲི 1950ལྷག་ཡོད་པ་དང་། ལོ་རེར་ཤ་ཕུང་ཁྲི 23དང་ལུག་བལ་ཕུང་ཁྲི 1.8 ཁུ་ལུ་ཕུང 414བཅས་མཁོ་སྤྲོད་བྱེད་ཐུབ། དེ་དག་བཙས་སྣོན་ལེགས་པོ་གནང་རྗེས་ཐོན་སྐྱེད་བྱས་པའི་བལ་དང་ཁུ་ལུ། ཞྲགས་པ། ཤ འོ་མའི་ཐོན་

རྫས། སྐྱེ་དངོས་རྫས་འགྱུར་གྱི་སྨན་རིགས་སོགས་ཀྱིས་ཕྱུགས་ལས་ཐོན་རྫས་ཀྱི་ཟུར་བསྣན་རིན་ཐང་སྤར་ལས་མངོན་ཡོང་། 2012ལོར་ཞིང་ཆེན་ཡོངས་ཀྱི་ཕྱུགས་ལས་ཐོན་སྐྱེད་སྤྱི་མ་དངུལ་སྒོར་དུང་ཕྱུར 137བསྒྲུན་པ་དང་ཐོན་ལས་དང་པོའི 52%ཟིན། རྩྭ་ཐང་གིས་མིའི་རིགས་ཀྱི་འཚོ་གནས་དང་འཕེལ་རྒྱས་ལ་ཕུན་སུམ་ཚོགས་པའི་འཚོ་བའི་ཐོན་སྐྱེད་རྒྱུ་ཆ་གནང་ཡོད་པ་རེད།

(གཉིས)རྩྭ་ཐང་སྟེང་དུ་ཁྱབ་པའི་དཔལ་འབྱོར་བསྒྲུན་ཐུབ་པའི་རྩི་ཤིང་གསར་སྤེལ་བྱས་ཚོག་པ།

མཚོ་སྔོན་ཞིང་ཆེན་གྱི་རྩྭ་ཐང་སྟེང་དུ་རི་སྐྱེས་རྩི་ཤིང་གི་རིགས་མང་པོ་ཡོད་པ་དང་། ཁྱབ་རྒྱ་ཆེ་ཞིང་ཐོན་ཁུངས་ཕུན་སུམ་ཚོགས་པ་ཡིན། རྩི་ཤིང་རིགས་མང་པོ་ཞིག་གི་རང་སྟེང་དུ་སྨན་རྫས་སུ་བཀོལ་བ་དང་སྤྲང་རྩི་ལེན་པ། བཟའ་བཏུང་བ། ལྟད་མོ་ལྟ་བ། ཐོན་སྐྱེད་ཤིང་ཕྱེ། ཐོན་སྐྱེད་ཚོ་སྣའི་རྩི་ཤིང་སོགས་ཀྱི་དཔལ་འབྱོར་ཡོང་འབབ་བཙལ་ཐུབ་པ་རེད། བསྡོམས་རྩིས་བྱས་པ་ལྟར་ན། མཚོ་སྔོན་ཞིང་ཆེན་རི་སྐྱེས་སྨན་བཀོལ་རྩི་ཤིང་གི་རིགས 500ལྷག་ཡོད་པ་དང་། ཚོ་སྣའི་རྩི་ཤིང་གི་རིགས 500ལྷག་དང་། རི་སྐྱེས་སྤུམ་རྫས 70ལྷག་དང་། ཤིང་ཕྱེ་རྩི་ཤིང་གི་རིགས 50ལྷག་དང་། རྫས་འགྱུར་རྒྱུ་ཆའི་རྩི་ཤིང་གི་རིགས 50ལྷག་དང་། དྲི་ཞིམ་རྩི་བཅུད་ཀྱི་རིགས 40ལྷག་བཅས་ཡོད། མིག་སྔར། རྩྭ་ཐང་སྟེང་དུ་ཁྱབ་པའི་དབྱར་རྩྭ་དགུན་འབུ་དང་སྙི་བ། སྲད་དཀར། ཀྱི་ལྕེ། མེ་ཏོག་གངས་ལྷ། ཟླ་བདུད་རྡོ་རྗེ། སྤྲུ་ནག ཟེ་ར་སེར་པོ། མཚེ་ལྡུམ། སྒྲོ་ལོ་དམར་པོ་སོགས་སྨན་བཀོལ་རྩི་ཤིང་རྒྱ་ཆེར་བོད་སྨན་དང་ཀྲུང་སྨན་ཁྲིད་དུ་བེད་སྤྱོད་བྱེད་པ་དང་། རི་སྔོག་དང་ཀེ ཀྲོ་མ་སོགས་ཟས་བཀོལ་རྩི་ཤིང་མི་རྣམས་ཀྱིས་དང་ལེན་བྱེད་བཞིན་མཆིས། དེ་དག་ལས་དབྱར་རྩྭ་དགུན་འབུ་དང་ཟླ་བདུད་རྡོ་རྗེ། སྒྲོ་ལོ་དམར་པོ་སོགས་བཅོས་སྣོན་ལེགས་པོ་བྱས་རྗེས་དཔལ

འགྱུར་ཡོང་འབབ་བཟང་པོ་ཞིག་བསྐྲུན་ཐུབ་པ་ཡིན་ནོ། །（རི་མོ 1–1）

རི་མོ 1–1 དབྱར་རྩྭ་དགུན་འབུ།

（གསུམ）རྩྭ་ཐང་སྟེང་དུ་ཕུན་སུམ་ཚོགས་པའི་གཉེར་ཁ་དང་ནུས་ཤུགས་ལྡན་པས། དེ་ནི་དཔལ་འབྱོར་སྤྱི་ཚོགས་མགྱོགས་མྱུར་དང་འཕེལ་རྒྱས་བྱུང་བའི་རྒྱུ་ཀྱེན་མ་པ་དེ་ཡིན།

མཚོ་སྔོན་ཞིང་ཆེན་གྱི་ཞིང་འབྲོག་པའི་ས་ཆར་གཉེར་ཁ་དང་ཉི་འོད་ནུས་ཤུགས། རླུང་གི་ནུས་ཤུགས་སོགས་ཐོན་ཤུགས་ཤིན་ཏུ་མང་ཞིང་གསར་སྤེལ་སྔོག་འདོན་བྱེད་པའི་མདུན་སྐྱོངས་ཡངས་པོ་ཞིག་ཡོད་པ་རེད། ཞིང་ཆེན་ཡོངས་ཀྱི་ཞིང་འབྲོག་པའི་ས་ཆར་གཉེར་ཁའི་རིགས 125སྐོར་ཡོད། དེའི་ཁྲོད་དུ་གཉེར་ཁའི་རིགས 52ནི་གཉེར་རྫས་གསོག་འཇོག་ལེགས་པའི་རྒྱལ་ཡོངས་ཀྱི་ཨང་རིམ་སྔོན་གྱི 10ཟིན། རྡོ་སྣུམ་དང་རང་བྱུང་རླངས་དབུགས་ཀྱི་ཐོན་ཤུགས་ཕུན་སུམ་ཚོགས་པོར་ཡོད་པ་ད་ལྟ་ས་རྒྱུ་བརྟག་དཔྱད་བྱས་པ་ལྟར་ན་གསོག་འཇོག་བྱས་པ་ཏུང་དུང་ཕྱུར 2.08དང་སྐྱི་གྲུ་བཞི་ལྷམ་པ་ཏུང་ཕྱུར 1343.4ཡིན་

ཏེ། དེས་རྒྱལ་ཡོངས་ཀྱི་ཨང་རིམ 10དང 4ཟིན་ཡོད། ལྷགས་རིགས་གཏེར་ཁའི་ཁྲོད་དུ་ཟངས་དང་ཞན། ཏི་ཚ། ཁྲབ། གསེར་བཅས་གསོག་འཇོག་ཚད་མང་ཞིང་གསར་སྤེལ་གྱི་མདུན་ལྗོངས་ཤིན་ཏུ་ཡངས། ཉི་འོད་ནུས་ཁུངས་ནི་ཉི་མའི་འོད་ཟེར་འཕྲོ་བ་ལས་ཐོན་པའི་ནུས་ཁུངས་ཤིག་ཡིན་ཏེ། མཚོ་སྔོན་ཞིང་ཆེན་དུ་ཉི་འོད་འཕྲོ་ཚད་སྤྱི་ལེ་གྲུ་བཞི་མ་ལི་སྦྱི 160~175ཡིན་ཞིང་ཉི་འོད་ནུས་ཁུངས་ཕུན་སུམ་ཚོགས་པའི་ས་ཁུལ་དུ་གཏོགས། ལྷག་པར་དུ་ཚ་འདམ་ས་ཁུལ་དུ་ལོ་ཧྲིལ་པོར་ཉི་འོད་འཕྲོ་ཚད་དུས་ཚོད 3553.9ཡིན། མིག་སྔར་མཚོ་སྔོན་གྱི་ཞིང་འབྲོག་ཁུལ་དུ་ཉི་འོད་ནུས་ཁུངས་ཀྱིས་གློག་འདོན་དང་ཉི་འོད་ཀྱི་ཐབ་ཀ་གསར་སྤེལ་བེད་སྤྱོད་དང་ཁྱབ་སྤེལ་ཕྱོགས་ནས་གྲུབ་འབྲས་ཆེན་པོ་བླངས་ཡོད་པ་རེད།

(བཞི)རྩྭ་ཐང་གི་ངོ་མཚར་བའི་རང་བྱུང་ཡུལ་ལྗོངས་དང་མི་ཆོས་ཐོན་ཁུངས་ལ་བརྟེན་ནས་ཡུལ་སྐོར་ལས་རིགས་འཕེལ་རྒྱས་སུ་གཏོང་ཐུབ།

རྩྭ་ཐང་གི་མཛེས་ལྗོངས་ནི་ལྷ་ན་སྡུག་ཅིང་ཡིད་དབང་འཕྲོག་པ་ཞིག་རེད། མདོ་ལ་རིང་མོའི་རྩྭ་ཐང་དང་གསེར་དངུལ་ཐང་སོགས་ནི་རྒྱལ་ཡོངས་སུ་སྐད་གྲགས་ཆེ་བའི་ཡུལ་སྐོར་ལྗོངས་རྒྱུ་བྱེད་སར་གྱུར་འདུག དེ་ཡང་རྩྭ་ཐང་ནི་བོད་དང་སོག་པོ་སོགས་གཏན་སྡོད་བྱེད་སའི་གནས་ཡིན་པས་ན། རྒྱུན་རིང་བའི་ཕྱུགས་ལས་འཚོ་བའི་ཁྲོད་དུ་རིག་གནས་ཁྱད་པར་བ་ཞིག་ཀྱང་བསྐྲུན་པར་བྱས། དེ་ནི་འབྲོག་པས་ཚེ་རབས་མང་པོར་གསར་གཏོད་བྱས་པའི་རྩྭ་ཐང་གི་སྐྱེ་ཁམས་ཁོར་ཡུག་དང་འཚམ་པའི་རིག་གནས་ཤིག་ཡིན་ཞེས་བཤད་ཆོག དེང་གི་རིག་གནས་དབྱེ་འབྱེད་ཁྱད་ཆོས་ལྟར་ན་རྩྭ་ཐང་རིག་གནས་ནི་རྨང་མཐུག་པོའི་ས་གནས་ཁྱད་ཆོས་དང་མི་རིགས་ཁྱད་ཆོས་འདུས་པའི་སྣ་འཛོམ་ཅན་གྱི་རིག་གནས་ཤིག་ཏུ་གྱུར་ཡོད། རྩྭ་ཐང་རིག་གནས་ཀྱིས་ཀྱང་ཧྭ་རིག་གནས་ཕྱི་རུ་ཁྱབ་པའི་འཐབ་རྩས་ཁྲོད་དུ་ནུས་པ་གལ་ཆེན་ཐོན་འདུག ལོ་འདི་གར་རྩྭ་ཐང་རིག

གནས་ཕྱི་རྒྱལ་ཁབ་ཏུ་སོང་ནས་རྒྱལ་སྤྱིའི་རིག་གནས་དང་འབྲེལ་འདྲིས་བྱས་ཏེ་ཤུགས་རྐྱེན་ཟབ་མོ་ཐེབས་ཡོད་པ་རེད། དཔེར་ན་སོག་པོའི་པི་ཝང་རྟ་མགོ་མ་སོགས་འཛམ་གླིང་གི་དངོས་པོ་མ་ཡིན་པའི་ཤུལ་བཞག་རིག་གནས་རྟེན་རྫས་སུ་གྱུར། ཕྱོགས་གཅིག་ནས་མཚོ་སྔོན་གྱི་བོད་སོག་མི་རིགས་ཀྱི་རིག་གནས་སྒྱུ་རྩལ་ཏེ་གླུ་གར་དང་རྒྱན་གོས། ལག་ཤེས་བཟོ་ལས་སོགས་དང་ལྷག་པར་དུ་བོད་གྲུམ་ལྷ་བུར་སྨན་པའི་གྲགས་པ་ཕྱོགས་བཞིར་ཁྱབ་སྟེ་ཀྲུང་ཧྭ་རིག་གནས་ཀྱི་ཤུགས་རྐྱེན་ཇེ་ཆེར་འགྲོ་བ་དང་འགུགས་ཤུགས་ཇེ་ཆེར་འགྲོ་བར་ཕན་ནུས་ཆེན་པོ་ཐོན་ཡོད། ཕྱོགས་གཞན་ཞིག་ནས་མུ་མཐའ་མེད་པའི་རྩྭ་ཐང་ཆེན་མོ་དང་ངོ་མཚར་འབུམ་གྱིས་ཕྱུག་པའི་རྩྭ་ཐང་གི་མི་རིགས་ཡུལ་སྲོལ་ནི་མི་རྣམས་ཀྱི་འདྲེན་བྱེད་མིག་དབང་ཅིག་ཅར་དུ་འཕྲོག་པའི་རྒྱུ་རྐྱེན་དུ་གྱུར་ཏེ། རྩྭ་ཐང་གི་ཡུལ་སྐོར་ཚོང་རར་སྣེ་འཁྲིད་པ་དང་འཛམ་གླིང་འབྲེལ་འདྲིས་ཀྱི་གར་སྟེགས་ཤིག་མཐོ་སྤྲོད་བྱས་འདུག བཅོས་སྒྱུར་གཏིང་ཟབ་ཏུ་སྤེལ་བ་དང་སྒོ་མོ་ཇེ་ཆེར་འབྱེད་པ། ཚན་རིག་འཕེལ་རྒྱས་བཅས་ཀྱི་ལོ་རྒྱུས་དུས་རིམ་གསར་བའི་ཁྲོད་དུ་རྩྭ་ཐང་རིག་གནས་སྔར་ལས་མཚར་སྡུག་ལྡན་པ་དང་མདུན་སློངས་ཡངས་པོས་མི་རྣམས་ཀྱི་མིག་ལམ་དུ་མངོན་ཡོང་བ་ནི་གདོན་མི་ཟའོ། །

གཉིས་པ། རྩྭ་ཐང་གི་སྐྱེ་ཁམས་བྱེད་ལས།

(གཅིག)དབྱང་འདུས་ཚད་ཇེ་མང་དུ་བཏང་ནས་མཁའ་དབུགས་གཙང་མར་བསྒྱུར་བ།

རྩྭ་ཐང་གི་རྩི་ཤིང་འོད་སྦྱོར་ནུས་པ་ལ་བརྟེན་ནས་མཁའ་དབུགས་ཆེན་པོའི་ནང་གི་དབྱང་གཉིས་སོལ་འགྱུར་སྡུད་པ་དང་དབྱང་དབུགས་ཕྱིར་གཏོང་བ། རྩྭ་ས་ཆ་སྙོམས་ལྷམ་པ་གྲུ་བཞི་མ་སྨི 25ཡིས་མི་གཅིག་གི་སྡུད་ལེན་བྱས་པའི་དབྱང་གཉིས་སོལ་འགྱུར་ཚང་མ་སོར་ཆུད་དབྱང་དབུགས་སུ་འགྱུར། རྩྭ་ཐང་གི

རྩི་ཤིང་གིས་མཁའ་དབུགས་ཆེན་པོའི་ནང་གི་གནོད་ཡོད་དུག་ལྡན་མཁའ་དབུགས་སྦུད་ལེན་དང་གཏན་འཇེབས་བྱེད་ཐུབ་པ་དང་། མཁའ་དབུགས་ནང་དུ་དུག་ལྡན་འབུ་སྲིན་འདུས་ཚད་ཇེ་ཉུང་དུ་གཏོང་ཐུབ་པར་མ་ཟད། ད་དུང་མཁའ་དབུགས་ནང་གི་རྡུལ་ཕྲན་སྦུད་ལེན་དང་འཛིབ་པ་ལ་བརྟེན་ནས་ནུས་ཡོད་ཀྱིས་རྡུལ་ཕྲན་འདུས་ཚད་ཇེ་ཉུང་དུ་གཏོང་ཐུབ་པོ། །

(གཉིས)རླུང་འགོག་བྱེ་འདུལ་བྱས་ཏེ་ས་ཆུ་ཤོར་བར་སྔོན་འགོག་བྱེད་པ།

རྩྭ་ཐང་དུ་སྔོ་ཁེབས་རྒྱ་ཁྱོན་ཇི་ལྟར་ཆེ་ན་རླུང་ཤུགས་དེ་ལྟར་འགོག་ཐུབ་པ་ཡིན། ཞིབ་འཇུག་བྱས་པ་ལྟར་ན། སྔོ་ཁེབས་ཚད 30%~50%ཡིན་དུས་ས་ངོས་ཀྱི་རླུང་ཤུགས 50%ཇེ་སྐྱོམ་དུ་གཏོང་ཐུབ། ཐན་སྐྱོན་དང་བྱེ་རླུང་། ཐ་ཞིང་སོགས་ཀྱི་ཆ་རྐྱེན་འོག་ཏུ། ནགས་བསྐྲུན་དཀའ་ནའང་རྩི་ཤིང་ཆུ་གྲོན་ཚད་ཉུང་བས་འཚར་སྐྱེ་སླ་བ་ཡིན། དེ་ཡང་བྱེ་རིའི་སྟེང་དུ་སྔོ་ཁེབས་རྩི་ཤིང་སྐྱེས་པ་ལ་བརྟེན་ནས་ནུས་ཡོད་ཀྱིས་བྱེ་མ་རུ་འགྱུར་བར་ཚད་བཀག་ཐུབ་པར་མ་ཟད། བྱེ་འཚུབ་རླུང་ཆེན་འབྱུར་བར་སྔོན་འགོག་བྱེད་ནུས། གལ་ཏེ་ཐན་སྐྱོན་ས་ཁུལ་དུ་རླུང་གི་ཁ་ཕྱོགས་དང་དྲང་འཕྲང་བྱེ་འགོག་རྩྭ་འདེབས་ཐུབ་ན། ལུང་སྟོང་གི་རླུང་ཤུགས་དང་བསྡུར་ན 19%~84%ཇེ་དམའ་རུ་འགྲོ་བ་ཡིན། བྱེ་འགྱུར་རྩྭ་སར་རླུང་འགོག་སྔོ་ཁེབས་མུའུ་རེར་ལྷམ་པ་གྲུ་བཞི་མ 30~40ཡིན་དགོས།

རྩྭ་ཐང་གི་རྩི་ཤིང་གི་རྩ་བ་ཤིན་ཏུ་བརྟན་པོ་ཡིན་པས་ས་འཛགས་དང་རྟོལ་ནུས་ལྡན་པ་དང་། ནུས་ཡོད་ཀྱིས་ས་གཞིའི་སྲུབས་ཀ་ཇེ་ཆུང་འགྲོ་བ་དང་ཆུ་བཤལ་འགོག་པ། རླུང་གིས་ཟད་པ་བཅས་ཇེ་ལེགས་སུ་གཏོང་ཐུབ་ཅིང་། ནུས་ཡོད་ཀྱིས་ས་ཆུ་ཤོར་བ་དང་ས་གཞི་རླུང་གིས་ཟད་པ་དང་བྱེ་འགྱུར་ཇེ་ཉུང་དུ་གཏོང་ཐུབ། འབྲེལ་ཡོད་ས་ཁུལ་གྱི་བརྟག་དཔྱད་ལྟར་ན། ཞིང་ས་ནི་རྩྭ་སའི་ས་ཆུ་ཤོར་བ་ལས་ལྷག 40~100ལས་མང་བ་དང་། རྩྭ་བཏབ་ཡོད་པའི་རི་ཞིང་དང་

རྩྭ་བཏབ་མེད་པའི་རི་ཞིང་བསྒྱུར་ན་ས་རྡོས་བཞུར་རྒྱུག 47%དང་ཆུ་བཤལ་གཏོང་བ 77%ཇེ་ཉུང་དུ་འགྲོ་བ་ཡིན།

(གསུམ)ཆུ་ཁུངས་བདག་སྐྱོང་བྱས་ཏེ་ཆུ་སྲུས་ཇེ་བཟང་དུ་གཏོང་བ།

རྩྭ་ཐང་གི་རྩོ་ཁེབས་ཀྱིས་ཆར་ཆུ་སྡུད་ལེན་དང་བཀག་འགོག་བྱེད་པ་དང་། ཆར་ཆུའི་བཞུར་རྒྱུག་ཇེ་དལ་དུ་གཏོང་བ། ས་རྡོས་རྡབ་ཤུགས་ཇེ་ཆུང་དུ་གཏོང་བ། ད་དུང་ས་འོག་གི་ཆུ་དྭངས་གཙང་དུ་བཟོ་ཐུབ། ཞིབ་འཇུག་བྱས་པ་ལས་མངོན་པ་ནི། རྩྭ་ཐང་ནི་ས་སྟོང་ས་ཐོག་ལས་ཆུ་འདུས་ཚད 20%ཡན་གྱི་མཐོ་བ་ཡིན། ཉིན་རེར་ཆར་ཆུ་འབབ་ཚད་ཧོའོ་སྨི 50བརྒལ་བའི་དུས་རི་ཞིང་དུ་རྩྭ་བཏབ་པའི་ས་རྡོས་བཞུར་རྒྱུག་ནི་ཞིང་དུ་རྩྭ་མ་བཏབ་པ་ལས 30%ཇེ་ཉུང་དུ་འགྲོ་བ་དང་། ས་རྡོས་ཆུ་བཤལ་ཚད་ཞིང་གི 22%ཡིན་ཏེ། དེ་ནི་ནགས་ས་ཆུ་བཤལ་ཚད་དང་བསྡུར་ན་ཁྱད་པར་ཆེན་པོ་མེད། ས་རྡོས་སུ་རྩི་ཤིང་སྐྱེས་པ་ཉུང་བའི་ནགས་སར་ཆུ་བཤལ་ཚད་རྩྭ་ས་ལས་མཐོ་བ་ཡིན། ཉིན་རེར་ཆར་ཆུ་འབབ་ཚད་ཧོའོ་སྨི 340བརྒལ་བའི་དུས་རི་ཞིང་མུའུ་རེར་ས་ཆུ་ཤོར་ཚད་སྤྱི་ཀྲ 450ཡིན་པ་དང་ཞིང་སྤྱི་ཀྲ 238ཡིན་པ་དང་། རྩྭ་སར་སྤྱི་ཀྲ 6.2ཡིན། དེ་ནི་རྩྭའི་རྩ་བ་ས་རྡོས་ཀྱི་ལིས་སྨི 0 ~30མཚམས་སུ་གཅིག་བསྡུས་ངང་ཁྱབ་སྟེ་སྲུང་སྐྱོབ་ས་རིམ་ཞིག་ཆགས་ཡོད་དེ། བཟོ་ལྟ་ས་གདན་དང་ཤིན་ཏུ་མཚུངས་ཤིང་ས་རྡོས་སྲུང་སྐྱོབ་ལེགས་པོ་བྱེད་ཐུབ་པ་ཡིན།

(བཞི)སྐྱེ་དངོས་སྣ་མང་ཅན་དུ་གཏོང་བ།

མཚོ་སྔོན་གྱི་ཞིང་འབྲོག་ས་ཆ་ནི་མཚོ་ངོས་ལས་ཆེས་མཐོ་བའི་མདོ་དབུས་མཐོ་སྒང་དུ་གནས། རྩི་ཤིང་དང་སྲོག་ཆགས་ཀྱི་ཐོན་ཁུངས་ཕུན་སུམ་ཚོགས་པ་ཡོད་དེ། རི་སྐྱེས་རྩི་ཤིང་གི་རིགས་ཧ་ལམ 1091ཡོད་པ་དང་། རྒྱལ་ཁབ་ཀྱི་གནད་ཆེའི་སྲུང་སྐྱོབ་སྲོག་ཆགས་ཀྱི་རིགས 74ཡོད། དེ་ལས་རྒྱལ་ཁབ་ཀྱི་རིམ་པ

དང་པོའི་སྲུང་སྐྱོབ་སྲོག་ཆགས་ཀྱི་རིགས་21 (དཔེར་ན་ཧ་སྨོང་། འབྲོང་། རྐྱང་། དགོ་བ། གཙོད། གསའ། ཁྲུང་ཁྲུང་དཀར་མོ། གེ་སར་རྟ་རྫི་སོགས།) རིམ་པ་གཉིས་པའི་སྲུང་སྐྱོབ་སྲོག་ཆགས་ཀྱི་རིགས་53དང་རིམ་པ་གསུམ་པའི་སྲུང་སྐྱོབ་སྲོག་ཆགས་ཀྱི་རིགས་36ཡོད། ཐོན་ཁུངས་བཟང་པོ་འདིས་རྩི་ཤིང་དང་སྲོག་ཆགས་ཀྱི་མ་རྒྱུའི་སྒྲིག་གཞི་རྒྱུན་འཁྱོངས་བྱས་ཡོད་པར་མ་ཟད། མིའི་རིགས་ཀྱི་དངོས་རིགས་འཕེལ་འགྱུར་ལེགས་བཅོས་ཡོང་བར་ཕུན་སུམ་ཚོགས་པའི་ཐོན་ཁུངས་མཁོ་སྤྲོད་གནང་ཡོད་པ་རེད།

གསུམ་པ། རྩྭ་ཐང་གི་སྤྱི་ཚོགས་བྱེད་ལས།

རྩྭ་ཐང་ནི་མཚོ་སྔོན་ཞིང་ཆེན་མཛེས་པའི་རི་གླུང་གི་གྲུབ་ཆ་གཙོ་བོ་ཞིག་ཡིན་ཞིང་། འབྲོག་པའི་འཚོ་སྡོད་བྱེད་སའི་ཁྱིམ་གཞིས་ཡིན། དེ་ནི་ཞིང་ཐོན་སྐྱེད་དང་གཅིག་བརྟེན་གཅིག་འབྲེལ་དང་ཕན་ཚུན་ཁ་གསབ་བྱེད་པའི་ཐོན་སྐྱེད་ཐོན་ཁུངས་ཤིག་རེད། འབྲོག་པས་རྩྭ་ས་ནི་རང་གི་ཁྱིམ་ཚང་དུ་བལྟས་ཏེ་ཚེ་རབས་ཀུན་ཏུ་གནས་བཅའ་ས་ཡིན། དེས་ནུས་ཡོད་ཀྱིས་བཟོ་ལས་ཅན་དང་གྲོང་རྫལ་ཅན་དུ་བསྒྱུར་བའི་གོ་རིམ་ལས་འཚོ་བའི་བར་སྟོང་གི་སྣོན་ཤུགས་རྗེ་ཆེར་དུ་བཏང་འདུག རྩྭ་ཐང་གིས་རིགས་མི་འདྲ་བའི་ཕྱུགས་ཟོག་ལ་གཟན་ཆག་དང་འཚོ་བཅུད་མཁོ་སྤྲོད་བྱས་ཡོད། ཕྱུགས་ཟོག་གིས་རྩྭ་ལ་བརྟེན་ནས་ཕྱུགས་ཟོག་ཐོན་རྫས་བསྐྲུན་ཏེ་མི་རྣམས་ཀྱི་འདོད་སྤྱོད་བྱེད་ཡུལ་གྱུར་ཅིང་། ནུས་ཡོད་ཀྱིས་འབྲུ་རིགས་ཀྱི་ཐོན་སྐྱེད་སྣོན་ཤུགས་རྗེ་ཆེར་དུ་བཏང་། འབྲོག་པ་རྣམས་ཀྱིས་རྩྭ་ཐང་ལ་བརྟེན་ནས་ཕྱུགས་ལས་འཕེལ་རྒྱས་སུ་གཏོང་བར་ཐོན་སྐྱེད་འཚོ་བའི་སྐྱེལ་སྟངས་སུ་གྱུར་ཡོད་པར་མ་ཟད། འབྲོག་པའི་དཔལ་འབྱོར་བྱ་འགུལ་ཡང་རྩྭ་ཐང་དང་དམ་པོར་འབྲེལ་ཏེ་སྦྲེལ་བཞིན་ཡོད། ཕྱུགས་ལས་ནི་འབྲོག་པའི་འཚོ་གནས་དང་ཡར་རྒྱས་གོང་འཕེལ་གྱི་རྨང་གཞི་ཡིན་ཞེས་བཤད་ཆོག དེ་མཚུངས་

སུ་རྩ་ཐང་གིས་ཕུན་སུམ་ཚོགས་པའི་རྩ་ཐང་རིག་གནས་འབྱུང་བར་བྱས་ཏེ། འགྲོག་ཁུལ་དུ་མི་རབས་ནས་མི་རབས་སུ་བརྒྱུད་ཅིང་སྤེལ་བའི་གེ་སར་རྒྱལ་པོའི་སྒྲུང་དང་ཐང་པོད་གནའ་ལམ། ཕུན་ཁྲིན་ཀོང་རྗེ་སོགས་ཀྱི་ལོ་རྒྱུས་གཏམ་རྒྱུད་དར་ཁྱབ་ཆེ་བ་ཡིན། དེ་བས་རྩ་ཐང་ནི་འགྲོག་པའི་དངོས་པོ་དང་བསམ་པའི་ཁྲིམ་གཞིས་ཡིན་ནོ། །མཚོ་སྔོན་ཞིང་ཆེན་གྱི་བོད་དང་སོག་པོ་སོགས་ཀྱི་མི་གྲངས་ཁྲི 180ལྷག་རྩ་ཐང་དུ་གཞིས་བཅས་ཡོད། རྩ་ཐང་གིས་བོད་རྒྱ་རིག་གནས་དྲིལ་བསྒྲགས་དང་བོད་ཁུལ་གྱི་སྤྱི་ཚོགས་བདེ་འཇགས་དང་དཔལ་འབྱོར་རྒྱུན་མཐུད་འཕེལ་རྒྱས་ཡོང་བར་ནུས་པ་ཆེན་པོ་ཐོན་ཡོད་དོ། །

ས་བཅད་གསུམ་པ། རྩ་ཐང་གི་གོ་གནས།

རྩ་ཐང་ནི་གསར་སྒྱུར་བྱས་ཚོག་པའི་རང་བྱུང་ཐོན་ཁུངས་གཙོ་བོ་ཞིག་ཡིན་ཏེ། ཐོན་སྐྱེད་དང་སྐྱེ་ཁམས་སོགས་ཀྱི་ཕན་ནུས་ལྡན་པར་མ་ཟད། མཚོ་སྔོན་ཞིང་ཆེན་གྱི་དཔལ་འབྱོར་སྤྱི་ཚོགས་ཁྲོད་དུ་གལ་ཆེའི་ཐབས་ཇུས་ཀྱི་གོ་གནས་བཟུང་ཡོད། མཚོ་སྔོན་ཞིང་ཆེན་གྱི་ཕྱོགས་ལས་ནི་རྩ་ཐང་གི་ཐོན་ཁུངས་ལ་བརྟེན་ནས་འཕེལ་རྒྱས་བྱུང་བའི་ཐོན་ལས་གཙོ་བོའི་གྲས་སུ་གཏོགས། དེས་ཞིང་ཆེན་ཡོངས་ཀྱི་ཕྱོགས་ལས་ཐོན་ཚད་ལས་གོ་གནས་གལ་ཆེན་ཟིན་འདུག རྩ་ཐང་གིས་རྒྱལ་ཁབ་ཀྱི་སྐྱེ་ཁམས་བདེ་འཇགས་སྲུང་སྐྱོང་ཁྲོད་དུ་གོ་གནས་གལ་ཆེན་དུ་གྱུར་ཡོད། མཚོ་སྔོན་ཞིང་ཆེན་ལ་མཚོན་ན་རྩ་ཐང་ནི་རྒྱ་ཁྱོན་ཆེས་ཆེ་བའི་ལྗང་མདོག་སྲིབ་དངོས་ཡིན་ཞིང་། ཞིང་ཆེན་ཡོངས་ཀྱི་ས་གཞི་སྤྱིའི་རྒྱ་ཁྱོན་གྱི 60.4% ཟིན་པ་དང་། ཞིང་སའི་རྒྱ་ཁྱོན་གྱི་ལྡབ 70ལྷག་དང་། ནགས་ཚལ་རྒྱ་ཁྱོན་གྱི་ལྡབ 11ལྷག་ཡོད། རྩ་ཐང་ཡོད་ས་གཙོ་བོར་མདོ་དབུས་མཐོ་སྒང་གི་དཀྱིལ་སྙིང་དུ

ཁྱབ་ཡོད་དེ། གནས་དེ་ཉ་རང་རྒྱལ་གྱི་འབྲི་ཆུ་དང་རྨ་ཆུ། རྫ་ཆུ། ཆུ་ནག་བཅས་གཙང་པོ་ཆེན་པོ་བཞི་ཡི་འབྱུང་ཁུངས་ཡིན། དེ་ལས་གཙང་གསུམ་ས་ཁུལ་ནི་རང་རྒྱལ་དང་ཡ་གླིང་གི་ཆུ་བོའི་སྟོད་རྒྱུད་ཀྱི་གལ་ཆེའི་ས་ཁུལ་དང་། ཡ་རོབ་དང་ཡ་གླིང་གི་སྐམ་སའི་སྟེང་དུ་གཙང་པོ་ཆེ་ཤོས་ཆེས་མང་དུ་འབྱུང་བའི་ས་ཁུལ་དུ་གཏོགས། དེས་གཙང་ཆུ་མཐའ་དག་གི་ཆུའི་འགྱུར་ཚུལ་སྤྱི་ཡི་འཁོར་བསྐྱར་ཐད་དུ་ནུས་པ་ཐོན་ཏེ། ཀྲུང་ཧྭའི་ཆུ་མཛོད་ཅེས་པའི་མཚན་སྙན་བཞེས་ཡོད། མཚོ་སྔོན་གྱི་རྩྭ་ཐང་ནི་མདོ་དབུས་མཐོ་སྒང་གི་གྲང་ངར་ཆེ་བའི་སྐྱེ་ཁམས་མ་ལག་གི་གྲུབ་ཆ་གཙོ་བོ་ཡིན་པར་མ་ཟད། མཐོ་སྒང་གི་སྐྱེ་ཁམས་ཆ་སྙོམས་ཡོང་བའི་རང་བྱུང་གི་སྒྲིབ་དརྫོས་ཤིག་ཡིན། དེས་ཆུ་ཁུངས་རྒྱུན་མི་ཆད་པ་དང་ས་ཆུ་ཤོར་བར་སྔོན་འགོག་ཐད་དུ་ནུས་པ་ཁྱད་དུ་འཕགས་པ་ཞིག་ཐོན་ཡོད། རྩྭ་ཐང་གི་སྐྱེ་ཁམས་ཁོར་ཡུག་གནད་དོན་ནི་མཚོ་སྔོན་ཞིང་ཆེན་གྱི་དཔལ་འབྱོར་སྤྱི་ཚོགས་ཀྱི་རྒྱུན་མཐུད་འཕེལ་རྒྱས་ལ་སྤྲེལ་ཡོད་པར་མ་ཟད། གཙང་གསུམ་བར་རྒྱུད་དང་སྨད་རྒྱུད་ས་ཁུལ་དང་ཐ་ན་རྒྱལ་ཡོངས་ཀྱི་སྐྱེ་ཁམས་བདེ་འཇགས་ཐད་དུ་ཤུགས་རྐྱེན་གཏིང་ཟབ་པ་ཞིག་ཐོན་ཡོད་པ་རེད། ཡིན་ན་ཡང་རྩྭ་ཐང་གི་གོ་གནས་ནི་འགྱུར་ལྡོག་མེད་པ་ག་ལ་ཡིན་ཏེ། མི་རྣམས་ཀྱིས་རྩྭ་ཐང་གི་ཕན་ནུས་གོ་རྟོགས་ཇེ་ཟབ་ཏུ་སོང་བ་བསྟུན་ནས་རྩྭ་ཐང་གི་གོ་གནས་ལའང་འགྱུར་ལྡོག་འབྱུང་ངེས་ཡིན།

གནའ་ནས་ཉེ་རབས་ཀྱི་བར་དུ། མཚོ་སྔོན་གྱི་ཁོངས་སུ་མི་གྲངས་ཉུང་ཞིང་རྩྭ་ཐང་ནས་ཐོན་སྐྱེད་བྱས་པའི་གཟན་ཆག་གསར་པ་དང་ལས་སྔོན་བྱས་པའི་གཟན་ཆག་ཐོན་རྫས་འཁོར་རྒྱུག་ཉུང་ཞིང་ཚོང་རྫས་སུ་གྲུབ་མེད། མི་རྣམས་ཀྱིས་གཟན་ཆག་ནི་རང་བྱུང་གིས་སྐྱེས་འོངས་པ་ཞིག་ཡིན་པར་འདོད་ཅིང་། ལྷངས་ན་རྫོགས་མཐའ་མེད་པ་དང་སྤྱད་ན་ཟད་མཐའ་མེད་པ་ཞིག་ཡིན་པ་ལས

རྩྭ་ཐང་ནི་ས་སྟོང་ཞིག་ཏུ་ལྷ། དེ་ཡང་རྩྭ་ཐང་གི་རིན་ཐང་ཐད་ངེས་ཤེས་གསལ་པོ་ཞིག་མ་བྱུང་བས། མིའི་རིགས་ཀྱིས་ཧན་རྒྱལ་རབས་ནས་རྩྭ་ཐང་དུ་ཞིང་སྐྱོ་བ་དང་འབྲུ་རིགས་འདེབས་པར་བྱེད། ཧན་རྒྱལ་རབས་ཀྱི་སྐབས་སུ་དམད་དོན་ཞིང་དང་མཐའ་མཚམས་ཉ་སྲུ་བའི་སྲིད་ཇུས་ལག་བསྟར་བྱས་པ་ནས་བཟུང་། མིང་རྒྱལ་རབས་དང་ཆིན་རྒྱལ་རབས་ཀྱི་ཆབ་ལུང་དང་ཀོང་ཞི་བར་དུ་བསྟུད་མར་མཚོ་སྔོན་ཤར་ཕྱོགས་ཀྱི་ཙོང་ཆུའི་རྒྱུད་དུ་ཞིང་སྐྱོ་བ་རེད།

ཀྲུང་ཧྭ་མི་དམངས་སྤྱི་མཐུན་རྒྱལ་ཁབ་བཙུགས་པ་ནས་བཅོས་སྒྱུར་སྒོ་འབྱེད་ཀྱི་སྔོན་དུ། མི་རྣམས་ཀྱིས་རྩྭ་ཐང་གི་དཔལ་འབྱོར་ཕན་ནུས་ཀྱི་གོ་རྟོགས་རིམ་གྱིས་ཇེ་མཐོར་སོང་ཡོད་ནའང་། རྩྭ་ཐང་གི་གཟན་ཆག་ཕྱུགས་རྩྭས་དཔལ་འབྱོར་ཕན་ཁེ་ཞིང་ས་ལྟ་བུ་སྨྲུན་མི་ཐུབ་པའི་ལྟ་ཚུལ་བཟུང་སྟེ། རྩྭ་ཐང་སློག་སྟེ་ཞིང་བའི་སྲོལ་ངན་སྤེལ་བ་རེད། 1949ལོ་ནས་བཟུང་མཚོ་སྔོན་ཞིང་ཆེན་གྱི་རང་བྱུང་རྩྭ་སར་གཞི་རྒྱ་ཚུང་ཆེ་བའི་ཞིང་བསྒྱུར་ལས་འགུལ་ཐེངས་གཉིས་བྱུང་། ཐེངས་དང་པོ་ནི 1958~1962བར་དུ་རྩྭ་ས་བཟང་པོ་མུའུ་ཁྲི 570ཞིང་སྐྱོ་བ་དང་། དེ་ལས་ཞིང་འདེབས་མཚམས་བཞག་སྟེ་ས་རྒོད་དུ་བཏྲག་པ་མུའུ་ཁྲི 400ཡིན། ཐེངས་གཉིས་པ་ནི 1980~2000བར་དུ་རང་བྱུང་རྩྭ་ས་བཟང་པོ་མུའུ་ཁྲི 72ཞིང་སྐྱོ་བ་རེད།

དུས་རབས 20པའི་ལོ་རབས 90དུས་དཀྱིལ་དུ་རྩྭ་ཐང་ནི་ཁྱིམ་ཚང་འགན་འཁྲིའི་ལམ་ལུགས་ཀྱི་འགན་གཙང་ལེན་ལག་བསྟར་བྱས་རྗེས། འབྲོག་ཁུལ་གྱི་མི་གྲངས་ཇེ་མང་དུ་སོང་བ་དང་། ཕྱུགས་ཟོག་གི་གྲངས་འབོར་ཇེ་མང་དུ་སོང་བ། རྩྭ་ས་མི་འདང་བའི་གནད་དོན་ཇེ་མང་དུ་འགྲོ་བ་སོགས་ལ་བརྟེན་ནས་རྩྭ་ཐང་གི་ཐོན་སྐྱེད་ནུས་ཤུགས་མར་ཆག་པ་དང་། རྩྭ་ཐང་གི་སྐྱེ་ཁམས་བསྟུད་མར་ཇེ་སྡུག་ཏུ་སོང་ཞིང་། ཕྱུགས་ལས་ཐོན་སྐྱེད་ཀྱང་ཚད་བརྒལ་ཕྱུགས་འཚོ་བ་དང་རྩྭ་ས་ཉུང་བ། ཕྱུགས་ཟོག་ལ་རྩྭ་བཟའ་རྒྱུར་མེད་པ། འབྲོག་པས་ཕྱུགས་ཟོག་

འཚོ་དཀའ་བ་བཅས་ཀྱི་དཀའ་ཁག་དང་འཕྲད་འདུག གནས་ཚུལ་འདིས་རྩྭ་ས་རྒྱ་ཁྱོན་ཆེན་པོ་སྐྱེ་ནུས་ཞན་པ་དང་རྩྭ་ཐང་གི་ཆུ་ཁུངས་དང་ས་ཆུ་གསོག་འཇོག་ནུས་པ་ཇེ་ཞན་དུ་ཆགས། ས་ཆུ་ཤོར་བའི་རྒྱ་ཁྱོན་བསྡུད་མར་ཇེ་ཆེར་སོང་བ་ན་བརྟན་ས་ཇེ་ཉུང་དུ་སོང་སྟེ་ཆུ་ཁུངས་རྩ་བ་ནས་བསྐམས་པ་རེད། བསྡོམས་རྩིས་བྱས་པ་ལྟར་ན། ཞིང་ཆེན་ཡོངས་ཀྱི་རྩྭ་ས་90%ཡན་ལ་རིམ་པ་མི་འདྲ་བའི་སྐྱེ་ནུས་ཞན་པའི་གནས་ཚུལ་བྱུང་ཡོད། དེ་ལས་འབྲིང་ཡན་གྱི་སྐྱེ་ནུས་ཞན་པའི་རྩྭ་སའི་རྒྱ་ཁྱོན་སྤུའུ་དུང་ཕྱུར་2.45ཡིན་པ་དང་། 1980ལོ་དང་བསྡུར་ན་སྤུའུ་དུང་ཕྱུར་1.89ལྷག་གི་ཇེ་མང་དུ་སོང་། རིམ་པ་ཚབས་ཆེན་གྱི་སྐྱེ་ནུས་ཞན་པའི་རྩྭ་སའི་རྒྱ་ཁྱོན་སྤུའུ་དུང་ཕྱུར་0.66ཡིན་པ་དང་། 1980ལོ་དང་བསྡུར་ན་སྤུའུ་དུང་ཕྱུར་0.52ལྷག་གི་ཇེ་མང་དུ་སོང་། རྩྭ་སའི་སྐྱེ་ནུས་ཇེ་ཞན་དུ་སོང་རྗེས། རྩྭ་ཐང་དུ་ཨ་བྲའི་གནོད་འཚེ་བྱུང་སྟེ་བོད་ཀྱི་ས་ཆའི་ཕྱུགས་ལས་རྒྱུན་མཐུད་འཕེལ་རྒྱས་འགྲོ་བར་ཚད་བཀག་ཐེབས་པར་མ་ཟད། རྒྱལ་ཁབ་ཀྱི་སྐྱེ་ཁམས་བདེ་འཇགས་ཐད་ལའང་གནོད་པ་ཆེན་པོ་ཐེབས་ཡོད། དེ་བས་རྩྭ་ཐང་གི་གནད་དོན་ལ་ཚང་མས་ཐུགས་ཁུར་བྱེད་བཞིན་མཆིས།

2000ལོ་ནས་བཟུང་དང་ལྷག་པར་དུ་ཏང་གི་ཚོགས་ཆེན་བཅུ་བདུན་པས་སྐྱེ་ཁམས་དཔལ་ཡོན་འཛུགས་སྐྲུན་བྱེད་པ་བསྒྲགས་རྗེས། མཚོ་སྔོན་ཞིང་ཆེན་གྱི་རྩྭ་ཐང་གི་སྐྱེ་ཁམས་དང་དཔལ་འབྱོར། སྤྱི་ཚོགས་ཕན་ནུས་བཅས་ལ་རྒྱལ་ཁབ་འབྲེལ་ཡོད་སྡེ་ཁག་གིས་ཐུགས་ཁུར་ཟབ་མོ་གནང་། ཀྲུང་གུང་མཚོ་སྔོན་ཞིང་ཨུ་དང་ཞིང་ཆེན་མི་དམངས་སྲིད་གཞུང་གིས་འཐབ་ཇུས་ཀྱི་མཐོ་ས་ནས་སྐྱེ་ཁམས་ལ་བརྟེན་ནས་ཞིང་ཆེན་འཛུགས་སྐྲུན་བྱེད་པའི་དམིགས་འབེན་བཏོན་པ་རེད། སྔ་རྗེས་སུ་རང་བྱུང་རྩྭ་ཐང་སྒོ་ཁེབས་སླར་གསོ་དང་འཛུགས་སྐྲུན། རྩྭ་སར་ལྕགས་རྭ་བསྐོར་བ། རྩྭ་དོར་ཕྱུགས་སྐྱོང་སོགས་ཀྱི་བཟོ་སྐྲུན་ལས་གཞི་ལག་ལེན

ད་བཏབ། 2011ལོར་རྒྱལ་ཁབ་ཀྱིས་མཚོ་སྔོན་སོགས་ཞིང་ཆེན་ཁག་ཏུ་སྐྱོད་པ་ལ་བརྟེན་ལྷ་ཐང་སྐྱེ་ཁམས་སྲུང་སྐྱོབ་རིགས་སྐྱོར་བྱ་དགའི་ལམ་ལུགས་གཏན་

འཁེལ་བྱུང་

ཡོངས་ནས་རྩྭ་ཐང་སྐྱེ་ཁམས་སྲུང་སྐྱོབ་རོགས་སྐྱོར་བྱ་དགའི་ལམ་ལུགས་གཏན······

འབེབས་བྱས། གོང་གི་བྱེད་ཐབས་འདི་དག་གིས་རྩྭ་ཐང་ནི་རང་རྒྱལ་གྱི་དཔལ······

འབྱོར་སྤྱི་ཚོགས་རྒྱུན་མཐུད་འཕེལ་རྒྱས་ཁྲོད་དུ་འཐབ་རྩལ་གོ་གནས་གལ་ཆེན······

ཟིན་ཡོད་པ་གསལ་པོར་བསྟན་ཡོད།

ལེའུ་གཉིས་པ། རྩྭ་ཐང་གི་སྲུང་སྐྱོབ་དང་བཀོལ་སྤྱོད།

མཚོ་སྔོན་ཞིང་ཆེན་གྱི་ཕྱོགས་ལས་ལོ་རྒྱུས་རྒྱུན་རིང་ཞིང་ད་ལྟའི་བར་དུ་ལོ་ངོ་དྲུག་སྟོང་ལྷག་གི་ལོ་རྒྱུས་ལྡན། དེང་གི་དུས་སུ་འང་མི་རྣམས་ཀྱི་རྩྭ་ཐང་བཀོལ་སྤྱོད་བྱེད་སྟངས་གཙོ་བོ་སྔར་བཞིན་ཕྱུགས་འཚོ་བ་ལ་བརྟེན་ནས་ཕྱུགས་ལས་ཐོན་སྐྱེད་འཕེལ་རྒྱས་གཏོང་རྒྱུ་དེ་ཡིན། ཉེ་བའི་ལོ་བཅུ་ཕྲག་ལྷག་གི་ཡར་སྔོན་དང་། སྒོས་སུ་ལོ་འདི་གར་མགྱོགས་མྱུར་ངང་ཞིང་ཕྱུགས་ས་ཁུལ་གྱི་སྤྱི་ཚོགས་དཔལ་འབྱོར་འཕེལ་རྒྱས་གཏོང་ཆེད། རྩྭ་ཐང་གི་བྱེད་ནུས་གཞན་དག་བཀོལ་སྤྱོད་བྱེད་རྒྱུར་རིམ་བཞིན་ཇེ་མང་དུ་འགྲོ་བཞིན་ཡོད་དེ། གཅིག་ནི་རྩྭ་ཐང་དུ་ཞིང་རྨོ་བ་དང་། གཉིས་སུ་གཏེར་ཁའི་ཐོན་ཁུངས་གསར་སྤེལ་དང་བཟོ་སྐྲུན་འཛུགས་སྐྲུན་བྱེད་པ། དཔེར་ན། རྫོ་སྣུམ་དང་རྫོ་སོལ། རང་བྱུང་གི་རླངས། ལྕགས་རིགས་སོགས་ཀྱི་གཏེར་ཁ་སྔོག་འདོན་དང་། གཞུང་ལམ་འཛུགས་སྐྲུན་དང་རླུང་སློག་འཛུགས་སྐྲུན། གྲོང་རྡལ་འཛུགས་སྐྲུན་སོགས་བཅས་ཡིན། གསུམ་ནི་རི་སྐྱེས་རྩེ་ཤིང་འཚོལ་སྡུད་བྱེད་པ། དཔེར་ན། དབྱར་རྩྭ་དགུན་འབུ་དང་ཤིང་མངར། མཚེ་ལྷུམ་སོགས། མཚོ་སྔོན་ཞིང་ཆེན་འབྲོག་ཁུལ་གྱི་སྐྱེ་ཁམས་མ་ལག་རྙོག་དྲ་ལྡན་ཞིང་ཉམས་ཞན་ཆེ། སྐྱེ་དངོས་རིགས་སྣ་ཕུན་སུམ་ཚོགས་ཤིང་གཏོར་བརླག་ཐེབས་སླ། ལུགས་མཐུན་མིན་པའི་ཐོན་ཁུངས་གསར་སྤེལ་དང་ཁྲིམས་འགལ་རྩྭ་ཐང་བཀོལ་སྤྱོད་བྱས་ཏེ་སྔོན་མ་ནས་ཉམས་ཞན་ཡིན་པའི་ས་མཐོའི་རྩྭ་ཐང་གི་སྐྱེ་ཁམས་ཁོར་ཡུག་ལ་གཏོར་བརླག་ཆེན་པོ་བཟོས་སོང་། དེས་རྩྭ་ཐང་བྱེ་འགྱུར་དང་སྐྱེ་ནུས་ཇེ་ཞན། བྱེ་རླུང་འཚུབ་མ་

བསྐྱུད་མར་འགྱུར་བར་བྱེད། དེ་ཡང་རྩྭ་ཐང་ལ་ཚོད་མེད་པའི་སློག་འདོན་བྱས་པ་འདི་ནི་འཕྲལ་གྱི་ཁེ་ཕན་ལ་བརྟེན་ནས་གཏན་གྱི་ཁེ་ཕན་བརླག་པ་དང་ཁྱད་མེད། རྩྭ་ཐང་ལེགས་པོ་ཞིག་མེད་ན་མི་རྣམས་ལ་བདེ་འཇགས་དང་གཏན་ཆགས་ལྡན་པའི་འཚོ་གནས་ཁྱིམ་གཞིས་ཤིག་མེད་པར་མ་ཟད། དཔལ་འབྱོར་འཕེལ་རྒྱས་ཟེར་བའང་ཁ་སྟོང་ནང་གི་ཚིག་སྟོང་རེད། དེ་བས། ལུགས་མཐུན་གྱིས་ཕྲུགས་འཚོས་ནས་རྩྭ་ཐང་བཀོལ་སྤྱོད་དང་རྩྭ་ཐང་དུ་ཞིང་རྨོ་བ་གཏན་འགོག་བྱེད་པ། གཏེར་ཁ་སློག་འདོན་དང་བཟོ་སྨན་འཛུགས་སྐྲུན། རི་སྐྱེས་རྩེ་ཤིང་འཚོལ་སྡུད་བཅས་ཚད་བཀག་བྱས་ཏེ་རྩྭ་ཐང་བཀོལ་སྤྱོད་བྱེད་དགོས། རྩྭ་ཐང་གཏོར་བརླག་མི་བྱེད་པ་དང་ཚད་ངེས་ཅན་གྱིས་གཏོར་བརླག་མི་བཟོ་བ་ནི་དངོས་ཡོད་དོན་སྙིང་ཆེན་པོ་ལྡན་པ་ཞིག་ཡིན་ནོ། །

ས་བཅད་དང་པོ། ཕྲུགས་འཚོ་བའི་བཀོལ་སྤྱོད།

དང་པོ། གོ་དོན།

(གཅིག)རྩྭ་སར་ཕྲུགས་འཚོའི་དུས་སྐབས།

དེ་ནི་རྩྭ་སར་ཕྲུགས་འཚོ་བ་མགོ་བཙམས་ཏེ་རྩྭ་ཚར་རག་བར་གྱི་དུས་སྐབས་འཚམ་པོ་དེ་ལ་ཟེར།

(གཉིས)ཕྲུགས་འཚོ་དུས་ཚིགས།

དེ་ནི་རྩྭ་སར་ཕྲུགས་འཚོ་བར་བཀོལ་སྤྱོད་འཚམ་པའི་དུས་ཚིགས་ལ་གོ

(གསུམ)རྩྭ་སར་བཀོལ་སྤྱོད་ཚད།

དེ་ནི་ཚད་མཐུན་ཕྲུགས་འཚོ་གནས་ཚུལ་འོག་གི་རྩྭ་ཟོས་ཚད་དང་རྩྭ་ཐོན་ཚད་ཀྱི་བསྡུར་བ།

(བཞི)ཕྱུགས་ཤོང་ཚད།

དེ་ནི་ཚད་ངེས་ཅན་གྱི་རྩྭ་སའི་རྒྱ་ཁྱོན་དང་ཚད་ངེས་ཅན་གྱི་བཀོལ་སྤྱོད་དུས་ཚོད་ནང་དུ། གཟན་ཆག་ལ་བརྟེན་པའི་ཕྱུགས་ཀྱི་གྲངས་ཀ་དང་དུས་ཚོད་ལ་གོ ཕྱུགས་ཤོང་ཚད་ལ་རིགས་གཉིས་ཏེ་གཞུང་ལུགས་ཕྱུགས་ཤོང་ཚད་དང་དངོས་ཡོད་ཕྱུགས་ཤོང་ཚད། དེ་ཡང་གཞུང་ལུགས་ཕྱུགས་ཤོང་ཚད་དང་དངོས་ཡོད་ཕྱུགས་ཤོང་ཚད་བར་གྱི་ཆད་ལྷག་འཚམ་པོ་བྱུང་ན་རྩྭ་ཕྱུགས་དོ་མཉམ་ཡིན་མིན་གྱི་སྙོམ་ཚིག་བཀོད་ཐུབ། རྩྭ་སར་ཕྱུགས་ཤོང་ཚད་ལུགས་མཐུན་འཚམ་པོ་ཡིན་ན་རྩྭ་ས་ཆུད་བཟོས་སུ་མི་འགྲོ་བ་དང་རྩྭ་ས་ཉམས་ཞན་དུ་མི་འགྲོ་བར་ཕན་ཐོགས་ཆེན་པོ་ཡོད།

(ལྔ)ལུགས་མཐུན་གྱི་ཕྱུགས་ཤོང་ཚད།

དེ་ནི་ཚད་ངེས་ཅན་གྱི་རྩྭ་སའི་རྒྱ་ཁྱོན་དང་ཚད་ངེས་ཅན་གྱི་བཀོལ་སྤྱོད་དུས་ཚོད་ནང་དུ། ཕྱུགས་འཚོ(རྩྭ་འབྲིག་པ)འཚམ་པོ་བེད་སྤྱོད་བྱེད་པ་དང་། རྩྭ་སའི་རྒྱུན་མཐུད་ཐོན་སྐྱེད་རྒྱུན་འཁྱོངས་བྱས་པའི་ཆ་རྐྱེན་འོག་ཕྱུགས་ཟོག་གི་རྒྱུན་ལྡན་འཚར་སྐྱེ་དང་རྒྱུད་འཕེལ། ཐོན་སྐྱེད་ཀྱི་དགོས་མཁོ་ཁ་བསྐངས་ཏེ། ཕྱུགས་ཟོག་འཚོ་ཐུབ་པའི་གྲངས་ཀ་དང་དུས་ཚོད་ལ་གོ

(དྲུག)དངོས་ཡོད་ཕྱུགས་ཤོང་ཚད།

དེ་ནི་ཚད་ངེས་ཅན་གྱི་རྩྭ་སའི་རྒྱ་ཁྱོན་དང་ཚད་ངེས་ཅན་གྱི་བཀོལ་སྤྱོད་དུས་ཚོད་ནང་དུ། དངོས་ཡོད་སྐྱོར་སྐྱོང་ཐུབ་པའི་ཚད་ལྡན་གྱི་ཕྱུགས་ཀྱི་གྲངས་ཀ་ལ་གོ སྤྱིར་བཏང་གི་རྩྭའི་ཐོན་ཚད་ལྟར་དུ་ཕྱུགས་ཤོང་ཚད་གཏན་འབེབས་བྱེད། དེ་ནི་རྩྭ་ཐང་གི་རྒྱ་ཁྱོན་དང་རྩྭའི་ཐོན་ཚད། ཕྱུགས་ཟོག་གི་ཉིན་རེར་རྩྭ་བཟའ་ཚད་བཅས་ལྟར་དུ་གཞུང་ལུགས་ཕྱུགས་ཤོང་ཚད་འཚམ་པོ་ཡིན་མིན་ཐག་གཅོད་བྱེད་དོ། །

(བདུན)རྩྭས་སྦྱུགས་ཟྲིག་ཚོད་འཛིན་པ།

དེ་ནི་ཚད་ངེས་ཅན་གྱི་རྩྭ་རའི་སྡེ་ཁག(རྩྭ་ར་གཅིག ཁྱིམ་ཚང་གཅིག སྡེ་བ་གཅིག)གིས་དངོས་ཡོད་རྩྭ་གསོག་ཚད་ལྟར་དུ་སྦྱུགས་ཕོང་ཚད་ལུགས་མཐུན་ཡིན་མིན་ཐག་གཅོད་བྱེད། རྩྭས་སྦྱུགས་ཟྲིག་ཚོད་འཛིན་པ་ནི་ལུགས་མཐུན་གྱིས་རྩྭ་བེད་སྤྱོད་བྱེད་པ་དང་སྦྱུགས་རྩྭའི་འགལ་བ་ཐག་གཅོད་བྱེད་པ། རྩྭ་སའི་སྐྱེ་ཁམས་དོ་མཉམ་རྒྱུན་འཁྱོངས། སྦྱུགས་ལས་གཏན་བརྟེན་དང་འཕེལ་རྒྱས་ཡོང་བ་བཅས་ཀྱི་བྱེད་ཐབས་གཙོ་བོ་ཞིག་ཡིན།

(བརྒྱད)སྦྱུགས་རྩྭ་དོ་མཉམ་པ།

དེ་ནི་ཚད་ངེས་ཅན་གྱི་ས་ཁུལ་དང་དུས་ཚོད་ནང་དུ་རྩྭ་ཐང་དང་གཞན་པའི་ཡོང་ཁུངས་ནས་མཁོ་སྤྲོད་བྱས་པའི་གཟན་ཆག་གི་ཚད་དང་། སྦྱུགས་ཟྲིག་མཁོ་བའི་གཟན་ཆག་སྤྱིའི་ཆ་ནས་དོ་མཉམ་ཡོང་བར་གོ

གཉིས་པ། སྦྱུགས་འཚོས་ནས་རྩྭ་སར་གནོད་པ་ཐེབས་ཚུལ།

སྦྱུགས་འཚོ་བ་ནི་མཚོ་སྔོན་ཞིང་ཆེན་འབྲོག་ཁུལ་གྱིས་རྩྭ་ཐང་བཀོལ་སྤྱོད་བྱེད་སྟངས་གཙོ་བོ་དེ་ཡིན། སྤོ་རྩྭ་ནི་འཚོ་བཅུད་རིན་ཐང་ལེགས་པོ་ལྡན་པ་དང་། དེའི་ནང་དུ་སྤྲི་དཀར་དང་འཚོ་བཅུད་ཀྱི་རྫས། གཉེར་རྫས། གཞན་པའི་འཚོ་བཅུད་ཀྱི་དངོས་པོ་བཅས་འདུས་པ་རེད། སྤོ་རྩྭ་དང་གཞན་པའི་གཟན་ཆག་དང་བསྡུར་ན། སྦྱུགས་ཟྲིག་གི་ཁ་ལ་འཕྲོད་ཅིང་འཚོ་བཅུད་རིན་ཐང་ཆེ་བ། བཅུད་འདུས་ཚད་མཐོ་བ། སྐམ་རྩྭ་དང་གཟན་ཆག་ལས་སྔོན་བྱས་པ་ལས་བཟང་བ་ཡིན།

རྒྱལ་ཁབ་ཕྱི་ནང་གི་རྒྱུ་ཆ་མང་པོས་གསལ་བསྒྲགས་བྱས་པ་ལྟར་ན། སྦྱུགས་འཚོས་པའི་རྩྭ་བེད་སྤྱོད་ཀྱི་མ་རྩ་ནི་སྤྱིར་བཏང་གི་སྐམ་རྩྭ་དང་འབྲུ་རིགས་གཟན་ཆག བཅུད་ལྡན་གཟན་ཆག་བཅས་ལས 20%~70%མ་གཏོགས་མེད།

དཔེར་ན། ལུག་ཕྲུར་སྐམ་རྫའི་མ་རྩ་ནི་ཕྱུགས་འཚོས་པ་ལས་ལྷབ་3.2མང་བ་ཡིན། འབྲུ་རིགས་གཟན་ཆག་གི་མ་རྩ་ནི་ཕྱུགས་འཚོས་པ་ལས་ལྷབ་5ཡས་མས་ཀྱི་མཐོ་བ་ཡིན། བཅུད་ལྡན་གཟན་ཆག་གི་མ་རྩ་ནི་ཕྱུགས་འཚོས་པ་ལས་ལྷབ་7ཡས་མས་ཀྱི་མཐོ་བ་ལྟ་བུ།

ཕྱུགས་འཚོས་པས་རྩྭ་སར་མཚོན་ན་སྐྱོན་ཡོན་གཉིས་ལྡན་གྱི་ཆ་འདྲེས་ཡོད་པ་རེད། ལུགས་མཐུན་ཕྱུགས་འཚོས་པས་རྩྭ་རྩི་ཤིང་སྐྱེས་པར་ཕན་ཐོགས་ཡོད་ཅིང་འཚར་སྐྱེ་ལེགས་པོ་རྒྱུན་འཁྱོངས་བྱེད་ཐུབ། དེས་རྩྭ་རྩི་ཤིང་ལ་ཕྱུགས་ཟོག་གིས་བཟོས་པའི་འཚོ་བཅུད་དང་སྐྱེ་འཕེལ་གྱི་གནོད་སྐྱོན་ཁ་གསབ་བྱེད་ངེས། ཕྱུགས་ཟོག་གིས་རྩྭ་ཟོས་པས་རྩྭ་རྩི་ཤིང་གི་སྐྱེས་ཤུགས་ཉམས་པའི་རྩ་འཛུགས་མེད་པར་བཟོ་བར་བྱེད་ཅིང་སླར་སྐྱེས་ཡོང་བར་ཕན་ཐོགས་ཐུབ་པོ། །ཕྱུགས་འཚོས་པ་ལ་བརྟེན་ནས་རྩྭའི་ནང་གི་མེ་ཏོག་གི་རྟུལ་གང་སར་ཁྱབ་ཏུ་བཅུག་སྟེ་ས་བོན་ས་རུ་འདེབས་པ(མིག་པས་འདེབས་ནུས་པ) ཕྱུགས་རྩྭ་སྐྱེ་བའི་སྤྱི་དུས་སུ་ཚད་མཐུན་མིག་བརྗེས་བྱས་ན་རྩྭ་ཐོན་ཚད་ཇེ་མང་དུ་འགྲོ་བར་ཕན་ཞིང་། གཅིན་སྟུག་དོར་བས་ལུད་འཛོག་པའི་ནུས་པ་ཐོན་ཡོད།

ལུགས་མཐུན་མིན་པའི་ཕྱུགས་འཚོས་པ་ན་རྩྭ་ལ་གནོད་བརླག་ཆེན་པོ་ཐེབས་ཏེ་རྩ་བ་ནས་ཉམས་ཆག་ཏུ་འགྲོ་བ་དང་། རྩྭའི་ཐོན་ཚད་ཇེ་ཉུང་དུ་སོང་བ་དང་བསྟུན་ནས་རྩྭའི་ས་བོན་སླེབ་ཐབས་མེད་པར་གྱུར། ཕྱུགས་ཟོག་བཟའ་སྦྲོ་བའི་རྩྭའི་རིགས་ཉུང་ནས་ཉུང་དུ་ཕྱིན་ཞིང་བཟའ་འདོད་མེད་པའི་རྩྭའི་རིགས་མང་པོ་ལྷུག་པོར་སྐྱེས། རྩྭ་སའི་རྒྱུ་ཤུགས་ཇེ་ཞན་དུ་སོང་སྟེ་སྐྱེ་ནུས་ཉམས་ཞན་དང་བྱེ་འགྱུར་དུ་འགྲོ་བཞིན་འདུག

དེ་ཡང་ཕྱུགས་འཚོས་པས་རྩྭ་སར་ཐོན་པའི་བཟང་ནུས་འདོན་སྤེལ་དང་ཕྲོག་ཕྱོགས་ནུས་པ་ལས་གཡོལ་ཆེད། ང་ཚོས་ངེས་པར་དུ་ཚན་རིག་ནུས་ཡོད་ཀྱི

ཇོ་དམ་དང་ལུགས་མཐུན་གྱིས་ཕྲུགས་ཤོང་ཚད་གཏན་འབེབས། ཕྲུགས་འཚོ་བའི་དྲག་ཚད་ལེགས་བཅོས་བཅས་ལ་བརྟེན་ནས་རྟའི་ཐོན་ཁུངས་ཀྱི་རྒྱུན་མཐུད་བེད་སྤྱོད་ཁག་ཐེག་བྱེད་དགོས།

གསུམ་པ། ལུགས་མཐུན་ཕྲུགས་འཚོ་བའི་རྩ་བའི་རྗེ་བ།

རྟ་ཐང་གི་སྐྱེ་ནུས་ཞན་པའི་རྒྱུ་རྐྱེན་གཙོ་བོ་ནི་ལུགས་མཐུན་མིན་པའི་ཕྲུགས་འཚོ་བ་དེ་ཡིན། དེ་བས་རྟ་སའི་སྐྱེ་ནུས་ཉམས་ཞན་དང་བྱེ་འགྱུར་འགོག་བཅོས་བྱེད་ཐབས་གཙོ་བོའང་ལུགས་མཐུན་ཕྲུགས་འཚོ་རྒྱུ་དེ་རེད། འོ་ན་ཇི་ལྟར་ལུགས་མཐུན་ཕྲུགས་འཚོ་བྱེད་རྒྱུ་ཡིན་ནམ།

(གཅིག)ཕྲུགས་འཚོ་བའི་དུས་ཚོད་ངེས་ཤེས་གསལ་པོ་ཡིན་དགོས།

ཕྲུགས་འཚོ་བའི་དུས་ཚོད་ངེས་ཤེས་གསལ་པོ་ཡིན་ན་རྟ་སར་གནོད་པ་ཐེབས་པ་ཉུང་ཞིང་ལེགས་ཆ་མང་པོ་ལྡན་པ་ཡིན། ཕྲུགས་འཚོ་བའི་དུས་ཚོད་འཚམ་པོ་ཞིག་གཏན་འབེབས་བྱེད་དགོས་ན་ཆ་རྐྱེན་གཉིས་ཀྱིས་ཐག་གཅོད་བྱས་ཡོད་དེ། གཅིག་ནི་རྟ་སར་ཆུ་འདུས་ཚད་མང་མི་ཉུང་བར་མཉམ་འཛོག་བྱེད་དགོས་ཤིང་། སྤྱིར་བཏང་གི་བརྟན་སར་ཕྲུགས་འཚོ་དུས་མི་ཕྲུགས་སོང་སར་རྐང་རྗེས་མ་བབས་ན(ཆུ་འདུས་ཚད 50%~60%)ཕྲུགས་འཚོས་ཆོག་པ་ཡིན། ཅིག་ཤོས་ནི་སྟོ་རྟ་འཚར་སྐྱེ་ལེགས་པོ་མིན་དུས་ཕྲུགས་འཚོ་རྒྱུར་འཛོམ་དགོས་པ་ཡིན།

སྟོ་རྟའི་ཕྲུ་གུ་འབྱུས་མ་ཐག་པའི་དུས་སུ་ཕྲུགས་རྟ་བཟའ་བར་འཛོམ་པ་ཡིན། དེ་ཡང་སྐབས་དེར་ནུས་ཡོད་ཀྱིས་འོད་སྤྱོར་ནུས་པའི་འཚོ་བཅུད་དངོས་པོ་ཁ་གསབ་བྱས་པ་རེད། གལ་ཏེ་སྐབས་དེར་ཕྲུགས་འཚོས་ན་ཉམ་ཐག་པའི་སྟོ་རྟར་གནོད་སྐྱོན་ཐེབས་ཏེ་སླར་སྐྱེ་འབྱུང་བར་གནོད་པ་ཆེན་པོ་བཟོས་ཏེ་རྟའི་ཐོན་ཚད་ཇེ་ཉུང་དུ་ཆགས་འགྲོ། གལ་ཏེ་སྟོ་རྟ་ཐོག་མ་ནས་ཕྲུགས་ཟོག་གིས་ཟོས་ཏེ་ལོ་རེར་དེ་ལྟར་བྱས་ན། རྟ་ཕྲུས་བཟང་ཞིང་ཁ་ལ་འཁྱོད་པ་ཇེ་ཉུང་དུ་འགྱུར་ཅིང་

བཟའ་འདོད་མེད་པའི་རྩ་ཡན་དང་དུག་རྩ། གནོད་རྩ་རྗེ་མང་དུ་སོང་སྟེ་རྩའི་སྤུས་ཀ་རིམ་བཞིན་ཇེ་སྡུག་ཏུ་འགྲོ་བཞིན་ཡོད། གལ་ཏེ་ཕྱུགས་ཟོག་གིས་སྔོ་རྩ་ཁོ་ན་འདེད་ནས་སོང་ཚེ་ལུས་སྟོབས་ཟད་གྲོན་ཆེ་བར་མ་ཟད་སྔོ་རྩ་ཁ་ཟས་ཉུང་ཉུང་ལས་རེག་རྒྱུ་མེད་པས། དཔྱིད་དུས་ཀྱི་ཕྱུགས་ཟོག་གི་ལུས་སྟོབས་ཞན་པས་གནོད་པ་ཐེབས་ཏེ་ཤི་སྐྱོན་འབྱུང་བའང་ཡོད།

རྩ་རྩི་ཞིང་གི་མེ་ཏོག་བཞད་དེ་ས་བོན་ས་ཏྲ་མ་ཟེགས་པའི་ཡར་སྔོན་དུ་ཕྱུགས་འཚོ་བར་འཛེམ་པ་ཡིན། མེ་ཏོག་བཞད་དེ་ས་བོན་ས་ཏྲ་ཟེགས་རྗེས་ཕྱུགས་འཚོས་པ་ཡིན་ན་ས་བོན་ཕྱི་ལོར་འཚར་སྐྱེ་ལེགས་པོ་འབྱུང་བར་ཆ་རྐྱེན་བསྐྲུན་པ་རེད། དེས་རྩ་སར་རྩ་རྩི་ཞིང་སྣ་མང་ཁ་གསབ་དང་རྩའི་སྤུས་ཀ་ལེགས་པོའི་བསྒྱུར་ཚད་ལུགས་མཐུན་ཡིན་པར་ཁག་ཐེག་བྱེད་ཐུབ་པ་ཡིན།

1.ཕྱུགས་འཚོ་བར་འཚམ་པའི་དུས་སྐབས། སྔོ་རྩ་འབུས་པའི་ཟླ་ཕྱེད་རྗེས་སུ་གཟན་ཆག་ཟད་གྲོན་གྱི་འཚོ་བཅུད་དངོས་པོ་ཁ་གསབ་བྱེད་ཐུབ། དེ་བས་སྤྱིར་བཏང་གི་སྔོ་རྩ་འབུས་རྗེས་ཀྱི་ཉིན་མ 15~20བར་ནི་ཕྱུགས་འཚོ་བར་འཚམ་པའི་དུས་སྐབས་ཡིན། བྱེ་བྲག་ཏུ་བཤད་ན། ལྡང་སྨྱུག་གཙོ་བོ་ཡིན་པའི་རྩ་སའི་ནང་དུ་ཕྱུགས་འཚོ་དུས་ནི་སྙེ་ཚོགས་ཐོན་དུས་ལས་འཕྱི་མི་ཉུང་སྟེ་མཐོ་ཚད་ལེབ་སྨི 5 ~7བར་ཡིན། རྩ་ཡན་གྱི་རིགས་སོགས་གཙོ་བོ་ཡིན་པའི་རྩ་སའི་ནང་དུ་ཡལ་ལག་འབུས་དུས་ཕྱུགས་འཚོས་ཆོག་ཅིང་མཐོ་ཚད་ལེབ་སྨི 5~10བར་ཡིན། ཧྲ་ཚོད་ལའོ(莎 草 料)གཙོ་བོ་ཡིན་པའི་ཕྱུགས་སར་སྡོང་ལག་སྐྱེས་པ་མཚམས་འཛོག་བྱས་པའམ་ལོ་མ་སྨིན་ནས་ཚད་ངེས་ཅན་ཐོན་དུས་ཕྱུགས་ཟོག་གིས་ཟོས་ཆོག་པ་ཡིན།

2.ཕྱུགས་འཚོ་མཚམས་འཛོག་པའི་དུས་ཚོད། ཕྱུགས་འཚོ་མཚམས་འཛོག་སྔ་དྲགས་ན་རྩ་སྨིན་ཚད་མཐོ་བས་དགུན་ཁའི་བཀོལ་སྤྱོད་ནུས་པར་གནོད་པ

ཐེབས་ཏེ་རྩྭ་སའི་ཐོན་ཁུངས་འཛད་གྲོན་འབྱུང་བར་བྱེད། ཕྲུགས་འཚོ་མཚམས་འཛོག་འཕྲི་དྲགས་ན་དགུན་ཁ་དང་དཔྱིད་ཀར་མཁོ་བའི་ཕྲུགས་རྩྭ་འདང་ངེས་ཅན་ཞིག་གསོག་འཇོག་བྱེད་མ་ཐུབ་ཅིང་། ཕྱི་ལོའི་རྩྭའི་ཐོན་ཚད་ལ་གནོད་པ་ཆེན་པོ་ཐེབས་ངེས་རེད། བརྟག་དཔྱད་ལས་ཐོབ་པའི་བདེན་དཔང་ལྟར་ན། རྩྭའི་སྐྱེ་འཕེལ་མཚམས་འཇོག་པའི་སྔོན་གྱི་ཉིན་མ 30(25~40)ཡས་མས་སུ་ཕྲུགས་འཚོ་མཚམས་བཞག་ན་ཤིན་ཏུ་འཚམ་པ་ཡིན།

(གཉིས)ལུགས་མཐུན་གྱི་ཕྲུགས་ཤོང་ཚད་ངེས་ཤེས་གསལ་པོ་ཡིན་དགོས།

ཕྲུགས་འཚོ་བ་ལུགས་མཐུན་ཡིན་མིན་དང་ཚན་རིག་ཡིན་མིན་གཙོ་བོ་ནི་ཕྲུགས་རྩྭ་དོ་མཉམ་མངོན་འགྱུར་འབྱུང་ཡོད་མེད་སྟེང་ནས་འབྱེད་དགོས། རྩྭ་ས་འགན་གཙང་ལེན་གྱི་བདག་གཉེར་མཁན་ཞིག་ཡིན་ཕྱིན་ལོ་གཅིག་ནང་གི་རྩྭའི་སྐྱེ་འཕེལ་འདོན་སྤྲོད་ཀྱི་གནས་ཚུལ་ལྟར་དུ། དུས་རྒྱུན་ཕྲུགས་འཚོ་བའི་གྲངས་འབོར་ལེགས་སྒྲིག་བྱས་ཏེ་རྩྭ་སའི་རྩྭའི་ཐོན་ཚད་དང་ཕྲུགས་ཟོག་གིས་རྩྭ་བཟའ་ཚད་བར་དུ་བསྡོས་བཅས་ཀྱིས་དོ་མཉམ་ཡོང་བར་བྱེད་དགོས། དབྱར་ཁ་དང་སྟོན་ཁའི་དུས་སུ་ཕྲུགས་རྩྭ་ཕུན་སུམ་ཚོགས་པོ་ཡོད་པ་དང་། དགུན་ཁ་དང་དཔྱིད་ཀའི་དུས་སུ་ཕྲུགས་རྩྭ་ཉུང་བ་ཡིན་པས་ཕྲུགས་རྩྭ་དོ་མཉམ་མངོན་འགྱུར་འབྱུང་ན་ལུགས་མཐུན་གྱི་ནུས་པ་ཐོན་ཐུབ་ཅིང་། ད་གཟོད་རྩྭ་ཐང་གི་སྐྱེ་ཁམས་མ་ལག་གི་དོ་མཉམ་ཡོང་བ་དང་རྒྱུན་མཐུད་ཀྱི་འཕེལ་རྒྱས་མངོན་འགྱུར་འབྱུང་ཐུབ།

(གསུམ)ཕྲུགས་འཚོ་ཚད་འཚམ་པོ་ཡོང་བར་ངེས་ཤེས་གསལ་པོ་ཡིན་དགོས།

རྩྭ་སར་ཕྲུགས་འཚོ་བའི་དྲག་ཞན་གྱི་ཚད་ལ་ཕྲུགས་འཚོ་ཚད་ཅེས་ཟེར། ཕྲུགས་འཚོ་ཚད་དང་ཕྲུགས་ཟོག་གི་གྲངས་ཀ་དང་ཕྲུགས་འཚོ་དུས་ཚོད་བཅས

ཀྱི་བར་དུ་འབྲེལ་བ་ཟབ་མོ་ཡོད་དེ། ཕྱུགས་ཟོག་གི་གྲངས་ཀ་ཇི་ལྟར་མང་ན། ཕྱུགས་འཚོ་དུས་ཚོད་དེ་ལྟར་རིང་བ་དང་ཕྱུགས་འཚོ་ཚད་ཀྱང་དེ་ལྟར་དྲག་པོ་ཡིན། དེ་ཡང་རྩྭ་ར་གཅིག་གི་ནང་དུ་དུས་ཚོད་རིང་པོར་ཕྱུགས་ཟོག་སྣ་གཅིག་འཚོས་པ་ཡིན་ན། རྩྭ་སའི་སྟོ་ཁེབས་སྒྲིག་གཞི་ལ་གནོད་བརླག་ཐེབས་སླ་ཞིང་ཕྱུགས་འཚོ་ཚད་དྲག་པོ་ཡིན་པ་མངོན་ཡོང་། ཕྱུགས་འཚོ་ཚད་དྲག་ཞན་སྤྱིར་བཏང་གི་རྩྭ་སའི་བཀོལ་སྤྱོད་ཚད་དང་ཕྱུགས་ཟོག་གིས་རྩྭ་ཟོས་ཚད་གཉིས་ཀྱི་སྟེང་ནས་ཚད་འཇལ་ཐུབ་པ་ཡིན།

རྩྭ་སར་ལུགས་མཐུན་བཀོལ་སྤྱོད་ཚད་ནི་ཅེ་བྲག་གི་ཕྱུགས་ཟོག་གིས་རྩྭ་ཟོས་པ་ཚད་ལས་བརྒལ་མེད་ཅིང་། ད་དུང་ཕྱུགས་ཟོག་གི་རྒྱུན་ལྡན་འཚར་སྐྱེ་རྒྱུན་འཁྱོངས་ཐུབ་པ་ལ་གོ དེ་ནི་བཀོལ་སྤྱོད་ཆ་རྐྱེན་འཚམ་པོ་ཡོད་པའི་ཆ་རྐྱེན་འོག་ཏུ། རྩྭ་སའི་མངོན་པ་ནི་ཕྱུགས་འཚོ་དྲག་ཞན་དོ་མཉམ་ཡིན་པ་དང་། ཕྱུགས་རྩྭ་རྒྱུན་ལྡན་གྱི་སྐྱེ་འཕེལ་ཡིན་ཞིང་ཕྱུགས་ཟོག་གི་ཐོན་སྐྱེད་འཚོ་བ་རྒྱུན་ལྡན་རྒྱུན་འཁྱོངས་བྱེད་ཐུབ་པ་རེད། ཡིན་ན་ཡང་ཕྱུགས་ཟོག་དངོས་ཡོད་ཀྱི་རྩྭ་བཟའ་བའི་གནས་ཚུལ་ནི་བཀོལ་སྤྱོད་ཚད་ཀྱི་སྣང་བྱ་སྤྱི་འགྲོས་ལྟར་ཚད་མཐུན་ཡོང་དཀའ་སྟེ་མཐོ་བའམ་དམའ་བ་ཡིན། གལ་ཏེ་རྩྭ་བཟའ་ཚད≈བཀོལ་སྤྱོད་ཚད་ཡིན་ན་ཕྱུགས་འཚོ་འཚམ་པོ་ཡིན་པ་དང་། བཀོལ་སྤྱོད་ཚད>རྩྭ་བཟའ་ཚད་ཡིན་ན་ཕྱུགས་འཚོ་ཚད་དྲག་པོ་མིན། བཀོལ་སྤྱོད་ཚད<རྩྭ་བཟའ་ཚད་ཡིན་ན་ཕྱུགས་འཚོ་ཚད་ལས་བརྒལ་བ་མཚོན་ཡོད།

བཞི་པ། རྩྭས་ཕྱུགས་ཟོག་ཚོད་འཛིན་པ།

(གཅིག)

མཚོ་སྔོན་ཞིང་ཆེན་སྔོན་ཚད་ཡིན་ན་ས་ཆ་མང་པོར་རང་དབང་ཕྱུགས་འཚོ་བའི་བྱེད་ཐབས་སྤྱོད་བཞིན་ཡོད། དེ་ནི་ཕྱུགས་འཚོ་དུས་ཚིགས་ནང་རྩྭ་ས

བགོས་ཏེ་ཕྱུགས་ཟློག་རེས་སྐོར་གྱི་འཚོ་བའི་འཆར་བཀོད་ཕྲ་ཞིབ་མེད་པར་རྩྭ······
སའི་ཁྱབ་ཁོངས་ཆེ་སར་རང་དབང་གིས་ཕྱུགས་ཟློག་རྩྭ་བཟའ་རུ་བཅུག་པ་རྒྱུན····
འཁྱོངས་བྱེད་པ་ཞིག་ཡིན། ཕྱུགས་འཚོ་བྱེད་ཐབས་འདི་ལ་ལེགས་ཆ་ཞིག་ཡོད་པ་
ནི་ཁྱབ་ཁོངས་ཆེ་བར་ཕྱུགས་ཟློག་གང་འདོད་དུ་འཚོས་ཆོག་པ་ཡིན་ཞིང་དོ་དམ···
བྱེད་ཐབས་སྟབས་བདེ་ཡིན་པ། དངོས་ཤུགས་དང་མ་རྩ་མང་པོ་གཏོང་མི་དགོས་
པ། ཕྱུགས་ཟློག་གིས་རང་འགུལ་གྱིས་རྩྭ་བདམས་ནས་ཟོས་ཆོག་པ་བཅས་ཡིན།
སྐྱོན་ཆ་ནི་རྩྭ་རྩི་ཤིང་རིགས་འགའ་ཞིག་ཚད་བརྒལ་ཟོས་པའམ་རིགས་འགའ······
ཞིག་ཟོས་མེད་སྟབས(ཕྱུགས་རྩྭ་ཟད་གྲོན།)   ཕྱུགས་ཟློག་གི་ལུས་སྟོབས་ཟད་
གྲོན་ཆེ་བས་ཐོན་སྐྱེད་ནུས་པ་མར་ཆག་པ་དང་། ཕྱུགས་ཟློག་ལ་སྲིན་འབུའི་ནད···
བྱུང་བ་བཅས་ཡིན།

རྩྭ་ས་བགོས་ཏེ་ཕྱུགས་ཟློག་རེས་སྐོར་གྱི་འཚོ་བ་ནི་ཕྱུགས་འཚོ་བའི་ཁྲོད····
དུ་ཚད་བཀག་བྱེད་ཐབས་གཙོ་བོ་ཞིག་ཡིན།   དེ་ནི་རྩྭ་ཐང་གི་ཐོན་སྐྱེད་ནུས····
ཤུགས་དང་ཕྱུགས་ཁྱུ་འཚོ་བའི་དགོས་མཁོ་ལྟར་དུ་རྩྭ་སར་ཕྱུགས་འཚོ་ར་བ་ཁ······
ཤས་སུ་བགོས་ཏེ། ཚད་ངེས་ཅན་གྱི་ཕྱུགས་རར་རིམ་བཞིན་བཀོལ་སྤྱོད་བྱེད་པའི་
ཕྱུགས་འཚོ་ཐབས་ཤིག་ཡིན། དེ་ནི་ཚན་རིག་གིས་རྩྭ་ཐང་བཀོལ་སྤྱོད་བྱེད་སྟངས་
ཤིག་ཀྱང་ཡིན། གོ་བདེ་བར་བཤད་ན། དེ་ནི་རྩྭ་སའི་རྩྭ་ཐོན་ཚད་དང་ཕྱུགས···
གྲངས་མང་ཉུང་ལྟར་དུ་རྩྭ་སར་དུམ་བུ་ཁ་ཤས་སུ་བགོས་ཏེ། རྩྭ་ས་དུམ་བུ་སོ་སོར་
ཉིན་མ་ཚད་ངེས་ཅན་ཞིག་ལ་ཕྱུགས་འཚོ་བར་བྱེད་ཅིང་། རྩྭ་ས་དུམ་བུ་སོ་སོར་གོ་
རིམ་བཞིན་རེས་སྐོར་གྱིས་ཕྱུགས་འཚོ་བ་ཞིག་ཡིན། (རི་མོ 2–1)

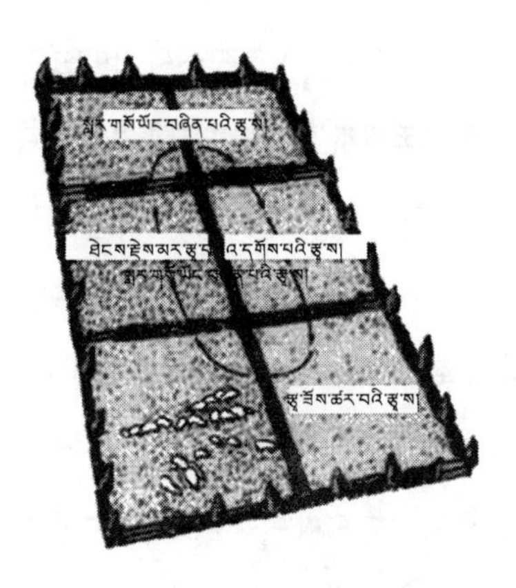

རི་མོ 2–1 རྩྭ་ས་བགོས་ཏེ་ཕྱུགས་ཟོག་རེས་སྐོར་གྱི་འཚོ་བའི་དོན་མཚོན་རི་མོ།

གཅིག　རྩྭ་ས་བགོས་ཏེ་ཕྱུགས་ཟོག་རེས་སྐོར་གྱི་འཚོ་བའི་ལེགས་ཆ།

1.ཕྱུགས་རྩྭ་འཛད་གྲོན་ཇེ་ཉུང་དང་རྩྭ་སའི་རྒྱ་ཁྱོན་གྲོན་ཆུང་བྱེད་ཐུབ།

རྩྭ་ས་བགོས་ཏེ་ཕྱུགས་ཟོག་རེས་སྐོར་གྱི་འཚོ་བའི་ཁྲོད་དུ་ཚད་ངེས་ཅན་གྱི་ཕྱུགས་གྲངས་ཀྱིས་གཏན་ཁེལ་བྱས་པའི་དུས་ཚོད་ནང་དུ་རྩྭ་བཟའ་རུ་བཅུག་སྟེ། ཕྱུགས་རྩྭ་གནམ་གསེས་བྱེད་པའི་གོ་སྐབས་ཇེ་ཉུང་དུ་བཏང་སྟེ་རྩྭ་ས་བཀོལ་སྤྱོད་དོ་མཉམ་ཡོང་བར་བྱེད། སྤྱིར་བཏང་གི་རྩྭ་བཟའ་ཚད་ཇེ་མཐོར 20% ~30%གཏོང་ཐུབ་པ་དང་། མ་ཟོས་པའི་ཕྱུགས་རྩྭ་ལྷག་ཚད 12% ~15%ཡིན། འདྲ་མཚུངས་ཡིན་པའི་ཆུ་ཚད་སྟེང་དུ་རྩྭ་ས་བགོས་ཏེ་ཕྱུགས་ཟོག་རེས་སྐོར་གྱི་འཚོ་བ་ནི་རང་དབང་ཕྱུགས་འཚོ་ལས་ཕྱུགས་ཟོག་ཤོང་ཚད 30%མང་བ་ཡིན་ཞིང་། ཕྱུགས་ཟོག་གི་ཐོན་སྐྱེད་ནུས་ཤུགས་ཇེ་མཐོར 5% ~10%འགྲོ་བ་ཡིན། དཔེར་ན་རང་དབང་ཕྱུགས་འཚོ་བའི་དུས་སུ་བ་མོ་རེར་རྩྭ་སར་མུའུ 142.5ཡན་དགོས་པ་ཡིན་ན། རྩྭ་ས་བགོས་ཏེ་ཕྱུགས་ཟོག་རེས་སྐོར་གྱི་འཚོ་དུས་མུའུ 247.5ཡན་ཡིན་པ་ལྟ་བུ།

2.ཕྱུགས་རྩྭའི་ཐོན་ཚད་དང་སྤུས་ཚད་ཁག་ཐེག་བྱེད་ཐུབ། རྩྭ་ས་བསྐོས་ཏེ་ཕྱུགས་ཟོག་རེས་སྐོར་གྱིས་འཚོས་ན་རྩྭ་ཁེབས་བཀོལ་སྤྱོད་དོ་མཉམ་ཡོང་བ་དང་། རྩྭ་ཡན་སྐྱེ་བར་འགོག་ཐུབ་པ། རྩྭ་སྤུས་ལེགས་ཅན་སྐྱེ་འཕེལ་ཡོང་བར་ཁག་ཐེག་བྱེད་ཐུབ།

3.ཕྱུགས་ལས་ཐོན་རྫས་ཀྱི་ཐོན་ཚད་ཇེ་མང་དུ་གཏོང་ཐུབ། དེ་ཡང་རྩྭ་ས་བསྐོས་ཏེ་ཕྱུགས་ཟོག་རེས་སྐོར་གྱིས་འཚོས་ན། ཕྱུགས་ཟོག་གིས་རྩྭ་མང་པོ་བཟའ་ཐུབ་པར་མ་ཟད། འགྲོ་འོང་ཉུང་བས་ལུས་སྟོབས་ཟད་གྲོན་ཇེ་དམའ་རུ་འགྲོ་བ་ཡིན། ཕྱུགས་ཟོག་གི་ཉིན་རེའི་ཆ་སྙོམས་ལྗིད་ཚད་རང་དབང་ཕྱུགས་འཚོ་ལས་ཇེ་མཐོར 17.3%~34.0%འགྲོ་བ་དང་། ལུག་གི་བལ་ཐོན་ཚད་ཇེ་མཐོར 7%~10%འགྲོ་བ་ཡིན།

4.རྩྭ་ས་དོ་དམ་བྱེད་པར་ཕན་ཐོགས་ཆེ་བ། རྩྭ་ས་བསྐོས་ཏེ་ཕྱུགས་ཟོག་རེས་སྐོར་གྱི་འཚོ་བ་ནི་ཁྱབ་ཁོངས་ཉུང་ཆུང་བས་གཅིག་བསྡུས་ཀྱིས་དོ་དམ་བྱེད་པར་སྟབས་བདེ་བ་ཡིན་ཏེ། དཔེར་ན་ཆུ་འདྲེན་པ་དང་ལུད་འཇོག་པ། རྩྭ་འདེབས་པ་སོགས། དེ་མིན་ཕྱུགས་རྫིའི་ལས་ཀའི་ཚད་ཇེ་དམར་འགྲོ་བ་ཡིན།

5.ཕྱུགས་ཟོག་ལ་གཞན་བརྟེན་སྲིད་འབུའི་ནད་འགོས་པར་འགོག་ཐུབ། སྲིད་འབུ་མང་པོ་ཞིག་ཕྱུགས་ཟོག་རྟེན་ཡུལ་དུ་བྱེད། བསྟུད་མར་ཕྱུགས་འཚོ་བའི་གནས་ཚུལ་འོག་ཏུ་སྲིད་འབུའི་ཕྲུ་གུར་རྩྭ་དང་ལྷན་ཕྱུགས་ཟོག་གི་ལུས་ནང་དུ་ཁྱབ་སྟེ་ནད་འགོས་སུ་བཅུག་སྟེ་ཕྱུགས་ཟོག་བདེ་ཐང་ལ་གནོད་པ་བཟོས་ཤིང་། ལྷག་པར་དུ་ནར་སོན་མེད་པའི་ཕྱུགས་ཟོག་ལ་གནོད་པ་དེ་བས་ཆེ་བ་རེད། རྩྭ་ས་བསྐོས་ཏེ་ཕྱུགས་ཟོག་རེས་སྐོར་གྱིས་འཚོས་ན་ཕྱུགས་ཟོག་རྒྱུན་དུ་རྩྭ་ས་བརྗེ་སྒྱུར་བྱས་ཏེ་སྲིད་འབུ་གནས་པའམ་ཁྱབ་པའི་ཚད་ཇེ་ཉུང་དུ་སོང་ནས་གནོད་པ་བཟོ་ཚད་ཀྱང་ཇེ་དམའ་རུ་སོང་།

གཉིས། རྩ་ས་བགོས་ཏེ་ཕྱུགས་ཟློག་རེས་སྐོར་གྱི་འཚོ་བའི་འཆར་འགོད་གོ་རིམ། དེ་ནི་ཕྱུགས་བདག་གིས་རྩ་ས་བཀོལ་སྤྱོད་བྱེད་པའི་གནས་ཚུལ་དངོས་ལ་གཞིགས་ཏེ། རང་བྱུང་རྩ་ས་ནི་དགུན་དབྱིད་དུས་ཚིགས་ཀྱི་རྩ་ས་དང་དབྱར་སྟོན་དུས་ཚིགས་ཀྱི་རྩ་ས་གཉིས་སུ་བགོས་ཤིང་། དགུན་དབྱིད་དུས་ཚིགས་ཀྱི་རྩ་སའམ་དབྱར་སྟོན་དུས་ཚིགས་ཀྱི་རྩ་ས་ལའང་བྱེ་བྲག་གི་རྩ་ས་བགོས་ཏེ་རེས་སྐོར་གྱིས་ཕྱུགས་འཚོ་བར་བྱེད། རྩ་སའི་སྤོ་ཁེབས་རང་བྱུང་གི་སྐྱེ་འཕེལ་ཆོས་ཉིད་ལྟར་དུ་རྩ་ས་བགོས་ཏེ་ཕྱུགས་ཟློག་རེས་སྐོར་གྱི་འཚོ་བའི་ལག་རྩལ་གཙོ་བོའི་དཔྱད་གྲངས་དང་རེས་སྐོར་ཕྱུགས་འཚོ་བའི་ངལ་གསོའི་དུས་ཚོད་རེའུ་མིག་གཏན་ཁེལ་བྱས་ཏེ་ནོ་དམ་བྱེད་དགོས་ཏེ། དཔེར་ན་དགུན་དབྱིད་དུས་ཚིགས་ཀྱི་རྩ་ས་ནི་དབྱར་སྟོན་དུས་ཚིགས་སུ་ཕྱུགས་འཚོ་མཚམས་བཞག་སྟེ། དགུན་དབྱིད་དུས་ཚིགས་ཁོ་ནར་བཀོལ་སྤྱོད་བྱེད་པ་ལྟ་བུ། མི་བཟོས་རྩ་ས་དང་རྩ་བཏབ་པ་ལས་གྲོན་པའི་རྩ་སྤུས་ལེགས་ཡིན་ན་དགུན་དབྱིད་དུས་ཚིགས་སུ་གཟན་ཆག་ཁ་གསབ་བྱས་ཏེ། དགུན་དུས་ཀྱི་རྩ་སར་ཕྱུགས་འཚོ་གནོན་ཤུགས་ཇེ་ཆུང་དུ་གཏོང་དགོས། དེ་ལྟར་བྱས་ན་རྩ་སའི་རྩིས་གཞི་རེའི་ཕྱུགས་ཤོང་ཚད་ཇེ་མཐོར་འགྲོ་བ་དང་། རྩ་སར་ཡུན་རིང་བེད་སྤྱོད་དང་རྩ་སའི་ཕྱུགས་ལས་རྒྱུན་མཐུད་འཕེལ་རྒྱས་ལ་ནུས་པ་འདོན་ཐུབ།

1. དུས་ཚིགས་ལྟར་རྩ་ས་བགོ་བ།

(1) ས་དབྱིབས་དང་ས་བབ་ལྟར་བགོ་བ། ས་དབྱིབས་དང་ས་བབ་ནི་ཕྱུགས་སའི་ཆུ་དང་ཚ་བའི་ཆ་རྐྱེན་ལ་ཤུགས་རྐྱེན་ཐེབས་པའི་རྒྱུ་རྐྱེན་གཙོ་བོ་ཡིན་ཞིང་། དེ་ནི་དུས་ཚིགས་ལྟར་རྩ་ས་བགོ་བའི་གཞི་འཛིན་ས་གཙོ་བོ་ཡིན། རི་བོའི་རྩ་སའི་ས་དབྱིབས་ཀྱི་ཆ་རྐྱེན་འགྱུར་ལྡོག་ཆེ་བ་དང་། ས་བབ་དང་མཚོ་ངོས་ལས་མཐོ་ཚད་མི་མཚུངས་པ། མཁའ་དབུགས་ཁྱད་པར་རླུང་ཆེ་བ། སྤོ་ཁེབས་ཀྱི་ཐད་

དཔྱད་ཁྲབ་ཚུལ་མངོན་གསལ་དོད་པོ་བཅས་ཡིན། ས་འདི་ལྟ་བུའི་རྩྭ་སར་སྤྱིར་བཏང་གི་མཚོ་ངོས་ལས་མཐོ་ཚད་ལྟར་དུ་བགོ་བ་ཡིན་ཏེ། ལོ་རེའི་དབྱིད་དུས་ནས་མགོ་བཟུང་སྐྱེ་དྲོད་ཚད་ཡར་ཆག་པ་དང་བསྟུན་ནས་ཐང་བདེ་ས་ནས་རི་མཐོ་སར་གནས་སྤོར་བྱེད་པ་དང་། སྟོན་དུས་དྲོད་ཚད་མར་ཆག་པ་དང་བསྟུན་ནས་རི་མཐོ་ས་ནས་རི་ཞོལ་དང་ཐང་བདེ་སར་གནས་སྤོར་བར་བྱེད། ཡང་རི་བོའི་གཟར་ངོས་ཀྱི་ཁ་ཕྱོགས་ལྟར་དུ་བགོས་ཆོག ནམ་ཟླ་འཁྲུག་དུས(དགུན་ཁ་དང་དབྱིད་ཀ)ཉིན་ཕྱོགས་བཀོལ་སྤྱོད་བྱེད་པ་དང་། དྲོད་དུས(དབྱར་ཁ་དང་སྟོན་ཁ)གྲིབ་ཕྱོགས་བཀོལ་སྤྱོད་བྱས་ཆོག དུས་རྒྱུན་ཐོན་སྐྱེད་ཁྲོད་དུ་ཉིན་མོ་དྲོ་ཞིང་རླུང་མེད་དུས་ཐང་བདེ་སར་ཕྱུགས་འཚོ་བ་དང་། ནམ་ཟླ་འཁྲུག་ཅིང་རླུང་ཆེ་དུས་རི་འདབས་སུ་ཕྱུགས་འཚོ་བ་ཞེས་པའི་བཤད་སྲོལ་ཡོད། ས་ཚུང་ཟད་སྙོམ་པའི་ས་ཁུལ་དུ་ས་དབྱིབས་ཆུང་ན་ཆུ་དང་ཚ་བའི་ཆ་རྐྱེན་ལ་ཤུགས་རྐྱེན་ཙུང་ཆེ་བ་ཡིན་ཞིང་། དབྱར་སྟོན་དུས་ཚིགས་ཀྱི་རྩྭ་སར་བསིལ་བའི་རི་བོའི་ངོས་སུ་བཀོད་སྒྲིག་བྱེད་པ་དང་། དགུན་དབྱིད་དུས་ཚིགས་ཀྱི་རྩྭ་སར་དྲོ་ཞིང་རླུང་འགོག་པའི་ས་དམའ་ས་དང་ལུང་བའི་ནང་དུ་བཀོད་སྒྲིག་བྱས་ཆོག

(2)སྔོ་ཁེབས་ཀྱི་ཁྱད་ཆོས་ལྟར་དུ་རྩྭ་ས་བགོ་བ། དུས་ཚིགས་བཞི་ཡི་རྩྭ་ནི་རྣམ་པ་བཞི་ཞེས་པ་ལྟར། དཔེར་ན་རྩྭ་ཙི་ཙི(芨芨草)གཙོ་བོ་ཡིན་པའི་རྩྭ་སར་སྟོན་ཁར་བཀོལ་སྤྱོད་བྱས་ན་ལེགས་པ་དང་། རྩྭ་གྲིན་མའོ(针矛)མེ་ཏོག་བཞད་དུས་དང་འབྲས་བུ་ཐོགས་དུས་ཡར་སྟོན་དུ་བཀོལ་སྤྱོད་བྱས་ན་ལེགས། སྔ་ངན་ཐང་དུ་རྩྭ་རྩེ་ཤིང་གསོན་ཡུན་ཐུང་བ་འགའ་ཤས་ཡོད་པ་དག་ནི་དབྱིད་དུས་སྐྱེ་སྐྱ་ཞིང་མགྱོགས་པོར་བཞད་ཚར་བ་ཡིན། རྩེ་ཤིང་འདི་རིགས་གཙོ་བོ་ཡིན་པའི་རྩྭ་སར་དབྱིད་མགོ་ཚུགས་མ་ཐག་བཀོལ་སྤྱོད་བྱས་ན་ཤིན་ཏུ་འཚམ། ཐན་པའི་རྩྭ་ཐང་དུ་སྨིན་སྐྱ་བའི་སྐྱེ་མ་ལྡན་པའི་རྩེ་ཤིང་གི་རིགས་རྩྭ་པིན་ཚའོ(冰草)

སོགས་དང་། སྡོང་རྐང་མེད་པའི་སྨན་རིགས་གཟན་རྩྭ་དཔེར་ན་སྲད་དཀར་དང་མི་ཁུ་ཏེ(米口袋)སོགས་ནི་དབྱིད་དུས་སྨྱུ་གུ་འབུས་སྐྱེ་ཞིང་དབྱར་མགོ་ཚུགས་མ་ཐག་བཞད་ཚར་བ་ཡིན། རྩེ་ཤིང་འདི་རིགས་ནི་དབྱིད་ཀ་དང་དབྱར་མགོ་ཁོ་ནར་བཀོལ་སྤྱོད་བྱེད་འཚམ་པོ་ཡོད།

(3)ཆུ་ཁུངས་ཀྱི་ཆ་རྐྱེན་ལྟར་བགོ་བ། རྩྭ་སའི་བཀོལ་སྤྱོད་དུས་ཡུན་འཚམ་པོ་ཡིན་མིན་ཐད་ཀར་ཆུ་ཁུངས་ཀྱི་ཆ་རྐྱེན་དང་འབྲེལ་བ་དམ་པོ་ཡོད། དུས་ཚིགས་དང་མཁའ་དབུགས་ཆ་རྐྱེན། ཕྱུགས་ཟོག་གི་ལུས་ཁམས་དགོས་མཁོ་བཅས་ཁྱད་པར་ཡོད་པས། ཆུ་འཐུང་ཐེངས་དང་འཐུང་ཚད་ཀྱང་མི་མཚུངས་པ་ཡིན། གནམ་གཤིས་དྲོད་ཚ་བའི་དུས་ཚིགས་སུ་ཕྱུགས་ཟོག་གི་ཆུ་འཐུང་ཚད་མང་བས་ན། ཆུ་ཁུངས་འཛོམ་པོ་ཡོད་དགོས་ཤིང་ཐག་ཉེ་དགོས། ནམ་ཟླ་འཁྱག་པའི་དུས་ཚིགས་སུ་ཕྱུགས་ཟོག་གི་ཆུ་འཐུང་ཚད་དང་འཐུང་ཐེངས་ཉུང་བས་ན། ཆུ་ཁུངས་དང་ཐག་ཐུང་རིང་བའི་རྩྭ་ས་འདེམས་ཆོག རྩྭ་ས་རེ་འགར་དབྱར་དུས་ཆུ་འཐུང་རྒྱུ་མེད་ཅིང་། དགུན་དུས་ཁ་བ་ཞུ་བའི་ཆུས་ཕྱུགས་ཟོག་གི་འཐུང་ཆུ་ཐག་གཅོད་བྱེད་དགོས།

གོང་གི་གཞི་རྩའི་རྩ་དོན་འདི་དག་ལ་བལྟས་ཏེ། རྩྭ་སར་ཐོག་མར་དུས་ཚིགས་གཉིས(འཁྱག་པའི་དུས་ཚིགས་དང་དྲོ་བའི་དུས་ཚིགས)དང་། དུས་ཚིགས་གསུམ(དབྱར་ཁའི་རྩྭ་ས་དང་དབྱིད་སྟོན་རྩྭ་ས། དགུན་ཁའི་རྩྭ་ས)འམ་དུས་ཚིགས་བཞི་ཡི་རྩྭ་ས་བགོ་བ་ཡོད་པ་དང་། དེའི་རྗེས་སུ་དུས་ཚིགས་རེ་རེའི་རྩྭ་རའི་ནང་ཁུལ་དུ་བགོས་ཏེ་ཕྱུགས་ཟོག་རེས་སྐོར་གྱི་འཚོ་བར་བྱེད།

2.དུས་ཚིགས་རྩྭ་ས་བགོས་རྗེས་སུ་ནང་ཁུལ་དུ་ཕྱུགས་ཟོག་རེས་སྐོར་འཚོ་བའི་རྩྭ་ས་བྱེ་བྲག་ཏུ་བགོ་བ་ཡིན། ཕྱུགས་ཟོག་རེས་སྐོར་འཚོ་བའི་དུས་ཡུན(སླར་སྐྱེས་ནུས་པ་དང་གནམ་གཤིས་ཁྱད་ཆོས། རྩ་དམ་ཆ་རྐྱེན། བཀོལ་སྤྱོད་དུས

སྐབས)དང་། རྟ་ས་བྱེ་བྲག་རེ་རེའི་ཕྱུགས་འཚོ་ཉིན་གྲངས། ཕྱུགས་འཚོ་ཚད(ཕྱུགས་འཚོ་ཉིན་གྲངས=རྟ་སྣར་སྐྱེས་གྲངས་ཀ) རྟ་ས་བྱེ་བྲག་གི་གྲངས་ཀ རྟ་ས་བྱེ་བྲག་གི་རྒྱ་ཁྱོན(དབྱིབས) ཕྱུགས་འཚོ་འདུས་ཚད། ཕྱུགས་ཟྭོག་རེས་སྐོར་འཚོ་ཐབས། རྟ་ས་བྱེ་བྲག་གི་གཟུགས་དབྱིབས་དང་བཀོད་པ(རང་བྱུང་བཀག་དངོས་ནི་དབྱེ་མཚམས་ཡིན།)

རྟ་ས་བགོས་ཏེ་ཕྱུགས་ཟྭོག་རེས་སྐོར་གྱི་འཚོ་བ་ནི་ལག་རྩལ་རང་བཞིན་ལྡན་པའི་བྱ་བ་ཞིག་ཡིན་ཏེ། ཐོག་མར་ཕྱུགས་ཟྭོག་རེས་སྐོར་འཚོ་བའི་དུས་ཡུན་དང་བྱུང་ཚད་ལ་བསམ་གཞིགས་གཏོང་བ། དེ་ནི་ཕྱུགས་ཟྭོག་རེས་སྐོར་འཚོ་བའི་འཆར་བཀོད་གཏན་འབེབས་བྱེད་པའི་རྨང་གཞི་ཡིན། དུས་ཡུན་ཟེར་བ་ནི་རྟ་ས་བྱེ་བྲག་ཏུ་བགོས་ཚར་བའི་རྗེས་རིམ་བཞིན་དུ་རེས་སྐོར་ཕྱུགས་འཚོས་པ་ལ་གོ་རེས་སྐོར་ཐེངས་གཅིག་ལ་མཁོ་བའི་དུས་ཚོད་ལ་རེས་སྐོར་ཕྱུགས་འཚོ་དུས་ཡུན་ཟེར། དེ་ནི་རྟ་ས་བྱེ་བྲག་ཏུ་བགོས་པའི་ཐོག་དང་པོ་ནས་ཆེས་མཇུག་མཐའི་བར་རེས་སྐོར་གཅིག་བརྒྱབ་སྟེ་སྣར་ཡང་ཐོག་མར་མགོ་རྩོམ་ས་དེར་བསླེབས་པའི་དུས་ཚོད་ཡིན། རེས་སྐོར་ཕྱུགས་འཚོ་དུས་ཡུན་ནི་ཕྱུགས་འཚོས་རྗེས་རྩྭ་སྣར་ཡང་སྐྱེས་ཏེ་བཀོལ་སྤྱོད་གཏོང་ཐུབ་པའི་དུས་ཚོད་དེ་ཡིན། སྤྱིར་བཏང་གི་ཉིན 25~60བར་ཡིན། རྩྭ་ཐང་རིགས་སོ་སོའི་རེས་སྐོར་ཕྱུགས་འཚོ་དུས་ཡུན་ནི་ཀྱ་ངན་ཐང་གི་རྩྭ་སར་ཉིན 40~60བར་དང་། ཐན་པའི་རྩྭ་སར་ཉིན 30~40བར་དང་། སྤང་སའི་རྩྭ་སར་ཉིན 20~30བར་དང་། རི་མཐོའི་རྩྭ་སར་ཉིན 30~45བར་བཅས་ཡིན།

རྟ་ས་བགོས་ཏེ་ཕྱུགས་ཟྭོག་རེས་སྐོར་གྱི་འཚོ་བའི་ཁྲོད་དུ། རྟ་ས་བྱེ་བྲག་ཏུ་བགོས་པ་གཅིག་ནི་ཕྱུགས་འཚོ་དུས་ཚིགས་སུ་ཐེངས་དུ་ལ་རེས་སྐོར་ཕྱུགས་འཚོ་ཐུབ་པ་དེ་ལ་ཕྱུགས་འཚོ་ཚད་ཟེར། ཕྱུགས་འཚོ་བྱུང་ཚད་ངེས་པར་དུ་ཚོད

འཛིན་ཡོད་དགོས། སྤྱིར་བཏང་གི་བཤད་ན་སྤང་རིའི་རྩྭ་ཐང་ནི་ཐེངས་3~4མི་བརྒྱལ་བ་དང་། ཐན་པའི་རྩྭ་ཐང་ནི་ཐེངས་2~3བར་དང་། སྨྱུ་ངན་ཐང་གི་རྩྭ་ཐང་ནི་ཐེངས་1~2བར་དང་། རི་མཐོའི་རྩྭ་ཐང་ནི་ཐེངས་2~3བར་བཅས་ཡིན། ཕྱུགས་རྩྭ་སླར་ཡང་སྐྱེ་འཕེལ་ལེགས་པོ་འབྱུང་བར་ཁག་ཐེག་ཡོང་ཆེད། རྩྭ་ས་བྱེ་བྲག་ཏུ་བགོས་པ་རེ་རེའི་ནང་དུ་ཕྱུགས་འཚོ་དུས་སླར་སྐྱེས་རྩྭ་བཟའ་མི་རུང་ཞིང་། རྟག་པའི་ནང་གཞན་བརྟེན་སྲིད་འབུས་ནད་འགོས་སུ་འཇུག་པར་མཉམ་འཛོག་བྱེད་དགོས། རྩྭ་ས་བྱེ་བྲག་ཏུ་བགོས་པ་རེ་རེའི་ནང་དུ་ཕྱུགས་འཚོ་དུས་ཚོད་ནི་དཔྱིད་དབྱར་སྟོན་དུས་ཚིགས་གསུམ་དུ་ཉིན་དྲུག་ལས་བརྒྱལ་མི་རུང་། རྩྭ་མི་སྐྱེས་པའི་དུས་ཚིགས་སམ་སྨྱུ་ངན་ཐང་དུ་ཉིན་དྲུག་བརྒྱལ་ཡང་ཚོད་བཀག་མེད་པ་ཡིན།

(གཉིས)རྩྭ་སར་ཕྱུགས་འཚོ་མཚམས་འཛོག་པ་དང་ཕྱུགས་འཚོ་བཀག་འགོག

རྩྭ་སར་ཕྱུགས་འཚོ་མཚམས་འཛོག་པ་ནི་ལོ་གཅིག་གི་ནང་དུ་དུས་ཡུན་ཐུང་བར་ཕྱུགས་འཚོ་མཚམས་བཞག་སྟེ་རྩྭ་ཐང་དོ་དམ་བྱེད་ཐབས་ཤིག་ཡིན། དེ་ནི་རྩྭ་ས་ཞིག་ཏུ་གཏན་ཁེལ་དུས་ཡུན་ནང་དུ་ཕྱུགས་རྫོག་འཚོ་མཚམས་འཛོག་པ་དང་། དུས་ཡུན་ཉིན་བཅུ་ཕྲག་ལྷག་ནས་ཟླ་ཁ་ཤས་བར་ཡིན་ཚོག རྩྭ་སར་ཕྱུགས་འཚོ་བཀག་འགོག་ནི་རྩྭ་སྐྱེ་ནུས་ཉམས་ཞན་རྩུང་ཆེ་བའི་རྩྭ་ཐང་དུ་ཕྱུགས་རྫོག་གཏན་ནས་མི་འཚོ་བ་ཡིན་ཞིང་། དུས་ཡུན་ལོ་གཅིག་ཡན་ལ་ཕྱུགས་འཚོ་བཀག་འགོག་བྱེད་པ་ཡིན།

1.ཕྱུགས་འཚོ་བཀག་འགོག་ས་ཁུལ་དང་རྩྭ་ཕྱུགས་ཆ་སྙོམས་ས་ཁུལ་དབྱེ་འབྱེད་པ། མཚོ་སྔོན་ཞིང་ཆེན་གྱིས་སྐྱེ་ཁམས་ཉམ་ཐག་ཅན་དང་འཚོ་གནས་ཁོར་ཡུག་སྡུག་པོ། རྩྭ་སྐྱེ་ནུས་ཉམས་ཞན་ཚབས་ཆེ་བ། ཕྱུགས་འཚོ་མི་འཚམ་པའི་

ཐན་སྐྱོན་ཐེབས་པའི་རྩྭ་ཐང་བཅས་ནི་ཕྱུགས་འཚོ་བཀག་འགོག་ས་ཁུལ་དུ་
དགར་བ་དང་། ཕྱུགས་འཚོ་བཀག་འགོག་ས་ཁུལ་ལས་གཞན་པའི་རྩྭ་སར་རྩྭ་
ཕྱུགས་ཆ་སྙོམས་ས་ཁུལ་དུ་དགར་བ་ཡིན། ཕྱུགས་ཤོང་ཚད་ལུགས་མཐུན་ཡིན་
མིན་ཞིབ་བཤེར་བྱས་པའི་རྨང་གཞིའི་སྟེང་དུ། ཀྲུང་དབྱང་ནོར་སྲིད་ཀྱིས་ཚད་
བཀྲལ་ཕྱུགས་འཚོ་བྱས་མེད་པའི་འགྲིག་པར་བྱ་དགའ་སྟེར་ཚོག ཕྱུགས་འཚོ་
བཀག་འགོག་ས་ཁུལ་དང་རྩྭ་ཕྱུགས་ཆ་སྙོམས་ས་ཁུལ་གྱི་ནང་དུ་རྩྭ་ས་དང་རྒྱུ་
ཕྱོན། མཚམས་བཞིའི་དབྱེ་མཚམས་བཅས་གསལ་པོ་ཡིན་དགོས་ཤིང་། རྩྭ་ས་
འགན་གཙང་ལེན་བྱས་པའི་འགྲིག་ཁྱིམ་དོན་ཐོག་ཏུ་འཁྱོལ་བར་བྱེད་དགོས།

2.རྩྭ་སར་ཕྱུགས་འཚོ་མཚམས་འཇོག་པའི་དོ་དམ། གལ་ཏེ་ཕྱུགས་ཟོག་
གི་གྲངས་ཀ་མངོན་གསལ་གྱི་རྩྭ་སའི་ཕྱུགས་ཤོང་ཚད་ལས་ཉུང་ན་ཕྱུགས་འཚོ་
མཚམས་འཇོག་པའི་དགོས་པ་ཆེར་མེད། ཕྱུགས་ཟོག་གི་གྲངས་ཀ་རྩྭ་སའི་ཕྱུགས་
ཤོང་ཚད་ལས་མང་ན་ཕྱུགས་འཚོ་མཚམས་འཇོག་པའི་དགོས་པའི་བྱེད་ཐབས་
སྤྱད་ཚོག རྩྭ་སར་ཕྱུགས་འཚོ་མཚམས་འཇོག་པའི་དགོས་པའི་དུས་ཚོད་གསུམ་
ནི་དཔྱིད་ཀ་རྩྭ་སྔོ་སྐྱེ་བའི་དུས་དང་། སྟོན་ཀ་རྩྭ་རྩེ་ཤིང་གི་འབྲས་བུ་སྨིན་པའི་
དུས། དགུན་ཁ་མ་སླེབས་གོང་དུ་ཕྱུགས་རྩྭ་གསོག་ཉར་བྱེད་པའི་དུས་བཅས་ཡིན་
ཞིང་། དེ་ལས་དཔྱིད་ཀ་རྩྭ་སྔོ་སྐྱེ་བའི་དུས་ནི་ཆེས་གལ་ཆེ་བ་ཡིན།

དཔྱིད་ཀ་རྩྭ་སྔོ་སྐྱེ་བའི་དུས་ནི་དགུན་བཀྲལ་ལྷང་མྱུག་འཚར་སྐྱེ་བྱུང་
བའི་རྩ་བ་སོགས་ཀྱིས་འཚོ་བཅུད་གསོག་འཇོག་བྱས་ཡོད་མེད་ལ་རག་ལས་པ་
ཡིན་ཏེ། སོ་མས་འོད་སྦྱོར་ནུས་པ་ལ་བརྟེན་ནས་འཚོ་བཅུད་དངོས་པོ་སྐྱུད་ལེན་
བྱས་ཡོད་ནའང་། སོ་མ་ཉུང་བ་དང་འོད་སྦྱོར་ནུས་པ་ཚད་ངེས་ཅན་ཞིག་ཡིན་
པས། དུས་ཚོད་ངེས་ཅན་ཞིག་གི་ནང་དུ་དགུན་ཁ་མ་སླེབས་གོང་དུ་གསོག་ཉར་
བྱས་པའི་འཚོ་བཅུད་ཟད་གྲོན་བྱེད་དགོས་པ་ཡིན། དཔྱིད་ཀ་རྩྭ་སྔོ་སྐྱེ་བའི་དུས་

སུ་ཕྱུགས་འཚོས་ན། ལྕྭ་ནི་འོད་སྦྱོར་ནུས་པ་ཚད་ངེས་ཅན་ཞིག་མ་གཏོགས་མྱངས་མེད་པ་དང་འཚོ་བཅུད་གསོག་ཉར་བྱས་པའང་སྐམ་ལ་ཉེ་བས་ལྕྭའི་གསོན་ཤུགས་མེད་པར་གྱུར་པའམ་རྩ་བ་ནས་ཉམས་འགྲོ་བ་ཡིན། དེ་བས། ཕྱུགས་ཟོག་གི་གྲངས་ཀ་ལྕྭ་སའི་ཕྱུགས་ཤོང་ཚད་ལས་མང་བའི་དུས་སུ། དཔྱིད་ཀ་ལྕྭ་སྔོ་སྐྱེ་བའི་དུས་སུ་ཕྱུགས་འཚོས་ན་ལྕྭ་ཐོན་ཚད་ཇེ་ཉུང་དུ་འགྲོ་བ་དང་། ལྕྭའི་སྐྱེ་ནུས་ཉམས་འགྲོ་བ་ཡིན་ནོ། །

སྟོན་ཀ་ལྕྭ་རྩེ་ཤིང་གི་འབྲས་བུ་སྨིན་པའི་དུས་སུ་ཕྱུགས་འཚོས་ན། ལྕྭ་འབྲུ་ཐོན་ཚད་ཇེ་ཉུང་དུ་འགྲོ་བ་དང་། ལྕྭ་སའི་རང་ཉིད་སླར་གསོས་དང་རང་བྱུང་གསར་སྐྲུར་ཡོང་བར་གནོད་པ་ཐེབས་ངེས།

དགུན་ཁ་མ་སླེབས་གོང་གི་ཟླ་གཅིག་གི་དུས་ཀྱི་ལྕྭ་ནི་བདེ་འཛགས་དང་དགུན་བཀལ་དང་དཔྱིད་དུས་ལྕྭ་སྔོ་སྐྱེས་པར་འཚོ་བཅུག་གསོག་ཉར་བྱེད་པའི་དུས་སྐབས་གལ་ཆེན་ཞིག་ཡིན། སྐབས་དེར་ཕྱུགས་འཚོས་ན་ལྕྭའི་འོད་སྦྱོར་ཐོན་དངོས་ཇེ་ཉུང་དུ་འགྲོ་བ་དང་འཚོ་བཅུད་གསོག་ཉར་ཁྲིད་ཀྱི་འཚོ་བཅུད་འདུས་ཚད་ཇེ་དམར་ཆགས་འགྲོ། དེ་ཡང་བདེ་འཛགས་དང་དགུན་བཀལ་དང་དཔྱིད་ཀ་ལྕྭ་སྔོ་རྒྱུན་ལྡན་སྐྱེས་པར་ཁག་ཐེག་ཡོང་ཆེད། དགུན་ཁ་མ་སླེབས་གོང་གི་ལྕྭའི་འཚོ་བཅུད་གསོར་ཉར་དུས་སུ་ཡང་བསྐྱར་ཕྱུགས་འཚོ་མཚམས་བཞག་ན་བཟང་། གལ་ཏེ་ཕྱུགས་ཟོག་གི་གྲངས་ཀ་ལྕྭ་སའི་ཕྱུགས་ཤོང་ཚད་ལས་མང་ན་ཕྱུགས་འཚོ་མཚམས་འཇོག་དགོས་པ་ཡིན།

3.ལྕྭ་སར་ཕྱུགས་འཚོ་བཀག་འགོག་དོ་དམ། གལ་ཏེ་ཕྱུགས་ཟོག་གི་གྲངས་ཀ་ལྕྭ་སའི་ཕྱུགས་ཤོང་ཚད་ལས་ཧ་ཅང་མང་པོ་བྱུང་ན་ལྕྭའི་སྐྱེ་ནུས་ཉམས་སུ་འཇུག་པར་བྱེད། སྐབས་དེར་ངེས་པར་དུ་ཕྱུགས་འཚོ་བཀག་འགོག་ལག་བསྟར་བྱེད་དགོས། ལྕྭའི་སྐྱེ་ནུས་ཉམས་པའི་མཚོན་རྟགས་སུ་སྔོ་ཁེབས་མཐོ་ཚད་མི་

ཡོངས་པ་དང་། རྩི་ཤིང་ཐ་ཐོར་སྐྱེས་པ། སྔོ་ཁེབས་ཚད་ཇེ་དམའ་སོང་བ། རྩྭའི་ཐོན་ཚད་དམའ་བ། སྲུས་ལེགས་རྩྭའི་བསྡུར་ཚད་ཉུང་བ། གནོད་ལྡན་རྩི་ཤིང་དང་སྲུས་ཞན་རྩྭའི་བསྡུར་ཚད་ཇེ་མང་དུ་འགྲོ་བ་བཅས་མངོན་པ་ཡིན། དེ་ཡང་རྩྭའི་ཐོན་ཚད་སླར་གསོ་བྱུང་སྟེ་རྩྭའི་སྐྱེ་ནུས་མ་ཉམས་པའི་ཚད་ལ་ཐོན་དུས་ཕྱུགས་འཚོ་བཀག་འགོག་བྱེད་མི་དགོས་དོན་མེད་སོད། ཕྱུགས་འཚོ་བཀག་འགོག་ལས་གྲོལ་རྗེས་དུས་དང་འཚམ་པའི་ཕྱུགས་འཚོ་མཚམས་འཛོག་བྱས་ན་བཟང་ངོ་།།

(གསུམ)རྩྭ་ཐང་གི་སྐྱེ་ཁམས་སྲུང་སྐྱོབ་རོགས་སྐྱོར་བྱ་དགའི་ལམ་ལུགས་ལ་བརྟེན་ནས་མི་ཕྱུགས་ངོ་མཉམ་ཡོང་བའི་བྱེད་ཐབས།

རྒྱལ་ཁབ་ཀྱིས་རྩྭ་ཐང་གི་སྐྱེ་ཁམས་སྲུང་སྐྱོབ་རོགས་སྐྱོར་བྱ་དགའི་ལམ་ལུགས་ཀྱི་སྲིད་ཇུས་བཙུགས་ཤིང་། དེའི་ནང་དོན་གཙོ་བོ་ནི་འཚོ་གནས་ཁོར་ཡུག་ཤིན་ཏུ་སྡུག་པ་དང་རྩྭ་སར་སྐྱེ་ནུས་ཉམས་ཞན་ཚབས་ཆེ་བ། ཕྱུགས་འཚོ་མི་འཚམ་པའི་རྩྭ་ས་བཅས་ནི་ཕྱུགས་འཚོ་བཀག་འགོག་ས་ཁུལ་དུ་དབྱེ་ནས་ཕྱུགས་འཚོ་གཏན་འགོག་ལག་བསྟར་བྱས་ཏེ། ཀུང་དབྱང་ནོར་སྲིད་ཀྱིས་ཕྱུགས་འཚོ་བཀག་འགོག་རོགས་སྐྱོར་མ་དངུལ་སྟེར་བ་དང་། ཕྱུགས་འཚོ་བཀག་འགོག་ས་ཁུལ་ལས་ཉེ་འཁོར་ས་ཁུལ་ནི་མི་ཕྱུགས་ངོ་མཉམ་ས་ཁུལ་དུ་དབྱེ་ཆོག དེར་རེས་སྐོར་ཕྱུགས་འཚོ་དང་ཕྱུགས་འཚོ་མཚམས་འཛོག་ལག་བསྟར་བྱས་ཏེ། རྒྱལ་ཁབ་ཀྱིས་མི་ཕྱུགས་ངོ་མཉམ་བྱ་དགའ་བསྩལ་བར་བྱེད། ཕྱུགས་འཚོ་བཀག་འགོག་དང་མི་ཕྱུགས་ངོ་མཉམ་བྱ་དགའ་ནི་ལོ་ལྔ་དུས་ཡུན་གཅིག་བྱས་པ་དང་། དུས་ཡུན་དང་པོ་ནི་སྤྱི་ལོ 2011~2015བར་ཡིན།

1.ཕྱུགས་ཤོང་བརྒྱལ་ཚད་ཞིབ་བཤེར་དང་ཇེ་ཉུང་དུ་གཏོང་བ། ཐོག་མར་རྫོང་རིམ་པའི་ཞིང་ཕྱུགས་ལས་ཁུངས་ཀྱིས་རང་ས་གནས་ཀྱི་ལུགས་མཐུན་ཕྱུགས་

ཤོང་ཚད་ལ་ཞིབ་བཤེར་བྱེད་པ་དང་། དེ་ནས་ཞིབ་བཤེར་བྱས་པའི་ཕྱུགས་ཤོང་ཚད་ལྟར་དུ་ཕྱུགས་གྲངས་ཇེ་ཉུང་དུ་གཏོང་བར་གཏན་འབེབས་བྱས་ཏེ། ཕྱུགས་གྲངས་ཇེ་ཉུང་དུ་གཏོང་བའི་འཆར་གཞི་བཟོ་བ་དང་། ཕྱུགས་གྲངས་ཇེ་ཉུང་གཏོང་བའི་འགན་འཁྲི་ཁྱིམ་ཚང་རེ་རེར་བགོས་ཏེ་སྡེ་བ་རིམ་པའི་ཁྱབ་ཁོངས་སུ་སྒྲིག་བསྒྲགས་བྱེད། མཐའ་མར་རྫོང་རིམ་པའི་ཞིང་ཕྱུགས་ལས་ཁུངས་ཀྱིས་ཞང་དང་སྡེ་བ། ཁྱིམ་ཚང་རེ་རེར་རྩ་འཛུགས་བྱས་ཏེ་ཕྱུགས་གྲངས་ཇེ་ཉུང་གཏོང་བར་ཞིབ་བཤེར་བྱེད་པ་ཡིན།

2.འབྲོག་ཁྱིམ་གྲངས་ཀ་ཞིབ་བཤེར། ངེས་པར་དུ་གཤམ་གྱི་ཆ་རྐྱེན་གསུམ་ལྡན་དགོས་ཏེ། གཅིག་ནི་ཁྲིམས་ལྟར་འགན་གཙང་ལེན་བདག་གཉེར་བྱེད་པའི་རྩ་ས་ཡོད་པ་དང་། ཕྱུགས་འཚོ་བཀག་འགོག་གམ་མི་ཕྱུགས་དོ་མཉམ་གྱི་ཆ་རྐྱེན་དང་འཚམ་དགོས། གཉིས་ནི་དཔལ་འབྱོར་ཡོང་འབབ་གཙོ་བོའི་ཡོང་ཁུངས་ནི་རྩ་ཐང་གི་ཕྱུགས་ལས་ཐོན་སྐྱེད་ཡིན་པ། གསུམ་ནི་རྫོང་རིམ་པའི་མི་དམངས་སྲིད་གཞུང་གི་ཁྱིམ་ཐོ་དོ་དམ་ལས་ཁུངས་བརྒྱུད་ནས་ཁྱིམ་ཐོའི་འབྲེལ་བ་གཏན་འབེབས་བྱས་པ།

3.མི་ཕྱུགས་དོ་མཉམ་འགན་འཁྲི་ཡི་གེའི་ནང་དོན་གཙོ་བོ་སྟེ། གཅིག་ནི་རྩ་ཐང་གི་གནས་བབ། དེར་འགན་གཙང་ལེན་རྩ་སའི་ས་མཚམས་དང་རྒྱ་ཁྱོན། རིགས། རིམ་པ། རྩ་སའི་སྐྱེ་ནུས་ཉམས་པའི་རྒྱ་ཁྱོན་དང་ཚད་བཅས་འདུས་པ་ཡིན། གཉིས་ནི་སྔར་ཡོད་ཀྱི་ཕྱུགས་ཟོག་གི་རིགས་དང་གྲངས་ཀ། གསུམ་ནི་རྩ་སའི་ཕྱུགས་ཤོང་ཚད་ཞིབ་བཤེར་གཏན་འབེབས་བྱེད་པ། བཞི་ནི་མི་ཕྱུགས་དོ་མཉམ་གྱི་བྱེད་ཐབས་གཙོ་བོ་མངོན་འགྱུར་བྱེད་པ། ལྔ་ནི་རྩ་སའི་བདག་པོའམ་འགན་གཙང་ལེན་བདག་གཉེར་མཁན་གྱི་འགན་འཁྲི། དྲུག་ནི་འགན་འཁྲི་ཡི་གེའི་ནུས་ཡོད་དུས་ཡུན། བདུན་ནི་གཞན་པའི་འབྲེལ་ཡོད་དོན་དག

ས་བཅད་གཉིས་པ། རྩྭ་ཐང་གི་རི་སྐྱེས་རྩི་ཤིང་གི་སྲུང་སྐྱོབ་དང་བཀོལ་སྤྱོད།

དང་པོ། གོ་དོན།

རྩྭ་ཐང་གི་རི་སྐྱེས་རྩི་ཤིང་ནི་སྤྱིར་བཏང་གི་རང་བྱུང་རྩྭ་ཐང་སྟེང་དུ་སྐྱེས་པའི་རྩི་ཤིང་ལ་གོ་ཞིང་། ལྷག་ཏུ་རྩྭ་ཐང་སྟེང་དུ་ཁྱབ་པའི་རྩ་ཆེ་བ་དང་དཀོན་པོ་ཡིན་པའི་དཔལ་འབྱོར་རྩི་ཤིང་གཙོ་བོ་དང་སྐྱེ་ཁམས་ཕན་ནུས་ལྡན་པའི་རྩི་ཤིང་གི་རིགས་ལ་གོ་བ་ཡིན།

གཉིས་པ། གནད་ཆེའི་སྲུང་སྐྱོབ་བྱེད་པའི་རི་སྐྱེས་རྩི་ཤིང་།

རྩྭ་ཐང་གི་རི་སྐྱེས་རྩི་ཤིང་གི་སྲུང་སྐྱོབ་བྱེད་ཡུལ་གཙོ་བོ་ནི་རྩ་ཆེ་བ་དང་དཀོན་པོ་ཡིན་པའི་རི་སྐྱེས་རྩི་ཤིང་ཡིན། རི་སྐྱེས་རྩི་ཤིང་ཐོན་ཁུངས་སྲུང་སྐྱོབ་བྱེད་ཆེད། རྒྱལ་ཁབ་དང་ས་གནས་སྲིད་གཞུང་གིས་སྐྱེ་ཁམས་ནུས་པ་འབྱུང་དུ་ཐོན་པ་དང་། དཔལ་འབྱོར་དགོས་མཁོ་ཚད་མཐོ་བ། རྒྱལ་སྤྱིའི་ཐུགས་ཁུར་ཆུང་ཆེ་བ། ཚན་རིག་ཞིབ་འཇུག་གི་རིན་ཐང་མཐོ་བ། ཐོན་ཁུངས་ཟད་གྲོན་ཚབས་ཆེ་བ་བཅས་ཀྱི་རི་སྐྱེས་རྩི་ཤིང་ནི་གནད་ཆེའི་སྲུང་སྐྱོབ་བྱེད་པའི་རི་སྐྱེས་རྩི་ཤིང་གི་གྲས་སུ་བཞག

རྩྭ་ཐང་གནད་ཆེའི་སྲུང་སྐྱོབ་བྱེད་པའི་རི་སྐྱེས་རྩི་ཤིང་ནི་རྒྱལ་ཁབ་གནད་ཆེའི་སྲུང་སྐྱོབ་བྱེད་པའི་རི་སྐྱེས་རྩི་ཤིང་དང་ས་གནས་གནད་ཆེའི་སྲུང་སྐྱོབ་བྱེད་པའི་རི་སྐྱེས་རྩི་ཤིང་རིགས་གཉིས་སུ་དབྱེ་བ་ཡིན། རྒྱལ་ཁབ་གནད་ཆེའི་སྲུང་སྐྱོབ་བྱེད་པའི་རི་སྐྱེས་རྩི་ཤིང་ནི་རྒྱལ་སྲིད་སྤྱི་ཁྱབ་ཁང་གིས་ཆོག་མཆན་བཀོད་དེ་སྤྱི་བསྒྲགས་བྱེད་པ་དང་། ས་གནས་གནད་ཆེའི་སྲུང་སྐྱོབ་བྱེད་པའི་རི་སྐྱེས་རྩི་ཤིང་ནི་རྒྱལ་ཁབ་ཀྱིས་གཏན་ཁེལ་བྱས་པའི་གནད་ཆེའི་སྲུང་སྐྱོབ་བྱེད

པའི་རི་སྐྱེས་རྩེ་ཤིང་ལས་གཞན། ཞིང་ཆེན་མི་དམངས་སྲིད་གཞུང་གིས་ས་གནས་གནད་ཆེའི་སྲུང་སྐྱོབ་བྱེད་པའི་རི་སྐྱེས་རྩེ་ཤིང་གཏན་འབེབས་དང་སྤྱི་བསྒྲགས་བྱས་པ་ལ་གོ དེར་རྒྱལ་སྲིད་སྤྱི་ཁྱབ་ཁང་དུ་སྙན་སེང་ཐོ་འགོད་ཞུ་དགོས།

རྒྱལ་ཁབ་གནད་ཆེའི་སྲུང་སྐྱོབ་བྱེད་པའི་རི་སྐྱེས་རྩེ་ཤིང་དབྱེ་ན་རྒྱལ་ཁབ་རིམ་པ་དང་པོའི་སྲུང་སྐྱོབ་བྱེད་པའི་རི་སྐྱེས་རྩེ་ཤིང་དང་རྒྱབ་ཁབ་རིམ་པ་གཉིས་པའི་སྲུང་སྐྱོབ་བྱེད་པའི་རི་སྐྱེས་རྩེ་ཤིང་གཉིས་ཡོད། རྒྱལ་ཁབ་ཀྱིས་རིམ་པ་དང་པོའི་སྲུང་སྐྱོབ་བྱེད་པའི་རྩྭ་ཐང་གི་རི་སྐྱེས་རྩེ་ཤིང་འཚོལ་སྡུད་དང་ཉོ་སྒྲུབ། ཕྱིར་འཚོང་བཅས་གཏན་འགོག་བྱེད། དཔེར་ན་སྒྲ་གཟུགས་ཚོད་མ་ནི་མཚོ་སྔོན་ཞིང་ཆེན་གྱི་ཐོན་ཁུངས་ཕུན་སུམ་ཚོགས་པའི་རྒྱལ་ཁབ་རིམ་པ་དང་པོའི་སྲུང་སྐྱོབ་བྱེད་པའི་རི་སྐྱེས་རྩེ་ཤིང་ཡིན། དབྱར་རྩྭ་དགུན་འབུ་དང་ཤིང་མངར། མཚོ་ལྷམ་བཅས་ནི་རང་རྒྱལ་གྱི་རིམ་པ་གཉིས་པའི་སྲུང་སྐྱོབ་བྱེད་པའི་རི་སྐྱེས་རྩེ་ཤིང་ཡིན།

མཚོ་སྔོན་ཞིང་ཆེན་ཞིང་ཆེན་རིམ་པའི་གནད་ཆེའི་སྲུང་སྐྱོབ་བྱེད་པའི་རི་སྐྱེས་རྩེ་ཤིང་(ས་གནས་གནད་ཆེའི་སྲུང་སྐྱོབ་བྱེད་པའི་རི་སྐྱེས་རྩེ་ཤིང་)ཁྲོད་དུ། ལྷགས་ཏིག་ནག་པོ། གྲོ་མ། མཚོ་ལྷམ། ཙེ་རིལ། བོང་ང་། སྲད་དཀར། ཤིང་མངར། བྱི་ཤང་དཀར་མོ། འདྲེ་ཚེར། གཡེར་ཤིང་། མེ་ཏོག་གངས་ལྷ། རྩྭ་མཁྲིས། སླེ་བ། ར་མཉེ་སོགས་རི་སྐྱེས་རྩེ་ཤིང་གི་རིགས་58འདུས།

གསུམ་པ། རི་སྐྱེས་རྩེ་ཤིང་གི་འཚོལ་སྡུད།

(གཅིག)རི་སྐྱེས་རྩེ་ཤིང་གི་འཚོལ་སྡུད་སྐོར་གྱི་སྲོལ་ཡིག

རི་སྐྱེས་རྩེ་ཤིང་གི་འཚོལ་སྡུད་དང་ལྷག་ཏུ་རྒྱབ་ཁབ་རིམ་པ་གཉིས་པའི་སྲུང་སྐྱོབ་བྱེད་པའི་རི་སྐྱེས་རྩེ་ཤིང་གི་འཚོལ་སྡུད་ངེས་པར་དུ་གཤམ་གྱི་སྲོལ་ཡིག་ལྟར་བརྩི་སྲུང་བྱེད་པ།

1.ནད་གྱིས་ལོ་རེའི་འཚོལ་སྡུད་འཆར་གཞི་ལམ་ལུགས་ལག་བསྟར་བྱེད་པ། རྩ་ཐང་གི་རི་སྐྱེས་སྨན་བཀོལ་རྩི་ཤིང་ལ་ལུགས་མཐུན་བཀོ་འདོན་བྱེད་དགོས། རྫོང་རིམ་པ་ཡན་གྱི་ཞིང་ཕྱུགས་ཅུས་མངའ་ཁོངས་ཀྱི་རྩ་ཐང་གི་རི་སྐྱེས་སྨན་བཀོལ་རྩི་ཤིང་ཐོན་ཁུལ་གྱི་ཐོན་ཁུངས་གནས་ཚུལ་ལྟར་དུ། ལོ་རེའི་ལོ་མཇུག་རིམ་པ་བཞིན་དུ་ཞིང་ཆེན་ཞིང་ཕྱུགས་ཐིང་ལ་ལོ་རྗེས་མའི་རྩ་ཐང་གི་རི་སྐྱེས་སྨན་བཀོལ་རྩི་ཤིང་ལོ་རེའི་འཚོལ་སྡུད་འཆར་གཞི་སྙན་ཞུ་འབུལ་ཏེ། རང་ལྗོངས་རྩ་ཐང་གི་རི་སྐྱེས་སྨན་བཀོལ་རྩི་ཤིང་འཚོལ་སྡུད་ཚད་གཏན་འཕེབས་བྱེད་དགོས། ལོ་རེའི་ལོ་སྟོད་དུ་ཞིང་ཆེན་ཞིང་ཕྱུགས་ཐིང་གྱིས་བཏོན་པའི་ལོ་རེའི་རྩ་ཐང་གི་རི་སྐྱེས་སྨན་བཀོལ་རྩི་ཤིང་འཚོལ་སྡུད་འཆར་གཞི་དང་རང་ལྗོངས་རྩ་ཐང་གི་རི་སྐྱེས་སྨན་བཀོལ་རྩི་ཤིང་ཐོན་ཁུངས་སྲུང་སྐྱོབ་འཆར་བཀོད་ལྟར་དུ། ཚན་རིག་ལུགས་མཐུན་སྒོས་འཚོལ་སྡུད་ས་ཁུལ་དང་འཚོལ་སྡུད་རྒྱ་ཁྱོན། འཚོལ་སྡུད་མི་གྲངས། འཚོལ་སྡུད་དུས་ཡུན་སོགས་ཀྱི་ནང་དོན་གཏན་ཁེལ་བྱས་ཏེ། གོ་རིམ་ལྡན་པའི་ངང་ནས་འཚོལ་སྡུད་བྱ་འགུལ་སྤེལ་བ།

2.འཚོལ་སྡུད་འཛིན་ཡིག་ལམ་ལུགས་ལག་བསྟར་བྱེད་པ། རྒྱལ་ཁབ་རིམ་པ་གཉིས་པའི་སྲུང་སྐྱོབ་བྱེད་པའི་རི་སྐྱེས་རྩི་ཤིང་འཚོལ་སྡུད་བྱས་ན། ངེས་པར་དུ《རྒྱལ་ཁབ་གནད་ཆེའི་སྲུང་སྐྱོབ་བྱེད་པའི་རི་སྐྱེས་རྩི་ཤིང་འཚོལ་སྡུད་རེ་ཞུའི་རེའུ་མིག》ཁ་སྐོང་བྱེད་དགོས་པར་མ་ཟད། འཚོལ་སྡུད་ས་གནས་ཀྱི་རྫོང་ཞིང་ཕྱུགས་ཅུས་ཚོག་མཆག་ཐོབ་རྗེས། ཞིང་ཆེན་ཞིང་ཕྱུགས་ཐིང་ནམ་གཞན་པའི་རི་སྐྱེས་རྩི་ཤིང་སྲུང་སྐྱོབ་དོ་དམ་ལས་ཁུངས་ལ་འཚོལ་སྡུད་འཛིན་ཡིག་རེ་ཞུ་བྱེད་དགོས། འཚོལ་སྡུད་འཛིན་ཡིག་བླང་མེད་པའམ་འཛིན་ཡིག་བླངས་ཡོད་ཅིང་ཁྲིམས་འགལ་གྱིས་རྒྱལ་ཁབ་གནད་ཆེའི་སྲུང་སྐྱོབ་བྱེད་པའི་རི་སྐྱེས་རྩི་ཤིང་འཚོལ་སྡུད་བྱས་ན། རི་སྐྱེས་རྩི་ཤིང་སྲིད་འཛིན་གཙོ་གཉེར་ལས་ཁུངས་ཀྱིས

ཁྲིམས་འགལ་འཚོལ་སྡུད་བྱས་པའི་རི་སྐྱེས་རྩི་ཤིང་དང་ཡོང་འབབ་གཞུང་བཞེས་གཏོང་བ་དང་། ཁྲིམས་འགལ་ཡོང་འབབ་ཀྱི་ལྡབ 10མན་གྱི་ཆད་པ་གཅོད་པ། དེ་ལ་འཚོལ་སྡུད་འཛིན་ཡིག་ཡོད་ན་ཕྱིར་བསྡུ་བྱེད་དགོས།

རྒྱལ་ཁབ་གནད་ཆེའི་སྲུང་སྐྱོབ་བྱེད་པའི་རི་སྐྱེས་རྩི་ཤིང་འཚོལ་སྡུད་བྱེད་པའི་ལས་ཁུངས་དང་མི་སྒེར་ལ་མཚོན་ན། ངེས་པར་དུ་འཚོལ་སྡུད་འཛིན་ཡིག་གི་གཏན་ཁེལ་གྱི་རིགས་དང་གྲངས་ཀ ས་གནས། དུས་ཡུན། བྱེད་ཐབས་བཅས་ལྟར་དུ་འཚོལ་སྡུད་བྱེད་དགོས། འཚོལ་སྡུད་ལས་ཀ་རྫོགས་རྗེས་དུས་ལྟར་ཆོག་མཆན་བཀོད་པའི་ཞིང་ཆེན་ཞིང་ཕྱུགས་ཐེན་དང་འབྲེལ་ཡོད་རི་སྐྱེས་རྩི་ཤིང་སྲུང་སྐྱོབ་དོ་དམ་ལས་ཁུངས་ལ་ཞིབ་བཤེར་རེ་ཞུ་འབུལ་དགོས།

3.རྐོ་སྡུད་གཏན་འགོག་ལམ་ལུགས་གཏན་འབེབས་གནང་བ། རེས་སྐོར་ཕྱོགས་འཚོའི་ལམ་ལུགས་དང་བསྟུན་ཏེ་རི་སྐྱེས་རྩི་ཤིང་རྐོ་སྡུད་རེས་མོས་མཚམས་འཇོག་ལམ་ལུགས་ཤིག་གཏན་འབེབས་བྱེད་པ། དེ་ནི་ལོ་རེར་ས་ཁུལ་ངེས་ཅན་ཞིག་ཏུ་རི་སྐྱེས་རྩི་ཤིང་རྐོ་སྡུད་གཏན་འགོག་བྱས་ཏེ། ཚད་ངེས་ཅན་ཞིག་གི་སྟེང་ནས་ས་བོན་གྱི་མཛོད་རྒྱུན་ལྡན་དང་ཁ་གསབ་བྱེད་ཐུབ་པའི་ལམ་ལུགས་རྒྱུན་འཁྱོངས་དང་རྩི་ཤིང་གི་རིགས་དེར་རྒྱུན་ལྡན་ངང་སྐྱེས་པར་ཁག་ཐེག་བྱེད་ཐུབ།

(གཉིས)དབྱར་རྩྭ་དགུན་འབུའི་རྐོ་སྡུད་ལག་རྩལ།

དབྱར་རྩྭ་དགུན་འབུ་ནི་རྒྱལ་ཁབ་རིམ་པ་གཉིས་པའི་སྲུང་སྐྱོབ་བྱེད་པའི་རི་སྐྱེས་རྩི་ཤིང་ཞིག་ཡིན་པ་དང་། མཚོ་སྔོན་ཞིང་ཆེན་གྱི་རྩ་ཆེའི་རི་སྐྱེས་རྩི་ཤིང་ཐོན་ཁུངས་ཤིག་ཀྱང་ཡིན། ལུགས་མཐུན་གྱིས་དབྱར་རྩྭ་དགུན་འབུ་རྐོ་སྡུད་དང་བཀོལ་སྤྱོད་བྱེད་ཆེད། མཚོ་སྔོན་ཞིང་ཆེན་ཞིང་ཕྱུགས་ཐེན་དང་ཞིང་ཆེན་ཕྱུགས་ལས་ཕྱུགས་སྨན་ཚན་རིག་གླིང་གིས《དབྱར་རྩྭ་དགུན་འབུ་རྐོ་སྡུད་ལག་རྩལ་སྒྲིག

སྲོལ》ཞེས་པའི་ས་གནས་ཚད་གཞི་ཞིག་གཏན་ཁེལ་བྱས་ཏེ། 2008ལོའི་ཟླ་4པ་ནས་བཟུང་ལག་བསྟར་བྱས། ད་ནི《དབྱར་རྩྭ་དགུན་འབུ་ཀོ་སྤུད་ལག་རྩལ་སྒྲིག་སྲོལ》ནང་གི་ཚན་པ་འགའ་བདམས་ཏེ་མང་ཚོགས་ལ་སློབ་སྦྱོང་གི་དཔྱད་གཞི་རུ་ཕུལ་བ་ཡིན།

1.ཀོ་སྤུད་ས་གནས་དང་དུས་ཚོད། དབྱར་རྩྭ་དགུན་འབུ་ཀོ་སྤུད་བྱེད་པའི་དུས་བཟང་དང་ཁེལ་ན། བཀོས་པའི་དབྱར་རྩྭ་དགུན་འབུ་འདབ་ལག་རྫོགས་ཤིང་རྒྱགས་པ་ཞིག་དང་། ཀོ་དུས་རྙེད་སླ་བ་དང་ཀོ་སྤུད་སླ་བ་ཞིག དེའི་ཐོན་ཚད་དང་ཕྱུས་ཚད། སྨན་ནུས་བཅས་ཀྱང་ཤིན་ཏུ་བཟང་བ་ཡིན། གལ་ཏེ་དབྱར་རྩྭ་དགུན་འབུ་ཀོ་སྤུད་བྱས་པ་སྔ་དྲགས་ན། ས་ཁ་བུད་མེད་པའི་རྙེད་དཀའ་བ་དང་ཀོ་སྤུད་དཀའ་བ་ཞིག་དང་། ཡོངས་སུ་སྨིན་མེད་པས་ནུས་ཡོད་ཀྱི་རྒྱུ་ཆ་འདུས་མེད་པ་དང་སྨན་བཀོལ་ནུས་པ་ཧ་ཅང་ཞན་པ་ཡིན། གལ་ཏེ་དབྱར་རྩྭ་དགུན་འབུ་ཀོ་སྤུད་བྱས་པ་འཕྱི་དྲགས་ན། ཡོངས་སུ་སྨིན་དྲགས་ཏེ་རྩ་བ་རྨམ་པའམ་རུལ་བའི་གནས་ཚུལ་བྱུང་སྟེ་སྨན་བཀོལ་ཚད་གཞི་རུ་སླེབས་དཀའ། དེ་བས་བཅོལ་ན་རྙེད་སླ་བ་དང་ཕྱུས་ཀ་ཁག་ཐེག་ཡོང་ཆེད། ངེས་པར་དུ་དབྱར་རྩྭ་དགུན་འབུ་སྨིན་མ་ཐག་པའི་དུས་བཟང་དུ་ཀོ་སྤུད་བྱེད་པ་ནི་ཆེས་ལེགས་པའི་གདམ་ག་ཡིན་ནོ། །

དབྱར་རྩྭ་དགུན་འབུ་ནི་སྔར་སྐྱེས་རང་བཞིན་གྱི་ཐོན་ཁུངས་ཤིག་ཡིན་ན་ཡང་། དབྱར་རྩྭ་སྲིན་འབུ་སྐྱེང་གི་སོན་སྣོད་ཁྲོད་ཀྱི་མཚན་མེད་འཕེལ་ནུས་ཕྲ་ཕུང་གཙོ་བོར་བརྟེན་ནས་ཁྱབ་སྤེལ་བྱུང་བ་ཡིན། གལ་ཏེ་དུས་ཡུན་རིང་པོར་དབྱར་རྩྭ་དགུན་འབུ་ཚད་བརྒལ་ཀོ་སྤུད་བྱས་ན། སྲིན་འབུ་ཁྱབ་མི་ཐུབ་པར་མ་ཟད་སྲིན་འབུ་ཕྲ་ཕུང་ནར་སོན་པའི་གོ་སྐབས་མེད་པར་འགྱུར་ཏེ། བསྡུད་མར་ལོ་རེའི་ཐོན་ཚད་ཇེ་ཉུང་དུ་སོང་སྟེ་ནམ་ཞིག་དབྱར་རྩྭ་དགུན་འབུ་ཞེས་པ་མེད་

བརླག་ཏུ་འགྲོ་བའི་ཉེན་ཁ་ཡོད་པ་རེད། དེ་བས། ངེས་པར་དུ་ཀོ་སྤུད་དུས་ཚོད་ཚད་བཀག་ནན་མོར་བྱེད་དགོས།

དབྱར་རྩྭ་དགུན་འབུ་རིགས་དཀར་ན་ཆེས་བཟང་པོ་དང་རིམ་པ་གཉིས་པ། རིམ་པ་གསུམ་པ་བཅས་གསུམ་ཡོད། ཞིང་འབྲོག་པའི་ཡོང་འབབ་ཇེ་མང་དུ་གཏོང་བ་གཏན་འབེབས་བྱེད་ཆེད། ཆེས་བཟང་པོ་དང་རིམ་པ་གཉིས་པ་ཀོ་སྤུད་བྱས་ཚོག་པ་དང་། རིམ་པ་གསུམ་པ་ཀོ་སྤུད་གཏན་འགོག་བྱས་ན་དབྱར་རྩྭའི་འབུ་ཕྲའི་རིགས་རྗེ་སྟོབས་སུ་གྱུར་འགྲོ་བ་ཡིན། ས་ཆ་སོ་སོའི་ཀོ་སྤུད་དུས་ཚོད་ནི། མཚོ་སྔོ་ཁུལ་ནི་ཟླ་4པའི་ཟླ་མཇུག་ནས་ཟླ་6པའི་ཟླ་སྟོད་བར་ཡིན་པ་དང་། རྨ་སྔོ་ཁུལ་ནི་ཟླ་5པའི་ཟླ་སྟོད་ནས་ཟླ་6པའི་ཟླ་སྟོད་བར་ཡིན། ཡུལ་ཤུལ་ཁུལ་དང་མགོ་ལོག་ཁུལ་ནི་ཟླ་5པའི་ཟླ་སྟོད་ནས་ཟླ་6པའི་ཟླ་དཀྱིལ་བར་ཡིན།

2.ཀོ་སྤུད་ལག་ཆ། ཀོ་སྤུད་ལག་ཆའི་ངོས་ཀྱི་ཞེང་ཆེ་ཆུང་ལིས་སྨི་3ལས་བརྒལ་མི་རུང་།

3.ཀོ་སྤུད་བྱེད་ཐབས། ཀོ་སྤུད་ལག་ཆ་དང་དབྱར་རྩྭའི་བར་ཐག་ལིས་སྨི་7ཡས་མས་དང་ལ་མ་ལིས་སྨི་9མཚམས་སུ་དབྱར་རྩྭ་དགུན་འབུ་བཏོན་ཚོག ཀོ་སྤུད་བྱས་པའི་རྩྭ་སའི་རྒྱ་ཁྱོན་སྤྱི་ལེ་གྲུ་བཞི་མ་ལིས་སྨི་30~50བརྒལ་མི་རུང་།

4.ཀོ་སྤུད་བྱེད་དུས་ཀྱི་སྲུང་སྐྱོབ་བྱེད་ཐབས། དབྱར་རྩྭ་དགུན་འབུ་ཀོ་སྤུད་བྱས་རྗེས་ཀོ་དོང་ཁ་གསབ་དང་ས་བཅག་བྱེད་པ། དེ་ནི་བཀོས་ཟིན་པའི་སྡོ་ཁེབས་ཕྱིར་རང་སར་འཇོག་པ་དང་ཀོ་ཞོར་གསབ་ཞོར་བྱས་ཚོག དབྱར་རྩྭ་དགུན་འབུ་ནི་ཁུག་མའི་ནང་དུ་བཅུག་ནས་བདག་གཉེར་བྱེད་དགོས།

བཞི་པ། རི་སྐྱེས་རྩེ་ཤིང་ཕྱིར་འཚོང་དང་ཉོ་སྒྲུབ། ཕྱིར་གཏོང་།

(གཅིག) ཕྱིར་འཚོང་དང་ཉོ་སྒྲུབ།

རྒྱབ་ཁབ་རིམ་པ་གཉིས་པའི་སྲུང་སྐྱོབ་བྱེད་པའི་རི་སྐྱེས་རྩེ་ཤིང་ཕྱིར་

འཚོང་དང་ཉོ་སྒྲུབ་བྱེད་ན། རང་ས་གནས་ཀྱི་རྫོང་རིམ་པའི་ཞིང་ཕྱུགས་ཅུས་ལ《རྒྱབ་ཁབ་གནད་ཆེའི་རིམ་པ་གཉིས་པའི་སྲུང་སྐྱོབ་བྱེད་པའི་རི་སྐྱེས་རྩི་ཤིང་ཕྱིར་འཚོང་དང་ཉོ་སྒྲུབ་རེ་ཞུའི་རེའུ་མིག》རེ་ཞུ་ཕྲིས་ནས་འབུལ་དགོས། ཞིང་ལས་སྲིད་འཛིན་གཙོ་གཉེར་ལས་ཁུངས་ཀྱིས་ཞིབ་བཤེར་བླང་བྱ་དང་མཐུན་ན། ཞིང་ཆེན་ཞིང་ཕྱུགས་ཐིན་ནམ་གཞན་པའི་རི་སྐྱེས་རྩི་ཤིང་སྲུང་སྐྱོབ་དོ་དམ་ལས་ཁུངས་སུ་སྤྲད་ནས་ཞིབ་བཤེར་ཚོག་མཆན་སྣན་ཞུ་འབུལ་དགོས།

རྒྱབ་ཁབ་རིམ་པ་གཉིས་པའི་སྲུང་སྐྱོབ་བྱེད་པའི་རི་སྐྱེས་རྩི་ཤིང་ཕྱིར་འཚོང་དང་ཉོ་སྒྲུབ་ཀྱི་ཚོག་མཆན་ལོ་གཅིག་གི་ནང་དུ་ཞིབ་བཤེར་ཚོག་མཆན་ཐེངས་གཅིག་སྤེལ་བ་དང་། ཚོག་མཆན་ཡིག་ཆའི་ནང་དུ་རི་སྐྱེས་རྩི་ཤིང་གི་མིང་དང་གྲངས་ཀ དུས་ཡུན། ས་གནས། ཐོབ་ཐབས། ཡོང་ཁུངས་སོགས་ཀྱི་ནང་དོན་གསལ་པོར་ཡོད་དགོས།

(གཉིས)ཕྱིར་གཏོང་།

མཚོ་སྔོན་ཞིང་ཆེན་གྱི་དབྱར་རྩྭ་དགུན་འབུ་སོགས་རྒྱབ་ཁབ་རིམ་པ་གཉིས་པའི་སྲུང་སྐྱོབ་བྱེད་པའི་རི་སྐྱེས་རྩི་ཤིང་ཕྱིར་གཏོང་ནི་ཞིང་ཆེན་ཞིང་ཕྱུགས་ཐིན་ནས་རེ་ཞུའི་འགྲོ་ལུགས་སྒྲུབ་དགོས། བྱེ་བྲག་ཏུ་ཕྱིར་གཏོང་བྱེད་པའི་ལས་ཁུངས་དང་མི་སྒེར་ཞིང་ཆེན་ཞིང་ཕྱུགས་ཐིན་སྲིད་འཛིན་ཞིབ་བཤེར་ཚོག་མཆན་སྣ་འཛོམས་གཞུང་ལས་ཁང་དུ་རེ་ཞུ་བྱེད་དུ་འགྲོ་བ། ཞིང་ཆེན་ཞིང་ཕྱུགས་ཐིན་གྱིས་ཞིབ་བཤེར་ཚོག་མཆན་གནང་རྗེས་རྒྱལ་ཁབ་ཞིང་ལས་པུས་ཚོག་མཆན་ཐོབ་པར་རེ་ཞུ་བྱེད་དགོས་ཤིང་། དེ་རྗེས་སུ་རྒྱལ་ཁབ་ཉེན་ཁའི་སྲོག་ཆགས་དང་རི་སྐྱེས་རྩི་ཤིང་དོ་དམ་གཞུང་སྒྲུབ་ཁང་ཞི་ཨན་གཞུང་སྒྲུབ་ཁང་དུ་འབྲེལ་ཡོད་གཏན་ཁེལ་ལྟར་འཛིན་ཡིག་ལེན་དགོས།

ལེའུ་གསུམ་པ། རྩྭ་ཐང་གི་དོ་དམ།

ས་བཅད་དང་པོ། རྩྭ་ཐང་གི་འགན་གཙང་ལེན་ཆོང་གཉེར་འགན་འཁྲི་ལམ་ལུགས།

སྤྱི་ལོ 1983~1993བར་དུ། མཚོ་སྔོན་ཞིང་ཆེན་གྱིས་རྒྱ་ཆེ་བའི་འབྲོག་ཁུལ་དུ“རྩྭ་ཐང་སྤྱི་ལ་དབང་བ་དང་། འགན་གཙང་ལེན་གྱི་ཆོང་གཉེར། ཕྱུགས་ཟོག་གོང་བཅད་ཁྱིམ་ཚང་སོ་སོར་བགོ་བ། སྒེར་དབང་སྒེར་གྱིས་བདག་སྐྱོང་བྱེད་པ”ཡིན་པའི་ཁྱིམ་ཚང་འགན་གཙང་ལེན་ཆོང་གཉེར་འགན་འཁྲི་ལམ་ལུགས་དང་རྩྭ་ཐང་དུས་སྐབས་ཡུན་རིང་རིན་དོད་ཡོད་པའི་སྒོ་ནས་ཁྱིམ་ཚང་རེ་རེའི་བགོ་བའི་འགན་གཙང་ལེན་ཆོང་གཉེར་ཐོན་སྐྱེད་འགན་འཁྲི་ལམ་ལུགས་སྤེལ་བ་དང་། རྩྭ་ཐང་འགན་གཙང་ལེན་སྤེལ་བ་རེད། སྤྱི་ལོ 1994~1996བར་དུ། རྩྭ་ཐང་དུས་སྐབས་ཡུན་རིང་ཁྱིམ་ཚང་རེ་རེའི་བགོ་བའི་འགན་གཙང་ལེན་ནི་ཕྱུགས་ལས་མཉམ་ལས་འགན་གཙང་ལེན་འགན་འཁྲི་ལམ་ལུགས་ཀྱི་གཙོ་སྙིང་དུ་གྱུར་ཡོད། རྩྭ་ཐང་འགན་གཙང་ལེན་གྱི་དུས་ཡུན་དང་ཁྲིམས་ལྟར་བཀོལ་སྤྱོད་བྱེད་དབང་གཏན་ཁེལ། འགན་གཙང་ལེན་གྱི་ལག་རྩལ་བླང་བྱ་སོགས་ཀྱི་གནད་དོན་གཏན་འབེབས་གསལ་པོ་ཞིག་ཡོད་པས། རྩྭ་ཐང་འགན་གཙང་ལེན་ཚད་གཞི་ཅན་དང་ལམ་ལུགས་ཅན་གྱི་ལམ་དུ་གོམ་པ་ཐོག་མ་སྤོས་པ་རེད། 1997ལོར་མུ་མཐུད་དུ་ཉམས་སྐྱོང་ སྒྲིག་སྒྲིག་བསྒོམས་བྱས་པའི་རྨང་གཞིའི་སྟེང་དུ། དུས་

སྐབས་ཡུན་རིང་དུ་གཏན་འཇགས་ངང་ཁྱིམ་ཚང་མཉམ་ལས་འགན་གཙང་ལེན་གཙོ་བོ་ཡིན་པའི་འགན་འཁྲི་ལམ་ལུགས་བརྟན་ནས་རྩྭ་ཐང་ཁྱིམ་ཚང་འགན་གཙང་ལེན་འགན་འཁྲི་ལམ་ལུགས་བརྟན་བརླིང་དང་འཕྲུས་ཚང་དུ་བཏང་། 2011ལོར་རྒྱལ་ཁབ་ཀྱི་རྩྭ་ཐང་སྐྱེ་ཁམས་སྲུང་སྐྱོབ་རོགས་སྐྱོར་བྱ་དགའི་ལམ་ལུགས་སྲིད་ཇུས་ལག་བསྟར་བྱེད་ཆེད། མཚོ་སྔོན་ཞིང་ཆེན་གྱིས་རྩྭ་ཐང་འགན་གཙང་ལེན་གྱི་བྱ་བར་ཁ་གསབ་དང་འཕྲུས་ཚང་དུ་བཏང་བ་དང་། སྔ་མཐུད་དུ་རྩྭ་ཐང་གི་དབང་ཆའི་ཁོངས་གཏོགས་ཀྱི་གནད་དོན་གསལ་བཤད་བྱས་ཏེ། རྩྭ་ཐང་འགན་གཙང་ལེན་གྱི་གན་རྒྱ་འཛུགས་པ་དང་བཀོལ་སྤྱོད་བདག་དབང་གི་འཛིན་ཡིག ཚོང་གཉེར་བདག་དབང་ཁ་གསབ་དང་བརྗེ་སོར། སྟེར་བ་སོགས་ཀྱི་བྱ་བ་ལེགས་འགྲུབ་བྱུང་།

རྩྭ་ཐང་གི་དབང་ཆའི་ཁོངས་གཏོགས་གཏན་ཁེལ་དང་རྩྭ་ཐང་གི་འགན་གཙང་ལེན་འགན་འཁྲི་ལམ་ལུགས་འཕྲུས་ཚང་ལག་བསྟར་ཡོད་པ་ནི་རྩྭ་ས་སྐྱེ་ནུས་ཉམས་པའི་འགོག་པ་དང་། སྐྱེ་ཁམས་དོ་མཉམ་ཡོང་བར་རྩ་བའི་འགན་སྲུང་། ད་དུང་མགྱོགས་མྱུར་ངང་ཕྱི་ཚོགས་རིང་ལུགས་འབྲོག་སྡེ་གསར་བ་འཛུགས་སྐྲུན་བྱེད་པ། ཕྱུགས་ལས་དཔལ་འབྱོར་མགྱོགས་པར་འཕེལ་རྒྱས་ཡོང་བར་སྐུལ་སྤེལ་ནུས་པ་ཐོན་པ་བཅས་ལ་ཕན་པའོ། །

དང་པོ། རྩྭ་ཐང་གི་དབང་ཆའི་ཁོངས་གཏོགས།

རྩྭ་ཐང་གི་དབང་ཆའི་ཁོངས་གཏོགས་སུ་གཙོ་བོར་རྩྭ་ཐང་གི་བདག་དབང་དང་རྩྭ་ཐང་བཀོལ་སྤྱོད་བྱེད་དབང་། རྩྭ་ཐང་གི་འགན་གཙང་ལེན་ཚོང་གཉེར་དབང་ཆ་རིགས་གསུམ་འདུས་པ་རེད།

(གཅིག)རྩྭ་ཐང་གི་བདག་དབང་།

རྩྭ་ཐང་གི་བདག་དབང་ནི་རྒྱལ་ཁབ་དང་ཚོགས་པས་ཁྲིམས་ལུགས

གཏན་ཁེལ་གྱི་ཁྱབ་ཁོངས་སུ་རྩྭ་ཐང་ལ་བདག་བཟུང་དང་བཀོལ་སྤྱོད། ཕན་ཆ་ཐོབ་པ། ཆད་པ་གཅོད་པ་བཅས་ཀྱི་དབང་ཆ་ཐེད་སྤྱོད་བྱས་པ་ལ་གོ དེ་ནི་རྩྭ་ཐང་གི་བདག་དབང་ཁྲིམས་ལུགས་སྙིང་གི་མངོན་སྣངས་ཞིག་རེད། རྩྭ་ཐང་གི་བདག་དབང་ཐོབ་པ་ནི་ངེས་པར་དུ་རྩ་ཁྲིམས་དང་རྩྭ་ཐང་གི་ཁྲིམས། གཞན་པའི་འབྲེལ་ཡོད་ཁྲིམས་ལུགས་སྲོལ་ཡིག་དང་མཐུན་དགོས་པ་ཡིན།

རང་རྒྱལ་གྱི་རྩྭ་ཐང་གི་བདག་དབང་ལ་རྣམ་པ་གཉིས་ཏེ་རྒྱལ་ཁབ་བདག་དབང་དང་ཚོགས་པའི་བདག་དབང་། མཚོ་སྔོན་ཞིང་ཆེན་གྱི་རྩྭ་ཐང་མཐའ་དག་རྒྱལ་ཁབ་ལ་དབང་བ་ཡིན།

(གཉིས)རྩྭ་ཐང་བཀོལ་སྤྱོད་བྱེད་དབང་།

རྩྭ་ཐང་བཀོལ་སྤྱོད་བྱེད་དབང་ནི་དམངས་ཡོངས་དབང་བའི་ལམ་ལུགས་ལས་ཁུངས་དང་ཚོགས་པར་དབང་བའི་ལམ་ལུགས་ལས་ཁུངས་ཀྱིས་ཁྲིམས་ལུགས་ཆོག་མཆན་ཐོབ་པའི་ཁྱབ་ཁོངས་སུ་ཁྲིམས་ལྟར་བཀོལ་སྤྱོད་བྱས་ཆོག་པའི་རྒྱལ་ཁབ་ལ་དབང་བའི་རྩ་ཐང་བདག་བཟུང་དང་བཀོལ་སྤྱོད། ཕན་ཆ་ཐོབ་པ་བཅས་ཀྱི་དབང་ཆ་ཐེད་སྤྱོད་བྱས་པ་ལ་གོ

(གསུམ)རྩྭ་ཐང་གི་འགན་གཙང་ལེན་ཚོང་གཉེར་དབང་ཆ།

རྩྭ་ཐང་གི་འགན་གཙང་ལེན་ཚོང་གཉེར་དབང་ཆ་ནི་འབྲོག་པ་དང་ཚོགས་པས་ཁྲིམས་ལུགས་དང་གན་རྒྱའི་གཏན་ཁེལ་ཁྱབ་ཁོངས་སུ་ཚོགས་པའི་བདག་དབང་དང་རྒྱལ་ཁབ་བདག་དབང་ཡིན་པའི་རྩྭ་ཐང་ཚོགས་པའི་བཀོལ་སྤྱོད་བྱས་ཆོག་པའི་རྩྭ་སར་བདག་བཟུང་དང་བཀོལ་སྤྱོད། ཕན་ཆ་ཐོབ་པ་བཅས་ཀྱི་དབང་ཆ་ཐེད་སྤྱོད་བྱས་པ་ལ་གོ

གཉིས་པ། རྩྭ་ཐང་འགན་གཙང་ལེན།

(གཅིག)འགན་གཙང་ལེན་གྱི་ཁྱབ་ཁོངས།

མཚོ་སྔོན་ཞིང་ཆེན་དམངས་ཡོངས་དབང་བའི་སྨན་ཐང་སྐྱེ་རང་བྱུང་སྨན་ཐང་དང་མི་བཟོས་སྨན་ས་མཐའ་དག་ངེས་པར་དུ་སྨན་ཐང་གི་བཀོལ་སྤྱོད་བྱེད་དབང་གཏན་ཁེལ་བྱེད་པ་དང་། སྨན་ཐང་གི་འགན་གཙང་ལེན་ཚོང་གཉེར་དབང་ཆ་ལག་བསྟར་བྱེད་དགོས། ས་མཚམས་གསལ་པོ་མིན་པ་དང་། གཏན་ཁེལ་བྱས་མེད་པའམ་རྩོད་གཞི་ཡོད་པའི་སྨན་ཐང་ལ་མཚོན་ན། ས་མཚམས་དང་རྩོད་གཞི་མེད་པར་མ་བཟོས་གོང་རོལ་དུ་འགན་གཙང་ལེན་བྱས་མི་ཆོག

སྨན་ཐང་གི་ས་སྟེང་སྔོ་ཁེབས་དང་ས་འོག་གཏེར་ཁའི་ཐོན་ཁུངས་རྒྱལ་ཁབ་བདག་དབང་གི་ཁོངས་སུ་གཏོགས་པས་ན། སྨན་ཐང་གི་བདག་དབང་དང་བཀོལ་སྤྱོད་བྱེད་དབང་འགྱུར་བ་ལ་བརྟེན་ནས་འགྱུར་ལྡོག་ཅི་ཡང་མི་བྱུང་ངོ་། །

(གཉིས)འགན་གཙང་ལེན་བྱེད་ཐབས།

མཚོ་སྔོན་ཞིང་ཆེན་གྱི་སྨན་ཐང་འགན་གཙང་ལེན་བྱེད་ཐབས་གཙོ་བོ་གཉིས་ཏེ་ཁྱིམ་ཚང་གཅིག་གི་འགན་གཙང་ལེན་དང་ཁྱིམ་ཚང་མཉམ་འབྲེལ་འགན་གཙང་ལེན། རྒྱལ་ཁབ་ལ་དབང་བའི་ཞིང་ཕྱུགས་ར་བ་དང་གཞན་པའི་ལས་ཁུངས་ཀྱིས་བཀོལ་སྤྱོད་བྱེད་པའི་སྨན་ཐང་ཡིན་ན། དབང་ཆའི་ཁོངས་གཏོགས་འབྲེལ་བ་དང《མཚོ་སྔོན་ཞིང་ཆེན་སྨན་ཐང་འགན་གཙང་ལེན་བྱ་ཐབས》ཀྱི་གཏན་ཁེལ་ལྟར་དུ། གནའ་རྒྱུའི་རྣམ་པ་ལ་བརྟེན་ནས་ལས་བཟོ་པས(ཁྱིམ་ཚང་ངམ་ཁྱིམ་ཚང་མཉམ་འབྲེལ)འགན་གཙང་ལེན་ཚོང་གཉེར་བྱས་ཆོག

(གསུམ)འགན་གཙང་ལེན་གྱི་གྲུབ་ཆ་གཙོ་བོ།

འགན་གཙང་ལེན་གྱི་གྲུབ་ཆ་གཙོ་བོ་ནི་དམངས་ཡོངས་དབང་བའི་ལམ་ལུགས་ལས་ཁུངས་དང་ཚོགས་པའི་དཔལ་འབྱོར་རྩ་འཛུགས་ནང་དུ་འཁྲོག་ཁྱིམ་མམ་འབྲོག་ཁྱིམ་མཉམ་འབྲེལ། ཡང་ན་ཁྱིམ་ཚང་གཅིག་དང་ཁྱིམ་ཚང་གཉིས་ཡན་མཉམ་འབྲེལ་བྱས་ནས་སྨན་ཐང་འགན་གཙང་ལེན་དབང་ཆ་ཡོད་མཁན་ལ

ཟེར། ཁྱིམ་ཚང་ནང་གི་མི་རེ་རེར་འགན་གཙང་ལེན་དབང་ཆ་མེད་དོ། །

(བཞི)འགན་གཙང་ལེན་དུས་ཡུན།

མཚོ་སྔོན་ཞིང་ཆེན་གྱི་རྩ་ཐང་འགན་གཙང་ལེན་དུས་ཡུན་ལོ་50ཡིན། རྩ་ཐང་འགན་གཙང་ལེན་དུས་ཡུན་ནང་དུ་ཕྱུགས་ཟོག་དང་མི་གྲངས་མང་ཉུང་སོང་རུང་རྩ་ཐང་འགན་གཙང་ལེན་དུས་ཡུན་དང་སའི་རྒྱ་ཁྱོན་འགྱུར་ལྡོག་བྱུང་མི་ཆོག

རྩ་ཐང་འགན་གཙང་ལེན་དུས་ཡུན་ནང་དུ། བུ་མོ་གནས་ལ་སོང་བའི་གནས་ཚང་དུ་འགན་གཙང་ལེན་རྩ་ས་མ་ཐོབ་ན། ཞང་སྲིད་གཞུང་ངམ་སྡེ་དམངས་ཨུ་ཡོན་ལྷན་ཁང་གིས་གནས་ལ་མ་སོང་བའི་གོང་གི་ཁྱིམ་ཚང་གི་རྩ་ཐང་འགན་གཙང་ལེན་ཕྱིར་སྡུད་བྱས་མི་ཆོག བུ་མོ་བཟའ་འཐོར་བྱུང་བའམ་ཁྱོ་ག་འདས་སོང་ཚེ། རང་ཁྱིམ་ནས་འཚོ་སྡོད་བྱེད་པའམ་གནས་གཞན་དུ་སྤོར་ནས་འཚོ་བ་རོལ་ཏེ་འགན་གཙང་ལེན་གྱི་རྩ་ས་མ་ཐོབ་ན། ཞང་སྲིད་གཞུང་ངམ་སྡེ་དམངས་ཨུ་ཡོན་ལྷན་ཁང་གིས་རྩ་ཐང་འགན་གཙང་ལེན་ཕྱིར་སྡུད་བྱས་མི་ཆོག

(ལྔ)འཛིན་ཡིག་གཉིས་དང་གན་རྒྱ་གཅིག

འཛིན་ཡིག་གཉིས་དང་གན་རྒྱ་གཅིག་ནི་རྩ་ཐང་འགན་གཙང་ལེན་གོ་རིམ་ཁྲོད་དུ། རྩ་ཐང་བཀོལ་སྤྱོད་དབང་ཆའི་འཛིན་ཡིག་དང་རྩ་ཐང་ཚོང་གཉེར་དབང་ཆའི་འཛིན་ཡིག རྩ་ཐང་གི་འགན་གཙང་ལེན་ཚོང་གཉེར་གན་རྒྱ་བཅས་ཞིབ་བཤེར(བརྗེ་བ་དང་ཆག་མཚན་བཀོད་པ)བྱེད་དགོས།

1.རྩ་ཐང་བཀོལ་སྤྱོད་དབང་ཆའི་འཛིན་ཡིག དེ་ནི་རྩ་ཐང་བཀོལ་སྤྱོད་བྱེད་པའི་ལས་ཁུངས་དང་མི་སྒེར་གྱིས་རྩ་ཐང་བཀོལ་སྤྱོད་དབང་ཆ་ལག་ལེན་བྱེད་པའི་ཁྲིམས་ལུགས་ཡིག་ཆ་ཡིན། མཚོ་སྔོན་ཞིང་ཆེན་ཞིང་ཕྱུགས་ཐིན་གྱིས་གཅིག་གྱུར་དང་དཔར་བཟོ་བྱས་ཤིང་། རྫོང་རིམ་པ་ཡན་གྱི་མི་དམངས་སྲིད་

གཞུང་གིས་འགན་འཁུར་ནས་ཞིང་(ཕྱུགས)སྡེ་དམངས་ཨུ་ཡོན་ལྷན་ཁང་ངམ་དམངས་ཡོངས་དབང་བའི་ལམ་ལུགས་ཀྱི་ལས་ཁུངས་ཚོགས་པས་སྐྱེར་བ་དང་། སྡེ་བ་གཅིག་གམ་ལས་ཁུངས་གཅིག་ལ་འཛིན་ཡིག་གཅིག་རེ་ཡིན།

རྩྭ་ཐང་བཀོལ་སྤྱོད་དབང་ཆའི་འཛིན་ཡིག་གི་ནང་དོན་ནི། ཨང་རྟགས་དང་། འཛིན་ཡིག་ཨང་རྟགས། བཀོལ་སྤྱོད་བྱེད་མིའི་ས་གནས། བཀོལ་སྤྱོད་བྱེད་མིའི་མགོ་བཟུང་བ་ནས་མཇུག་སྡུད་པའི་བར་གྱི་དུས་ཚོད། བཀོལ་སྤྱོད་བྱེད་སྟངས། རྩྭ་སའི་བཀོལ་ནུས། རྩྭ་སའི་སྤྱིའི་རྒྱ་ཁྱོན། ས་གནས། སའི་ཨང་རྟགས། རི་མོའི་ཨང་རྟགས། རྩྭ་སའི་རྒྱ་ཁྱོན། པེད་སྤྱོད་དུས་ཚིགས། ཕྱོགས་བཞིའི་ས་མཚམས། འཛིན་ཡིག་སྐྱེར་བའི་ལས་ཁུངས། འཛིན་ཡིག་ཁ་སྐོང་ལས་ཁུངས། འཛིན་ཡིག་སྐྱེར་བའི་དུས་ཚོད། འཛིན་ཡིག་ཁ་སྐོང་དུས་ཚོད་སོགས་འདུས་པ་ཡིན།

2.རྩྭ་ཐང་གི་འགན་གཙང་ལེན་ཚོང་གཉེར་གན་རྒྱ། དེ་ནི་རྩྭ་ཐང་གི་འགན་གཙང་ལེན་ཚོང་གཉེར་བྱེད་པའི་ལས་ཁུངས་དང་མི་སྒེར་གྱིས་རྩྭ་ཐང་ཚོང་གཉེར་དབང་ཆ་ལག་ལེན་བྱེད་པའི་ཁྲིམས་ལུགས་ཡིག་ཆ་ཡིན། རྩྭ་ཐང་བཀོལ་སྤྱོད་བདག་དབང་གཏན་ཁེལ་གསལ་པོར་བྱས་རྗེས། རྩྭ་ཐང་འགན་གཙང་ལེན་དབང་ཆའི་ཁོངས་གཏོགས་ཀྱི་འབྲེལ་བ་ལྟར་དུ་ཞང་(གྲོང་རྫལ)སྲིད་གཞུང་ངམ་ཕྱུགས(ཞིང་)སྡེ་དམངས་ཨུ་ཡོན་ལྷན་ཁང་དང་འགན་གཙང་ལེན་བྱེད་པའི་འབྲོག་ཁྱིམ་བར་དུ་འགན་གཙང་ལེན་གན་རྒྱ་བཞག་ཚོག གན་རྒྱ་ཡི་གེ་གསུམ་ཡོད་པ་ལས། ཞང་གྲོང་སྲིད་གཞུང་ངམ་ཕྱུགས(ཞིང་)སྡེ་དམངས་ཨུ་ཡོན་ལྷན་ཁང་དང་འགན་གཙང་ལེན་བྱེད་པའི་འབྲོག་ཁྱིམ་གཉིས་ཀྱིས་གཅིག་རེ་བདག་ཉར་དང་། རྫོང་ཞིང་ཕྱུགས་ཙུའུ་འམ་རྩྭ་ཐང་ལྟ་སྐྱུལ་ས་ཚོགས་ཀྱིས་ཡིག་ཚགས་སུ་གཅིག་བདག་ཉར་བྱེད་དགོས།

རྩྭ་ཐང་གི་འགན་གཙང་ལེན་ཚོང་གཉེར་གན་རྒྱའི་ཁ་སྐོང་ནང་དོན་ནི།

རྩ་བའི་གནས་ཚུལ་ནི་འགན་གཙང་ལེན་བྱེད་ཡུལ་དང་འགན་གཙང་ལེན་བྱེད་པ་པོ། གན་རྒྱའི་ཨང་རྟགས་བཅས་དང་། སྨན་ཐང་འགན་གཙང་ལེན་གྱི་གནས་ཚུལ་ནི་འགན་གཙང་ལེན་བྱེད་པ་པོའི་འགན་གཙང་ལེན་ཚོང་གཉེར་སྨན་སར་ཞང(གྲོང་རྡལ)དང་ཕྱུགས(ཞིང)སྡེ་དམངས་ཨུ་ཡོན་ལྷན་ཁང་གི་སྨན་སའི་རྒྱ་ཁྱོན་ཆེ་ཆུང་དང་། འགན་གཙང་ལེན་ཁྱིམ་ཚང(ཁྱིམ་ཚང་མཉམ་འབྲེལ)གྲངས་ཀ འགན་གཙང་ལེན་དུས་ཡུན། གན་རྒྱ་འཛོག་པའི་དུས་ཚོད། ཁྱིམ་ཚང(ཁྱིམ་ཚང་མཉམ་འབྲེལ)བདག་པོའི་ཧུས་མིང་། འགན་གཙང་ལེན་སྨན་སའི་སྤྱིའི་རྒྱ་ཁྱོན། སྨན་ས་དུམ་བུ་དུ་ཡོད་པ་དང་ས་གནས། སའི་ཨང་རྟགས། རི་མོའི་ཨང་རྟགས། རྒྱ་ཁྱོན། རིགས་དང་རིམ་པ། བེད་སྤྱོད་དུས་ཚིགས། ཕྱོགས་བཞིའི་ས་མཚམས་སོགས་འདུས་པ་ཡིན།

3.སྨན་ཐང་གི་འགན་གཙང་ལེན་ཚོང་གཉེར་དབང་ཆའི་འཛིན་ཡིག དེ་ནི་སྨན་ཐང་གི་འགན་གཙང་ལེན་ཚོང་གཉེར་ལས་ཁུངས་དང་མི་སྒེར་གྱིས་སྨན་ཐང་ཚོང་གཉེར་དབང་ཆ་ལག་ལེན་བྱེད་པའི་ཁྲིམས་ལུགས་ཡིག་ཆ་ཡིན། སྨན་ཐང་བཀོལ་སྤྱོད་བདག་དབང་གཏན་ཁེལ་གསལ་པོར་བྱས་པ་དང་སྨན་ཐང་གི་འགན་གཙང་ལེན་ཚོང་གཉེར་གན་རྒྱ་བཞག་རྗེས། སྨན་ཐང་འགན་གཙང་ལེན་བྱེད་པའི་འབྲོག་ཁྱིམ་ལ་སྨན་ཐང་གི་འགན་གཙང་ལེན་ཚོང་གཉེར་དབང་ཆའི་འཛིན་ཡིག་ཞིབ་བཤེར(བརྗེ་བ)སྤྲོར་བར་བྱེད། དེ་ནི་རྫོང་རིམ་པ་ཡན་གྱི་མི་དམངས་སྲིད་གཞུང་དང་འཛིན་ཡིག་ཁ་སྐོང་ལས་ཁུངས་གཉིས་ཀྱིས་ཐེལ་ཙེ་བརྒྱབ་ན་ནུས་པ་ཐོན་པ་ཡིན། སྨན་ཐང་གི་འགན་གཙང་ལེན་ཚོང་གཉེར་དབང་ཆའི་འཛིན་ཡིག་གི་ནང་དོན་གཤམ་ལྟར།

(1)རྩ་བའི་གནས་ཚུལ། ཨང་རྟགས་དང་། བཀོལ་སྤྱོད་བྱེད་མིའི་ཧུས་མིང་དང་ས་གནས། བཀོལ་སྤྱོད་རྒྱ་ཁྱོན། འཛིན་ཡིག་སྤྲོར་བའི་ལས་ཁུངས།

འཛིན་ཡིག་ཁ་སྐོང་ལས་ཁུངས། འཛིན་ཡིག་སྟེར་བའི་དུས་ཚོད། བེད་སྤྱོད་དུས་ཡུན། རྩྭ་ས་དུམ་བུའི་གྲངས་ཀ་སོགས་འདུས་པ་ཡིན།

(2)རྩྭ་རའི་གཏན་འཇགས་གནས་ཚུལ། རྩྭ་ར་གནས་ས་དང་རྒྱ་ཁྱོན། ཚད་ལྡན་མིན་པའི་རྩྭ་རའི་རྒྱ་ཁྱོན། རིགས་དང་རིམ་པ། བེད་སྤྱོད་དུས་ཚིགས། རྩྭ་ས་དུམ་བུའི་ཨང་རྟགས། ཕྱོགས་བཞིའི་ས་མཚམས། རི་མོའི་ཨང་རྟགས་སོགས་འདུས་པ་ཡིན།

(3)རྩྭ་རའི་ཐོན་སྐྱེད་ནུས་ཤུགས་གནས་ཚུལ། མུའུ་རེར་སྔོ་རྩྭ་ཐོན་ཚད་དང་གཞུང་ལུགས་ཕྱུགས་ཤོང་ཚད། ཕྲར་ཡོད་ཕྱུགས་ཤོང་ཚད་སོགས་འདུས་པ་ཡིན།

(4)ཕྱུགས་ཟོག་གི་གནས་ཚུལ། དེ་ནི་ཕྱུགས་རར་དངོས་སུ་ཡོད་པའི་ཕྱུགས་ཟོག་གི་གནས་ཚུལ་ལ་གོ་བ་ཡིན།

(5)རྩྭ་རའི་འཛུགས་སྐྲུན་སྒྲིག་ཆས་གནས་ཚུལ། དེ་ནི་དངོས་ཡོད་རྩྭ་རའི་འཛུགས་སྐྲུན་སྒྲིག་ཆས་གནས་ཚུལ་ལ་གོ་བ་ཡིན།

(6)ཁྱིམ་ཚང་གི་རྩ་བའི་གནས་ཚུལ། ཁྱིམ་ཚང་ནང་དུ་ངལ་རྩོལ་མི་ཤུགས་བགོ་བའི་གནས་ཚུལ།

(7)འཕོ་འགྱུར་དོན་བྱ། རྩྭ་ར་དང་རྩྭ་རའི་འཛུགས་སྐྲུན་སྒྲིག་ཆས་དབང་ཆའི་ཁོངས་གཏོགས་འཕོ་འགྱུར་འབྱུང་དུས་ཐོ་འགོད་བྱེད་དགོས། འཕོ་འགྱུར་དོན་བྱ་ཁ་སྐོང་བྱེད་དུས་རྒྱུ་རྐྱེན་དང་ཁུངས་ལུང་གསལ་པོར་འབྲི་དགོས།

(8)བརྟག་དཔྱད་དུས་ཚོད། ཐོ་འགོད་ནང་དོན་སོ་སོའི་དུས་ཚོད་བརྟག་དཔྱད་བྱེད་པ། ནང་དོན་རེ་རེའི་བརྟག་དཔྱད་དུས་ཚོད་དབྱེ་འབྱེད་བྱས་ཏེ་ཁ་སྐོང་བྱེད་དགོས།

(དྲུག)འགན་གཙང་ལེན་གྱི་གོ་རིམ།

ས་གནས་དངོས་ལ་བརྟག་དཔྱད་དང་རྩྭ་རའི་ས་མཚམས་གསལ་པོ་ཡིན་

པ→ཁྱིམ་ཚང་རེའི་ཆ་སྙོམས་འགན་གཙང་ལེན་རྩ་སའི་རྒྱུ་ཁྱོན་གཏན་ཁེལ→འགན་གཙང་ལེན་རྩ་སའི་རི་མོ་འབྲི་བ→ཐོ་འགོད་དེབ་བཟོ་བ།

1. ས་གནས་དངོས་ལ་བརྟག་དཔྱད་བྱས་ཏེ་ཞིང་སྐྱེ་ཚོགས་པའི་ལས་ཁུངས་ཀྱི་རྩ་རའི་ས་མཚམས་དང་རྒྱུ་ཁྱོན། རྩ་སའི་རི་མོ་པ་བཅས་གསལ་པོར་ཡིན་དགོས་ཤིང་། ས་དབྱིབས་རི་མོའི་སྟེང་གི 1:500~1:100000མཚམས་སུ་རྟགས་རྒྱག་པ།

2. ཕྱོགས་བསྡུས་མི་གྲངས་དང་ཕྱུགས་ཟོག་གྲངས་ཀ རྩ་སའི་རི་མོ་སོགས་ཀྱི་རྒྱུ་རྐྱེན་ལ་བལྟས་ཏེ། ལུགས་མཐུན་གྱི་ཁྱིམ་ཚང་རེའི་ཆ་སྙོམས་འགན་གཙང་ལེན་གྱི་རྒྱུ་ཁྱོན་བཏོན་ནས་སྐྱེ་དམངས་ཨུ་ཡོན་ལྷན་ཁང་དུ་གྲོས་བསྡུར་ཚོག་མཆན་ཐོབ་པར་སྤྲོད་དགོས།

3. ས་གནས་དངོས་ལ་སོང་སྟེ་ཁྱིམ་ཚང་རེའི་རྩ་ཐང་བཀོལ་སྤྱོད་ས་མཚམས་དབྱེ་འབྱེད་དང་རྩ་རའི་རྒྱུ་ཁྱོན་ཚད་འཇལ་བ། ས་དབྱིབས་རི་མོའི་སྟེང་གི 1 : 50000མཚམས་སུ་རྟགས་བརྒྱབ་སྟེ་རྩ་སའི་རི་མོ་པ་གསལ་པོར་བཀོད་དགོས།

4. ཐོ་འགོད་དེབ་བཟོ་བ། ཐོ་འགོད་ནང་དོན་ཁྲོད་དུ་འགན་གཙང་ལེན་རྩ་སའི་སྤྱིའི་རྒྱུ་ཁྱོན་དང་རི་མོ་པ་སོ་སོའི་རྩ་ཐང་རྣང་གཞི། དངོས་ཡོད་ཕྱུགས་ཟོག་དང་མི་གྲངས། ངལ་རྩོལ་ནུས་ཤུགས། རྩ་ཐང་འཛུགས་སྐྲུན་སྒྲིག་ཆས་སྣ་ཚོགས་ཀྱི་གྲངས་ཀ ཕྱོགས་བཞིའི་ས་མཚམས་ཀྱི་མིང་འབོད་སྟངས་དང་ཉེ་འཁོར་འབྲོག་ཁྱིམ་གྱི་མིང་བཅས་འདུས་པ་ཡིན།

རྩ་ཐང་འགན་གཙང་ལེན་ངེས་པར་དུ་དབང་ཆའི་ཁོངས་གཏོགས་གསལ་པོར་ཡིན་པ་དང་། ཕྱོགས་བཞིའི་མཐའ་མཚམས་གསལ་བ། བརྡ་རྟགས་མངོན་གསལ་ཡིན་པ། རྩིས་གཞིའི་གྲངས་ཀ་ཚད་ལྡན་ཡིན་པ། རི་མོ་དང་དེབ་པན་ཚུན་མཐུན་པ་བཅས་ཡིན་དགོས།

(བདུན)རྩ་ཐང་གི་འགན་གཙང་ལེན་ཚོང་གཉེར་བྱེད་མཁན་ལ་དབང་

བའི་ཁེ་དབང་དང་འོས་འགན།

1.ཁེ་དབང་།

(1)ཁྲིམས་ལྟར་རྩ་ཐང་བཀོལ་སྤྱོད་དང་ཕྱུགས་ལས་ཐོན་སྐྱེད་ཚོང་གཉེར་རང་བདག་དབང་ཆ་ཡོད་པ།

(2)ཐོན་སྐྱེད་འབྲས་བུ་དང་དཔལ་འབྱོར་ཁེ་ཕན་ལ་རང་བདག་བཀོལ་སྤྱོད་བྱེད་དབང་ཡོད་པ།

(3)རྒྱལ་ཁབ་རོགས་སྐྱོར་དང་ལེན་དང་གཏན་ཁེལ་ལྟར་དུ་རྩ་ཐང་འཛུགས་སྐྲུན་བྱེད་པའི་དབང་ཆ་ཡོད་པ།

(4)འགན་གཙང་ལེན་ཚོང་གཉེར་དབང་ཆ་ལ་གནོད་པ་ཐེབས་དུས། ཐག་གཅོད་ཡོང་བ་དང་གྲོང་གུད་ཁ་གསབ་སློང་བའི་དབང་ཆ་ཡོད་པ།

(5)ཁྲིམས་ལྟར་བཤུག་སྤྲོད་དང་བུ་བུ་མོའི་བརྒྱུད་འཛིན་རྩ་ཐང་འགན་གཙང་ལེན་བཀོལ་སྤྱོད་བྱེད་པའི་དབང་ཆ་ཡོད་པ།

2.འོས་འགན།

(1)ཕྱོགས་ཡོངས་ནས་འགན་གཙང་ལེན་གན་རྒྱ་ལག་ལེན་དུ་བསྟར་བ། རྒྱལ་ཁབ་མཛུབ་སྟོན་དང་ཞང་སྡེ་རྩ་ཐང་འཛུགས་སྐྲུན་གཅིག་གྱུར་འཆར་བཀོད་དང་ལེན་བྱེད་པ། ཁྲིམས་ལྟར་ཁྲལ་འཇལ་བ།

(2)རྩ་སའི་ཚེ་ཆུང་ལྟར་ཕྱུགས་ཉོང་ཚད་གཏན་ཁེལ་བྱེད་པ། ལུགས་མཐུན་གྱིས་བཀོལ་སྤྱོད་དང་རྩ་ཐང་སྲུང་སྐྱོབ་བྱེད་པ།

(3)རྒྱལ་ཁབ་རྩ་ཐང་ལྟ་ཞིབ་དོ་དམ་ལས་ཁུངས་ཀྱིས་ལྟ་སྐུལ་དང་ལེན་བྱེད་པ།

(4)རྒྱལ་ཁབ་འཛུགས་སྐྲུན་ཁྲིག་ཆས་དང་སྤྱི་སྤྱོད་ཁྲིག་ཆས་སྲུང་སྐྱོབ་བྱེད་པ།

ས་བཅད་གཉིས་པ། རྩ་ཐང་སྐོར་རྒྱུག

དང་པོ། གོ་དོན།

རྩ་ཐང་སྐོར་རྒྱུག་ནི་རྩ་ཐང་གི་འགན་གཙང་ལེན་ཚོང་གཉེར་དབང་ཆ་འབྲོག་ཁྱིམ་བར་དུ་སྐོར་རྒྱུག་བྱས་པ་ལ་གོ དེ་ནི་འབྲོག་ཁྱིམ་གྱིས་རང་གི་འགན་གཙང་ལེན་བྱས་པའི་རྩ་ཐང་སླ་གཏོང་དང་འགན་གཙང་ལེན་སྐོར་རྒྱུག ཕན་ཚུན་བརྗེ་བ་སོགས་ཀྱི་བྱེད་ཐབས་ལ་བརྟེན་ནས་གཞན་པའི་འབྲོག་ཁྱིམ་བར་འབྲེལ་འདྲིས་བྱས་པའི་བྱ་སྤྱོད་ཅིག་ཡིན།

གཉིས་པ། རྩ་ཐང་སྐོར་རྒྱུག་བྱ་བར་དང་ལེན་བྱེད་དགོས་པའི་རྩ་དོན།

རྩ་ཐང་སྐོར་རྒྱུག་ནི་ཁྲིམས་ལུགས་དང་སྲོལ་ཡིག་གཏན་ཁེལ་ལྟར་དུ་སྒྲུབ་པ་དང་། འདྲ་མཉམ་དང་གྲོས་མཐུན། རང་འགུལ། རིན་དོད་ཡོད་པ་བཅས་ཀྱི་རྩ་དོན་རྒྱུན་འཁྱོངས་བྱེད་དགོས།

རྩ་ཐང་གི་འགན་གཙང་ལེན་ཚོང་གཉེར་དབང་ཆ་སྐོར་རྒྱུག་བྱས་ན་རྩ་ཐང་གི་སྤྱོད་སྒོ་འགྱུར་ལྡོག་འབྱུང་མི་རུང་། སྐོར་རྒྱུག་དུས་ཡུན་ནི་འགན་གཙང་ལེན་དུས་ཡུན་ལས་བརྒལ་མི་རུང་བ་ཡིན།

རྩ་ཐང་གི་འགན་གཙང་ལེན་ཚོང་གཉེར་དབང་ཆ་སྐོར་རྒྱུག་གི་བཤུག་ལེན་བྱེད་མཁན་གྱིས་ངེས་པར་དུ་རྩ་ཐང་སྲུང་སྐྱོབ་དང་འཛུགས་སྐྲུན་འོས་འགན་དང་ལེན་བྱེད་དགོས། ནན་མོས་རྩ་ཕྱུགས་དོ་མཉམ་ལམ་ལུགས་བརྩི་སྲུང་བྱེད་པ། རྩ་ཕྱུགས་དོ་མཉམ་འགན་འཁྲི་ཡི་གེ་སྟེ་མིང་རྟགས་འགོད་པ། གན་རྒྱའི་ནང་དོན་ལྟར་དུ་ལུགས་མཐུན་གྱིས་རྩ་ཐང་བཀོལ་སྤྱོད་བྱེད་པ་དང་འཕྲོག་བཅོམ་རང་བཞིན་གྱི་ཚོང་གཉེར་སྤེལ་མི་རུང་།

རྩ་ཐང་གི་འགན་གཙང་ལེན་ཚོང་གཉེར་དབང་ཆ་སྐོར་རྒྱུག་གི་བཤུག་ལེན་

བྱེད་མཁན་གྱིས་རྩ་ཐང་གི་འགན་གཙང་ལེན་དབང་ཆ་སྤྲར་ཡང་གཞན་ལ་སྐོར་རྒྱུག་བྱེད་དུས། ངེས་པར་དུ་འགན་གཙང་ལེན་བདག་དབང་ཡོད་མཁན་ཐོག་མ་དེར་འཐད་པ་ཐོབ་དགོས། དེ་མིན་གཞན་ལ་སྐོར་རྒྱུག་བྱས་ན་ནུས་མེད་ཡིན་ནོ། །

གསུམ་པ། རྩ་ཐང་སྐོར་རྒྱུག་གི་ཆ་རྐྱེན།

1.རྩ་ཐང་འགན་གཙང་ལེན་བྱས་པའི་འགྲོག་ཁྱིམ་ལ་མཚོན་ན་ཁྲིམས་ལྟར་རང་འགུལ་གྱིས་རྩ་ཐང་གི་འགན་གཙང་ལེན་སྐོར་རྒྱུག་བྱེད་མིན་དང་། སུ་ཞིག་དང་ཇི་ལྟར་སྐོར་རྒྱུག་སོགས་ཐག་གཅོད་བྱས་ཆོག

2.རྩ་ཐང་གི་འགན་གཙང་ལེན་ཚོང་གཉེར་དབང་ཆ་བཟུག་ལེན་བྱེད་མཁན་གྱིས་ངེས་པར་དུ་ཕྱུགས་ལས་ཚོང་གཉེར་ནུས་པ་ལྡན་དགོས།

3.ཕྱུགས་འཚོ་བཀག་འགོག་དང་རྩ་ཐང་གི་འགན་གཙང་ལེན་ཚོང་གཉེར་དབང་ཆ་ལག་བསྐྱར་བྱས་མེད་པ། རྩ་སའི་དབང་ཆའི་ཁོངས་གཏོགས་རྩོད་གཞི་ཡོད་པ། ཁྲིམས་ལུགས་དང་སྲོལ་ཡིག་གིས་གཏན་འགོག་བྱས་ཟིན་པའི་གཞན་པའི་སྣང་ཚུལ་བཅས་ཀྱི་སྐབས་སུ་རྩ་ཐང་སྐོར་རྒྱུག་བྱས་མི་ཆོག

བཞི་པ། རྩ་ཐང་སྐོར་རྒྱུག་བྱེད་ཐབས།

རྩ་ཐང་སྐོར་རྒྱུག་བྱེད་ཐབས་གཙོ་བོ་ནི་འགན་གཙང་ལེན་སྐོར་རྒྱུག་དང་། སྤྲ་གཏོང་། ཕན་ཚུན་བརྗེ་བ། བཟུག་སྤྲོད། མ་རྐང་མཉམ་འབྲེལ་སོགས་ཡིན།

(གཅིག)འགན་གཙང་ལེན་སྐོར་རྒྱུག

འགན་གཙང་ལེན་བྱེད་མཁན་གྱིས་རྩ་ཐང་གི་འགན་གཙང་ལེན་ཚོང་གཉེར་དབང་ཆ་ཉུང་ཤས་སམ་ཡོངས་རྫོགས་དུས་ཡུན་ངེས་ཅན་ནང་དུ་འགན་གཙང་ལེན་སྐོར་རྒྱུག་བྱས་ཏེ་འདྲ་མཚུངས་ཚོགས་པའི་དཔལ་འབྱོར་རྩ་འཛུགས་ནང་གི་གཞན་པའི་འགྲོག་ཁྱིམ་མམ་མི་སྒེར་ལ་ཕྱུགས་ལས་ཐོན་སྐྱེད་ཚོང་གཉེར་བྱེད་དུ་འཇུག་པ། འགན་གཙང་ལེན་སྐོར་རྒྱུག་བྱས་རྗེས་རྩ་སའི་འགན་གཙང

ལེན་གྱི་འབྲེལ་བ་འགྱུར་ལྡོག་མི་འབྱུང་ཞིང་། འགན་གཙང་ལེན་གྱི་བདག་དབང་ཐོག་མ་ཐོབ་མཁན་དེས་རྩ་ཐང་འགན་གཙང་ལེན་གན་རྒྱའི་གཏན་ཁེལ་བྱས་པའི་ཁེ་དབང་དང་འོས་འགན་མུ་མཐུད་དུ་དང་ལེན་བྱེད་དགོས། བཤུག་ལེན་བྱེད་མཁན་གྱིས་འགན་གཙང་ལེན་སྐོར་རྒྱུག་བྱེད་དུས་ཀྱི་གཏན་ཁེལ་བྱས་པའི་ཆ་རྐྱེན་ལྟར་དུ་འགན་གཙང་ལེན་བྱེད་ཡུལ་ལ་འགན་འཁུར་དགོས་པ་ཡིན།

དཔེར་ན། རྫེ་བ་ག་གེ་མོའི་འགྲོག་ཁྱིམ་ཀ་བས་རྩ་ས་མུ་3000འགན་གཙང་ལེན་བྱས་ཡོད་ནའང་། ཕྱུགས་ཟོག་ཉུང་བས་རྩ་ས་ལྷག་མ་བེད་མེད་དུ་སྐྱུར་དགོས་བྱུང་། རང་རྫེ་བའི་འགྲོག་ཁྱིམ་ཁ་བར་མཆོན་ན་ནོར་ལུག་མང་ཞིང་རང་གི་འགན་གཙང་ལེན་བྱས་པའི་རྩ་ས་མི་འདང་བར་གྱུར་ཏེ། ཀ་བའི་བེད་མེད་སྐྱུར་འདུག་པའི་རྩ་ས་འགན་གཙང་ལེན་བྱས་ཏེ་ཕྱུགས་འཚོ་འདོད་སྐྱེས། ཀ་བ་འཐད་པ་བྱུང་སྟེ་ཕན་ཚུན་གྲོས་མཐུན་དང་སྐོར་རྒྱུག་གན་རྒྱ་བཞག་པ་རེད། རྩ་ས་སྐོར་རྒྱུག་བྱས་རྗེས་ཁ་བའི་ལོ་དུ་མའི་འགན་གཙང་ལེན་བཀོལ་སྤྱོད་བྱེད་པའི་གོ་རིམ་ཁྲོད་དུ། རྩ་ཐང་གི་འགན་གཙང་ལེན་ཚོང་གཉེར་དབང་ཆ་སྤར་བཞིན་ཀ་བ་ལ་དབང་བ་ཡིན། ཁ་བས་ཕན་ཚུན་བར་གཏན་ཁེལ་བྱས་པ་ནང་བཞིན་ཕྱུགས་འཚོ་བཀོལ་སྤྱོད་བྱས་ཆོག་པ་ལྟ་བུ།

(གཉིས)སྐྲ་གཏོང་།

འགན་གཙང་ལེན་བྱེད་མཁན་གྱིས་རྩ་ཐང་གི་འགན་གཙང་ལེན་ཚོང་གཉེར་དབང་ཆ་ཉུང་ཤས་སམ་ཡོངས་རྫོགས་དུས་ཡུན་ངེས་ཅན་ནང་དུ་འགན་གཙང་ལེན་སྐྲས་ཏེ་གཞན་པའི་ཕྱུགས་ལས་ཐོན་སྐྱེད་ཚོང་གཉེར་བྱེད་དུ་འཇུག་པ། སྐྲས་རྗེས་རྩ་སའི་འགན་གཙང་ལེན་གྱི་འབྲེལ་བ་འགྱུར་ལྡོག་མི་འབྱུང་ཞིང་། འགན་གཙང་ལེན་གྱི་བདག་དབང་ཐོག་མ་ཐོབ་མཁན་དེས་རྩ་ཐང་འགན་གཙང་ལེན་གན་རྒྱའི་གཏན་ཁེལ་བྱས་པའི་ཁེ་དབང་དང་འོས་འགན་མུ་མཐུད་དུ་དང་ལེན་བྱེད་དགོས།

བཀྲུག་ལེན་བྱེད་མཁན་གྱིས་སྣ་གཏོང་བྱེད་དུས་ཀྱི་གཏན་ཁེལ་བྱས་པའི་ཆ་རྐྱེན་ལྟར་དུ་འགན་གཙང་ལེན་བྱེད་ཡུལ་ལ་འགན་འཁུར་དགོས་པ་ཡིན།

དཔེར་ན། འབྲོག་ཁྱིམ་ཀ་བས་རྩྭ་ས་སྨུའུ 3000འགན་གཙང་ལེན་བྱས་ཡོད་ན་འང་། ཕྱུགས་ཟོག་ཉུང་བས་རྩྭ་ས་སྨུའུ 1000འབྲོག་ཁྱིམ་ཁ་བར་སླས་ཏེ་ཟླ་གསུམ་ལྷག་ལ་ཕྱུག་འཚོ་རུ་བཅུག ཁ་བས་སྨུའུ་རེར་སྒོར 50སྤྲ་དངུལ་སྤྲོད་པ་རེད། ཟླ་གསུམ་གྱི་རིང་དུ་ཁ་བས་རྩྭ་ས་སྨུའུ 1000སྟེང་དུ་ཕྱུགས་འཚོ་དགོས་པ་ཡིན་ཞིང་། རྩྭ་ཐང་གི་འགན་གཙང་ལེན་ཚོང་གཉེར་དབང་ཆ་སྔར་བཞིན་ཀ་བ་ལ་དབང་བ་དང་། དེར་ཐོབ་པའི་ཁེ་དབང་དང་འོས་འགན་འགྱུར་ལྡོག་ཅི་ཡང་མི་འབྱུང་བ་ལྟ་བུ།

(གསུམ)ཕན་ཚུན་བརྗེ་བ།

འགན་གཙང་ལེན་བྱེད་མཁན་ཕན་ཚུན་བར་དུ་ཕྱུགས་འཚོ་སྐྱངས་བདེ་ཡོང་བའམ་སོ་སོའི་དགོས་མཁོ་དབང་གིས། འདྲ་མཚུངས་ཚོགས་པའི་དཔལ་འབྱོར་རྩ་འཛུགས་ནང་གཏོགས་པའི་འགན་གཙང་ལེན་རྩྭ་སར་ཕན་ཚུན་བརྗེ་བ་ཡིན་ཞིང་། དེ་མཚུངས་སུ་རྩྭ་ཐང་གི་འགན་གཙང་ལེན་ཚོང་གཉེར་དབང་ཆ་བརྗེ་བ་ཡིན།

དཔེར་ན། འབྲོག་ཁྱིམ་ཀ་བས་ཐོན་སྐྱེད་སྐབས་བདེ་བཟོ་ཆེད་རང་ཁྱིམ་དང་ཐག་རིང་བའི་རྩྭ་ས་སྨུའུ 500དང་འབྲོག་ཁྱིམ་ཁ་བའི་རྩྭ་ས་སྨུའུ 400ཅན་དེ་ཕན་ཚུན་བརྗེ་སོར་བྱས་ན་འདོད། ཕྱོགས་གཉིས་ཀར་འཐད་པ་བྱུང་རྗེས་སྡེ་དམངས་ཨུ་ཡོན་ལྷན་ཁང་ལ་ཡར་ཞུ་བྱས་ཏེ་འཐད་ནས་ཕན་ཚུན་བརྗེ་ཐུབ་བྱུང་། ཕན་ཚུན་བརྗེ་སོར་བྱས་རྗེས་སྔོན་ཆད་ཀ་བར་དབང་བའི་སྨུའུ 500རྩྭ་ཐང་གི་འགན་གཙང་ལེན་ཚོང་གཉེར་དབང་ཆ་ནི་ད་ལྟ་ཁ་བས་བདག་དབང་བྱེད་དགོས་པ་དང་། སྔོན་ཆད་ཁ་བར་དབང་བའི་སྨུའུ 400རྩྭ་ཐང་གི་འགན་གཙང་ལེན་ཚོང་གཉེར་དབང་ཆ་ནི་ད་ལྟ་ཀ་བས་བདག་དབང་བྱེད་དགོས་པ་ལྟ་བུ།

(བཞི)བཤུག་སྒྲོད།

འགན་གཙང་ལེན་བྱེད་མཁན་ལ་གཏན་འཇགས་ཀྱི་ཞིང་ཕྱུགས་ལས་མིན་པའི་ལས་རིགས་ཤིག་གམ་གཏན་འཇགས་ཀྱི་ཐོན་འབབ་ཅིག་ཡོད་པའི་ཆ་རྐྱེན་འོག་ཏུ། འགན་གཙང་ལེན་བྱེད་མཁན་དང་བཤུག་ལེན་བྱེད་མཁན་གཉིས་ཀྱིས་རྩ་ས་བཤུག་སྒྲོད་རེ་ཞུ་བྱས་ཆོག འགན་གཙང་སྒྲོད་བྱེད་མཁན་འཐད་པ་བྱུང་རྗེས། རྩ་ཐང་གི་འགན་གཙང་ལེན་ཚོང་གཉེར་དབང་ཆ་ཞུང་ཤས་སམ་ཡོངས་རྫོགས་དང་དེ་དང་འབྲེལ་བའི་ཁེ་དབང་འོས་འགན་ནི་གཞན་པའི་ཕྱུགས་ལས་ཐོན་སྐྱེད་ཚོང་གཉེར་བྱེད་པའི་རྩ་འཛུགས་སམ་མི་སྒེར་ལ་བརྒྱུད་སྒྲོད་བྱེད་པ་དང་། སྔོན་མའི་འགན་གཙང་ལེན་བྱེད་མཁན་གྱིས་འགན་གཙང་ལེན་དུས་ཡུན་ནང་དུ་རྩ་ཐང་གི་འགན་གཙང་ལེན་ཚོང་གཉེར་དབང་ཆ་ཞུང་ཤས་སམ་ཡོངས་རྫོགས་མཇུག་སྒྲིལ་པ་ཡིན། བཤུག་ལེན་བྱེད་མཁན་དང་འགན་གཙང་སྒྲོད་བྱེད་མཁན་ཡང་བསྐྱར་འགན་གཙང་ལེན་གྱི་འབྲེལ་བ་གསར་པ་ཞིག་གཏན་ཁེལ་བྱེད་པ་དང་། རྩ་ཐང་གི་འགན་གཙང་ལེན་ཚོང་གཉེར་གན་རྒྱ་འཛོག་པ། རྩ་ས་ཚོང་གཉེར་དབང་ཆའི་འཛིན་ཡིག་སྟེར་བའི་ལས་ཁུངས་སུ་སོང་སྟེ་དབང་ཆའི་ཁོངས་གཏོགས་འཕོ་འགྱུར་འགྲོ་ལུགས་སྒྲུབ་པ་དང་འཛིན་ཡིག་བརྗེ་དགོས།

དཔེར་ན། འབྲོག་ཁྱིམ་ཀ་བས་ཞང་ཐོག་ཏུ་ཚོང་ཁང་ཞིག་གཉེར་བཞིན་ཡོད་པས་དཔལ་འབྱོར་ཡོང་འབབ་གཏན་འཇགས་ཡིན་པ་རེད། རྩ་ས་བེད་མེད་དུ་སྐྱུར་བའི་ཁྲིད་ཀྱི་མུའུ 1000ཉི་རང་སྡེ་བའི་འབྲོག་ཁྱིམ་ཁ་བར་བཤུག་སྒྲོད་བྱེད་འདོད་པ་དང་། ཁ་བས་ཀྱང་རྩ་ས་མུའུ 1000འདི་བཤུག་སྒྲོད་བྱས་ན་འདོད་ཡོད། ཕྱོགས་གཉིས་ཀས་སྡེ་དམངས་ཨུ་ཡོན་ལྷན་ཁང་དུ་རེ་ཞུ་བྱས་ཏེ་འཐད་པ་བྱུང་རྗེས། ཁ་བ་དང་སྡེ་དམངས་ཨུ་ཡོན་ལྷན་ཁང་བར་དུ་རྩ་ཐང་གི་འགན་གཙང་ལེན་ཚོང་གཉེར་གན་རྒྱ་བཞག་སྟེ། རྫོང་ཞིང་ཕྱུགས་ཅུའུ་ཊུ་སོང

ནས་དབང་ཆའི་ཁོངས་གཏོགས་འཛོ་འགྱུར་འགྲོ་ལུགས་བསྒྲུབས། སྒོར་མ་སྟོང་1000འདི་ཡི་རྩ་ཐང་གི་འགན་གཙང་ལེན་ཚོང་གཉེར་དབང་ཆ་ཁ་བར་དབང་བ་དང་། ཀ་བར་དེའི་ཁེ་དབང་དང་འོས་འགན་ཅི་ཡང་མེད་པ་ལྟ་བུ།

(ལྔ)མ་རྐང་མཉམ་འབྲེལ།

འགན་གཙང་ལེན་བྱེད་མཁན་ཕན་ཚུན་བར་དུ་ཕྱུགས་ལས་དཔལ་འབྱོར་འཕེལ་རྒྱས་ཡོང་ཆེད། རྩ་ཐང་གི་འགན་གཙང་ལེན་ཚོང་གཉེར་དབང་ཆ་ནི་མ་རྐང་དབང་ཆ་བྱས་ཏེ་རང་འགུལ་མཉམ་འབྲེལ་གྱིས་ཕྱུགས་ལས་ཐོན་སྐྱེད་ཚོང་གཉེར་བྱེད་པ་ཡིན་ཞིང་། འགན་གཙང་ལེན་བྱེད་མཁན་གྱི་འགན་གཙང་ལེན་ཚོང་གཉེར་དབང་ཆ་འགྱུར་ལྡོག་མི་བྱུང་ངོ་། །

དཔེར་ན། ཕྱུགས་ལས་འཕེལ་རྒྱས་གཏོང་ཆེད་སྡེ་བའི་ནང་དུ་དཔལ་འབྱོར་མཉམ་ལས་ཁང་བཙུགས་པ་རེད། འབྲོག་ཁྱིམ་ཀ་བས་རང་གིས་འགན་གཙང་ལེན་བྱས་པའི་སྒོར་མ་སྟོང་2000རིན་གོང་བཅད་དེ་དཔལ་འབྱོར་མཉམ་ལས་ཁང་དུ་བཞག་སྟེ། རང་འགུལ་གྱིས་ཚང་མར་མཉམ་འབྲེལ་བྱས་ཏེ་ཕྱུགས་ལས་ཐོན་སྐྱེད་ཚོང་གཉེར་སྤེལ། མ་རྐང་བཞག་རྗེས་དཔལ་འབྱོར་མཉམ་ལས་ཁང་གིས་ཁྲིམས་ལྟར་སྒོར་མ་སྟོང་2000བཀོལ་སྤྱོད་བྱས་ཆོག་ནའང་། རྩ་ཐང་གི་འགན་གཙང་ལེན་ཚོང་གཉེར་དབང་ཆ་ཀ་བར་དབང་བ་ཡིན།

ལྔ་པ། རྩ་ཐང་སྐོར་རྒྱུག་གི་གོ་རིམ།

རང་སྡེ་བའི་ནང་དུ་རྩ་ཐང་གི་འགན་གཙང་ལེན་ཚོང་གཉེར་དབང་ཆ་སྐོར་རྒྱུག་བྱེད་དགོས་ན། འགན་གཙང་ལེན་བྱེད་མཁན་དང་བསྡུག་ལེན་བྱེད་མཁན་གཉིས་ཀྱིས་འགན་གཙང་སྤྲོད་བྱེད་མཁན་ལ་རྩ་ས་སྐོར་རྒྱུག་རེ་ཞུ་བྱས་ཏེ། སྡེ་དམངས་ཨུ་ཡོན་ལྷན་ཁང་གིས་ཞིབ་བཤེར་བརྒྱུད་དེ་ཞང(གྲོང་རྫལ)མི་དམངས་སྲིད་གཞུང་དུ་ཐོ་འགོད་བྱས་ཆོག

གཞན་སྡེ་བའི་མི་ལ་རྩ་ཐང་གི་འགན་གཙང་ལེན་ཚོང་གཉེར་དབང་ཆ་སྐོར་རྒྱག་བྱེད་དགོས་ན། འགན་གཙང་ལེན་བྱེད་མཁན་དང་བཞུག་ལེན་བྱེད་མཁན་གཉིས་ཀྱིས་འགན་གཙང་སྤྲོད་བྱེད་མཁན་ལ་རྩ་ས་སྐོར་རྒྱག་རེ་ཞུ་བྱས་ཏེ། སྡེ་དམངས་ཨུ་ཡོན་ལྷན་ཁང་གི་གྲོས་ཚོགས་འཐུས་མི་གསུམ་ཆའི་གཉིས་ཡན་འཐད་པ་བརྒྱུད་དེ་ཞང(གྲོང་རྫལ)མི་དམངས་སྲིད་གཞུང་དུ་ཐོ་འགོད་བྱས་ཆོག

བཞུག་སྤྲོད་དང་པན་ཚུན་བརྗེ་བའི་བྱེད་ཐབས་ལ་བརྟེན་ནས་རྩ་ཐང་གི་འགན་གཙང་ལེན་ཚོང་གཉེར་དབང་ཆ་སྐོར་རྒྱག་བྱེད་དགོས་ན། དོ་བདག་རྫོང་ཞིང་ཕྱུགས་ཅུའུ་ཏུ་སོང་སྟེ་རྩ་ཐང་གི་འགན་གཙང་ལེན་ཚོང་གཉེར་དབང་ཆའི་འཛིན་ཡིག་གི་འཕོ་འགྱུར་འགྲོ་ལུགས་སྒྲུབ་དགོས།

དྲུག་པ། རྩ་ཐང་སྐོར་རྒྱག་དོ་དམ།

(གཅིག)དོ་དམ།

རྫོང་ཡན་གྱི་ཞིང་ཕྱུགས་ཅུས་རང་གི་སྲིད་འཛིན་མངའ་ཁོངས་ཀྱི་རྩ་ཐང་གི་འགན་གཙང་ལེན་ཚོང་གཉེར་དབང་ཆའི་སྐོར་རྒྱག་ཞབས་ཞུ་དོ་དམ་བྱེད་དགོས་པ་དང་། རྫོང་ཡན་གྱི་རྩ་ཐང་ལྟ་ཞིབ་དོ་དམ་ས་ཚོགས་ཀྱིས་རྩ་ས་སྐོར་རྒྱག་བྱེ་བྲག་གི་སྐོར་རྒྱག་གན་རྒྱའི་ཐོ་འགོད་སྙན་ཞུ་དང་། དུས་ལྟར་ལྟ་སྐུལ། རྩ་ས་སྐོར་རྒྱག་ཞབས་ཞུའི་ཟབ་སྦྱོང་། ལྟ་སྐུལ་ཞིབ་བཤེར་བྱ་བ་བཅས་འགན་འཁུར་བྱེད་དགོས།

ཞང(གྲོང་རྫལ)མི་དམངས་སྲིད་གཞུང་གིས་རང་གི་སྲིད་འཛིན་མངའ་ཁོངས་ཀྱི་རྩ་ཐང་གི་འགན་གཙང་ལེན་ཚོང་གཉེར་དབང་ཆའི་སྐོར་རྒྱག་ཐོ་འགོད་དོ་དམ་དང་སྲིད་ཇུས་དྲིལ་བསྒྲགས། རྩོད་གླེང་སློམ་སྒྲིག་སོགས་ཀྱི་ཞབས་འདེགས་བྱ་བ་འགན་ཁུར་ནས་སྒྲུབ་དགོས།

སྡེ་དམངས་ཨུ་ཡོན་ལྷན་ཁང་གིས་རང་ཚོགས་པའི་རྩ་འཛུགས་ནང་གི་རྩ་ཐང་གི་འགན་གཙང་ལེན་ཚོང་གཉེར་དབང་ཆའི་སྐོར་རྒྱག་གི་ཞིབ་བཤེར་གཏན་

འཕེབས་དང་བརྡ་འཕྲིན་འཚོལ་སྡུད། ཡར་ཞུ་བྱ་བ་བཅས་འགན་ཁུར་དགོས་ལ། ཞང(གྲོང་རྡལ)མི་དམངས་སྲིད་གཞུང་གི་སྐོར་རྒྱུག་དང་འབྲེལ་བའི་བྱ་བར་རམ་འདེགས་ལེགས་པོ་སྒྲུབ་དགོས།

(གཉིས)རྩ་ས་སྐོར་རྒྱུག་གི་གན་རྒྱ།

རྩ་ཐང་གི་འགན་གཙང་ལེན་ཚོང་གཉེར་དབང་ཆ་སྐོར་རྒྱུག་བྱེད་ན། འགན་གཙང་ལེན་བྱེད་མཁན་དང་བཤུག་ལེན་བྱེད་མཁན་ཕྱོགས་གཉིས་ཀར་གྲོས་མཐུན་ཡོང་སྟེ་ཡིག་ཐོག་གི་སྐོར་རྒྱུག་གན་རྒྱ་འཛོག་དགོས། སྐོར་རྒྱུག་གན་རྒྱ་འདི་འགན་གཙང་སྤྲོད་བྱེད་མཁན་དང་ཞང(གྲོང་རྡལ)མི་དམངས་སྲིད་གཞུང་། རྫོང་ཡན་གྱི་རྩ་ཐང་ལྟ་ཞིབ་དོ་དམ་ལས་ཁུངས་སུ་ཐོ་འགོད་སྙན་སེང་འབུལ་དགོས།

ཞིང་ཆེན་ཞིང་ཕྱུགས་ཐིན་གྱིས་སྐོར་རྒྱུག་གན་རྒྱའི་སྒྲིག་སྟངས་གཅིག་གྱུར་གཏན་འཕེབས་བྱས་ཡོད་དེ། བྱེ་བྲག་གི་ནང་དོན་གསལ་ལྟར། དོ་བདག་ཕྱོགས་གཉིས་ཀའི་རུས་མིང་དང་སྡོད་གནས་སོགས་རྩ་བའི་གནས་ཚུལ་དང་། སྐོར་རྒྱུག་རྩ་སའི་ཕྱོགས་བཞིའི་ས་མཚམས་དང་རྒྱ་ཁྱོན། རིམ་པ། རིགས། གཏན་ཁེལ་བྱས་པའི་ཕྱུགས་ཤོང་ཚད་བཅས། སྐོར་རྒྱུག་བྱེད་ཐབས། སྐོར་རྒྱུག་དུས་ཡུན་དང་མགོ་རྩོམ་པ་དང་མཇུག་སྡུད་པའི་ཟླ་ཚེས། སྐོར་རྒྱུག་རྩ་སའི་སྤྲོད་སྒོ། སྐོར་རྒྱུག་རིན་གོང་དང་དངུལ་སྤྲོད་ཐབས། དོ་དམ་ཕྱོགས་གཉིས་ཀའི་ཁེ་དབང་དང་འོས་འགན། སྐོར་རྒྱུག་གན་རྒྱའི་དུས་ཚོད་ཐོན་རྗེས་རྩ་སའི་སྟེང་དུ་ལྷག་ལུས་དངོས་པོ་དང་འབྲེལ་ཡོད་སྒྲིག་ཆས་ཀྱི་ཐག་གཅོད། རྩ་ཐང་སྲུང་སྐྱོབ་དང་འཛུགས་སྐྲུན། གནས་སྐབས་གཞུང་བཞེས་བཀོལ་སྤྱོད་སོགས་དངུལ་གསབ་བགོ་བཤའ་བྱེད་ཐབས། ཁ་ཆད་དང་འགལ་བའི་འགན་འཁྲི། དོ་བདག་ཕྱོགས་གཉིས་ཀའི་ཁ་ཆད་བཞག་པའི་ནང་དོན་གཞན་དག་བཅས་སོ། །

ས་བཅད་གསུམ་པ། གཞི་རྩའི་རྩ་ཐང་།

གཞི་རྩའི་རྩ་ཐང་ནི་རྩ་ཐང་གི་སྐྱེ་ཁམས་ཁོར་ཡུག་སྲུང་སྐྱོབ་དང་ལེགས་སྒྱུར་བྱེད་པ་དང་། རྒྱལ་དམངས་དཔལ་འབྱོར་དང་ཕྱུགས་ལས་རྒྱུན་མཐུད་འཕེལ་རྒྱས་ཡོང་བར་གཏན་ཁེལ་བྱས་པའི་རྩ་ཐང་ནན་མོས་སྲུང་སྐྱོབ་ལག་བསྟར་བྱེད་ཐབས་ཤིག་ཡིན། གཞི་རྩའི་རྩ་ཐང་སྲུང་སྐྱོབ་ལམ་ལུགས་འཛུགས་པ་དང་ལག་བསྟར་བྱེད་པ་དང་། གཞི་རྩའི་རྩ་ཐང་ལྟ་སྐུལ་དོ་དམ་ཤུགས་བསྣན་ན་ནུས་ཡོད་ཀྱིས་རྩ་ཐང་ཐོན་ཁུངས་སྲུང་སྐྱོབ་བྱེད་ཐུབ། སྐྱེ་ཁམས་བདེ་འཇགས་སྲུང་སྐྱོབ་དང་ཕྱུགས་ལས་ཕྱོགས་བསྡུས་ཐོན་སྐྱེད་ནུས་ཤུགས་མཐོར་འདེགས་ཡོང་ན། ཕྱུགས་ལས་རྒྱུན་མཐུད་འཕེལ་རྒྱས་འབྱུང་ཐུབ་པ་ཡིན།

དང་པོ། གཞི་རྩའི་རྩ་ཐང་གི་དབྱེ་འབྱེད་གཏན་འབེབས།

(གཅིག)གོ་དོན།

གཞི་རྩའི་རྩ་ཐང་གི་དབྱེ་འབྱེད་གཏན་འབེབས་ནི་ས་གནས་མི་དམངས་སྲིད་གཞུང་གིས་རྩ་འཛུགས་འོག་ཏུ། ས་དབྱིབས་རི་མོ་ནི་བྱ་བའི་གཞི་རྩའི་རི་མོར་བྱེད་པ་དང་། རྩ་ཐང་ཐོན་ཁུངས་བརྟག་དཔྱད་དང་མི་བཟོས་རྩ་ས་བརྟག་དཔྱད། རྩ་སའི་འགན་གཙང་ལེན་ཡིག་ཚགས་རྒྱུ་ཆ། ས་གཞི་ཞིབ་བཤེར་རི་མོའི་ཡིག་ཆ། གཞི་གྲངས་སོགས་ཞིབ་ཅིང་བདེན་པའི་རྒྱུ་ཆ་གཞིར་བཟུང་དགོས་པ་དང་། རྒྱལ་ཡོངས་ཀྱི་རྩ་སའི་ཐོན་ཁུངས་ཤེས་གསལ་ཡོང་བའི་རྨང་གཞིའི་སྟེང་དུ། ཡུལ་དངོས་བརྟག་དཔྱད་དང་ལས་སྣེའི་བསྡོམས་རྩིས་དང་། དབྱེ་ཞིབ། ལེགས་སྒྲིག་བཅས་བརྒྱུད་དེ། རྩ་སའི་རྒྱ་ཁྱོན་དང་ཁྱབ་ཚུལ་སོགས་ཀྱི་གནས་ཚུལ་རི་མོར་བྲིས་ཏེ་གཞི་རྩའི་རྩ་ཐང་གི་རིགས་ཁྱབ་ཚུལ་གྱི་རི་མོ་སྒྲིག་བཟོ་དང་། གཞི་

རྩའི་རྩྭ་ཐང་གི་གཞི་གྲངས་མཛོད་འཛུགས་པ།   ད་དུང་བྱེ་བྲག་གི་དབྱེ་འབྱེད་གཏན་འབེབས་ཀྱི་གོ་རིམ་སྤྱི་བསྒྲགས་བྱེད་པ་ཞིག་ལ་གོ

（གཉིས）གཞི་རྩའི་རྩྭ་ཐང་གི་དབྱེ་འབྱེད་གཏན་འབེབས་ཀྱི་རྩ་དོན།

1.དངོས་ཐོག་བདེན་འཚོལ་དང་།   ཡུལ་བབ་དང་བསྟུན་པ། རིགས་དཀར་ནས་མཛུབ་སྟོན། གཅིག་གྱུར་གྱི་འཆར་འགོད་དང་ཕྱོགས་ཡོངས་ལ་ལྟ་རྟོག གོམ་འགྲོས་མཐུན་པ། ཕན་ཚུན་མཐུན་སྒྲིལ། རི་མོ་དང་ཡི་གེ་མཐུན་པ། རིམ་པ་བཞིན་དུ་སྤྱི་བསྡོམས་བཅས་ཀྱི་རྩ་དོན་རྒྱུན་འཛིན་བྱེད་པ།

2.སྲིད་གཞུང་རྩ་འཛུགས་དང་ལས་ཁུངས་ཞུགས་པ།   གྲོས་གཞི་ལག་བསྟར། རིམ་བསྟར་ལག་བསྟར་བཅས་ཀྱི་རྩ་དོན་རྒྱུན་འཛིན་བྱེད་པ།

3.འབྲོག་ཁུལ་དུ་དབྱེ་འབྱེད་གཏན་འབེབས་བྱས་པའི་གཞི་རྩའི་རྩྭ་ཐང་ནི་རྩྭ་ས་སྤྱིའི་རྒྱ་ཁྱོན་གྱི་80%ཡན་ཟིན་དགོས་པ་དང་། ཞིང་ལས་ཁུལ་དང་ཞིང་མ་འབྲོག་གི་ས་ཁུལ་དུ་ཕྱུགས་འཚོ་ས་གཙོ་བོ་དང་མི་བཟོས་རྩྭ་ས། དོར་ཕྱུགས་སྐྱོང་གི་རྩྭ་ས་བཅས་གཞི་རྩའི་རྩྭ་ཐང་གྲས་སུ་འཛོག་པ་དང་། ད་དུང《ས་གཞི་བཀོལ་སྤྱོད་སྤྱིའི་འཆར་བཀོད》དང་མཐུན་པ་བཅས་ཀྱི་རྩ་དོན་རྒྱུན་འཛིན་བྱེད་པ།

4.དབྱེ་འབྱེད་བྱེད་དགོས་པ་དག་དབྱེ་འབྱེད་བྱས་པའི་རྩ་དོན་རྒྱུན་འཛིན་བྱེད་པ།

（གསུམ）གཞི་རྩའི་རྩྭ་ཐང་གི་དབྱེ་འབྱེད་གཏན་འབེབས་ཀྱི་ཁྱབ་ཁོངས།

གཞི་རྩའི་རྩྭ་ཐང་གི་ཁྱབ་ཁོངས་སུ། གཅིག་ནི་རྩྭ་ས་གཙོ་བོ། དེ་ནི་མཚོ་སྔོན་ཞིང་ཆེན་གྱི་འབྲོག་ཁུལ་དང་ཞིང་མ་འབྲོག་ས་ཁུལ་དུ་ཡོད་པའི་རྒྱ་ཁྱོན་ཙུང་ཆེ་བའི་རང་བྱུང་ཕྱུགས་འཚོ་རྩྭ་ས་ལ་གོ གཉིས་ནི་རྩྭ་འབྲིག་ས། དེ་ནི་འབྲོག་ཁུལ་དང་ཞིང་མ་འབྲོག་ས་ཁུལ་གྱི་རྩྭ་སར་རྩྭ་འབྲིག་རྒྱུ་ཆ་རྐྱེན་འཛོམས་པའི་ཐོན་སྐྱེད་ས་ཁུལ་ལ་གོ རྩྭ་འབྲིག་ས་ནི་ས་ཆུ་ཆ་རྐྱེན་བཟང་བའི་ས་ཁུལ་དུ་གནས་ཡོད

ཅིང་རྩ་སྐྱེས་པ་ལེགས་པ་དང་། མི་བཟློས་བཅོས་བསྒྱུར་དང་རྩོ་འདེབས་བརྒྱུད་དེ་རྩ་ཐོན་ཚད་ཅུང་བཟང་བ་ཡིན། ས་འདི་སྤྱིར་བཏང་གི་ཕྱུགས་འཚོ་མི་བྱེད་ཅིང་ལྷགས་ར་བསྐོར་བ་སོགས་ཀྱི་བྱེད་ཐབས་སྤྱད་དེ་བདག་སྐྱོང་བྱས་ཏེ་རྩ་སྐྱེ་རུ་འཇུག ཕྱུགས་རྩ་འབྲིག་སྐྱེ་ལས་སྔོན་བྱས་རྗེས་དགུན་དཔྱིད་དུས་ཚིགས་སུ་གཟན་ཆག་ཁ་གསབ་བྱེད་དགོས། གསུམ་ནི་ཕྱུགས་ལས་ཐོན་སྐྱེད་ཁྲིད་དུ་བཀོལ་བའི་མི་བཟློས་རྩ་ས་དང་། རྩོ་རྡོར་ཕྱུགས་སྐྱོང་གི་རྩ་ས། ལེགས་བཅོས་རྩ་ས། རྩ་འདེབས་གཞི་གནས་བཅས་ལ་གོ བཞི་ནི་མཁའ་དབུགས་སྐྱམ་སྒྲིག་དང་ཆུ་ཁུངས་བདག་སྐྱོང་། ས་ཆུ་རྒྱུད་འཛིན། རླུང་འགོག་བྱེ་འཇགས་བཅས་ལ་ཕྱོད་ནུས་ལྡན་པའི་རྩ་ཐང་ལ་གོ ལྔ་ནི་རྒྱལ་ཁབ་གཙོ་གནད་རི་སྐྱེས་རྫི་ཤིང་དང་སྲོག་ཆགས་འཚོ་གནས་ཁོར་ཡུག་སྲུང་སྐྱོབ་བྱེད་པའི་རྩ་ཐང་སྟེ། དེ་ནི་རྒྱལ་ཁབ་གཙོ་གནད་རི་སྐྱེས་སྲོག་ཆགས་ཀྱི་གནས་བཅའ་ས་དང་རྒྱལ་ཁབ་གཙོ་གནད་རི་སྐྱེས་རྫི་ཤིང་སྐྱེས་སའི་རྩ་ཐང་ལ་གོ དྲུག་ནི་རྩ་ཐང་ཚན་རིག་ཞིབ་འཇུག་དང་སློབ་ཁྲིད་ཚོད་ལྟའི་གཞི་གནས་སུ་བཀོལ་བའི་རྩ་ཐང་ལ་གོ བདུན་ནི་རྒྱལ་སྲིད་སྤྱི་ཁྱབ་ཁང་གིས་གཏན་ཁེལ་བྱས་པའི་གཞི་རྩའི་རྩ་ཐང་གི་དབྱེ་འབྱེད་གཏན་འབེབས་ཀྱི་ཁྱབ་ཁོངས་སུ་འདུས་པའི་གཞན་པའི་རྩ་ཐང་བཅས་འདུས་པའོ། །

གཉིས་པ། གཞི་རྩའི་རྩ་ཐང་གི་ངོ་དམ།

(གཅིག)གཞི་རྩའི་རྩ་ཐང་སྲུང་སྐྱོབ་ལམ་ལུགས་འཛུགས་པ།

གཞི་རྩའི་རྩ་ཐང་སྲུང་སྐྱོབ་ལམ་ལུགས་འཛུགས་དགོས་ན། རྩ་ཐང་གི་གྲུབ་ཆ་གཙོ་བོ་ནི་གཞི་རྩའི་རྩ་ཐང་གི་ཁྱབ་ཁོངས་སུ་བཞག་པ་དང་། གཙོ་གནད་སྲུང་སྐྱོབ་བྱེད་དགོས་པའི་རྩ་ཐང་དོན་ཛོ་མར་གཏན་འབེབས་བྱེད་དགོས། རྩ་ཐང་དུ་ཁྱབ་པའི་ས་གནས་གསལ་པོར་ཡིན་དགོས་པ་དང་རྩ་སའི་རྒྱ་ཁྱོན་དང་ས་མཚམས། རྩ་ས་སྲུང་སྐྱོབ་བཅས་ཀྱི་བྱེ་བྲག་དམིགས་འབེན་ཡང་དག་ཡིན་དགོས་

པ་དང་། ནན་མོས་སྲུང་སྐྱོབ་ལམ་ལུགས་ལག་བསྟར་བྱེད་དགོས། (རི་མོ 3–1)

(གཉིས)ནན་མོས་གཞི་རྩའི་རྩྭ་ཐང་གཞུང་སྐྱོད་དང་བདག་བཟུང་གི་ཞིབ་བཤེར་ཚོག་མཆན་ལམ་ལུགས་ལག་བསྟར་བྱེད་པ།

རི་མོ 3–1 གཞི་རྩའི་རྩྭ་ཐང་སྲུང་སྐྱོབ་ས་ཁུལ།

གཞི་རྩའི་རྩྭ་ཐང་གཞུང་སྐྱོད་དང་བདག་བཟུང་གི་གྲངས་ཀ་ཚོད་འཛིན་བྱེད་དགོས་པ་དང་། གཞི་རྩའི་རྩྭ་ཐང་སྟེང་དུ་རི་སྐྱེས་རྩི་ཤིང་གང་འདོད་དུ་ཁ་སློག་བྱས་མི་རུང་ཞིང་། གང་འདོད་ཀྱིས་གཞི་རྩའི་རྩྭ་ཐང་གི་སྤྱོད་སྒོ་བཅོས་བསྒྱུར་བྱས་མི་ཚོག་པ་ཡིན། གཏེར་ཁ་འདོན་པ་དང་ས་བྱེ་སློག་པ། ལམ་ལས་པ། ས་འོག་སློག་སྐྱུད་སྤས་པ། ཡུལ་སྐོར་ལྟོངས་རྒྱ་གསར་སྤེལ་སོགས་ལ་གཞི་རྩའི་རྩྭ་ཐང་གཞུང་སྐྱོད་དང་བདག་བཟུང་བྱེད་དགོས་ན། རྒྱལ་ཁབ་ཀྱི་འབྲེལ་ཡོད་གཏན་ཁེལ་ལྟར་དུ་ཞིབ་བཤེར་ཚོག་མཆན་ཐོབ་དགོས་ཏེ། གཞི་རྩའི་རྩྭ་ཐང་གཞུང་སྐྱོད་དང་བདག་བཟུང་གི་རྒྱུ་རྐྱེན་ནི་ལུགས་མཐུན་བཀོལ་སྤྱོད་ཚད་གཞི་ལྟར་ཡིན་དགོས།

(གསུམ)ནན་མོས་རྩྭ་ཕྱུགས་དོ་མཉམ་ལམ་ལུགས་ལག་བསྟར་བྱེད་པ།

གཞི་རྩའི་རྩྭ་ཐང་གི་དབྱེ་འབྱེད་གཏན་འབེབས་བྱས་རྗེས། དུས་ཡུན་ངེས་ཅན་ནང་དུ་གཞི་རྩའི་རྩྭ་ཐང་གི་སྐྱེ་ཁམས་ཞིབ་བཤེར་བྱ་བ་སྤེལ་བ་དང་ཞིབ་བཤེར་བརྟ་འཕྲིན་ཁྲབ་བསྒྲགས་བྱེད་པ་དང་། རྩྭ་སའི་ཐོན་སྐྱེད་ནུས་ཤུགས་ཀྱི་གནས་ཚུལ་ལྟར་དུ་གཞི་རྩའི་རྩྭ་ཐང་གི་ཕྱུགས་ཤོང་ཚད་གཏན་འབེབས་བྱེད་པ། མགྱོགས་མྱུར་ངང་རྩྭ་ཕྱུགས་དོ་མཉམ་དང་ཕྱུགས་འཚོ་བཀག་འགོག ཕྱུགས་འཚོ་མཚམས་འཇོག ཕྱུགས་འཚོ་རེས་སྐོར་བཅས་ཀྱི་ལམ་ལུགས་སྤེལ་བ། (རི་མོ 3–

2) ཚོད་བརྒྱལ་ཕྱུགས་འཚོ་བའི་གནས་བབ་ལེགས་པོར་བསྒྱུར་བ། རྩྭ་སའི་སྐྱེ་ནུས་ཉམས་པ་དང་ཉེ་འགྱུར། བ་ཚྭ་ཅན་དུ་འགྱུར་བའི་ཚོད་འཛིན་བྱེད་དགོས་པ་ཡིན། གཞི་རྩའི་རྩྭ་ཐང་སྲིང་ལྕགས་རས་བསྐོར་ཡོད་ས་དང་བཀག་འགོག་བྱས་ཡོད་སར་ཕྱུགས་འཚོ་གཏན་ནས་བྱེད་མི་རུང་། རྩྭ་ཕྱུགས་དོ་མཉམ་གྱི་གཏན་ཁེལ་ལ་རྒྱབ་འགལ་བྱས་ན། འབྲེལ་ཡོད་གཏན་ཁེལ་ལྟར་དུ་ཡོ་བསྲང་ངམ་ཆད་པ་གཅོད་པར་བྱེད།

རི་མོ 3–2 རང་བྱུང་རྩྭ་སའི་ཕྱུགས་འཚོ་བཀག་འགོག་ས་ཁུལ།

(བཞི)ནན་མོས་གཞི་རྩའི་རྩྭ་ཐང་གཏོར་བརླག་བྱེད་པའི་ཁྲིམས་འགལ་བྱ་སྤྱོད་སྣ་ཚོགས་ལ་རྡུང་རྡེག་བྱེད་པ།

རྩྭ་ཐང་སྐོར་གྱི་ཁྲིམས་ལུགས་དང་སྲོལ་ཡིག་དྲིལ་བསྒྲགས་སློབ་གསོའི་བྱ་བར་ཤུགས་སྣོན་པ་དང་། རྩྭ་ཐང་ལྟ་སྐྱུལ་ཁྲིམས་བསྟར་ནུས་ཤུགས་ཇེ་ཆེར་གཏོང་བ། ཁྲིམས་ལྟར་གཞི་རྩའི་རྩྭ་ཐང་གཏོར་བརླག་བྱེད་པའི་ཁྲིམས་འགལ་བྱ་སྤྱོད་སྣ་ཚོགས་ལ་རྡུང་རྡེག་བཅས་བྱེད་དགོས་པ་ཡིན།

(ལྔ)འབྲས་ཚང་བའི་མ་དངུལ་གཏོང་བའི་འགན་སྲུང་ལམ་ལུགས་བཙུགས་ཏེ། སྐྱེ་ཁམས་སྲུང་སྐྱོབ་དང་བཅོས་སྐྱོང་ནུས་ཤུགས་ཇེ་མཐོར་གཏོང་དགོས།

གཞི་རྩའི་རྩྭ་ཐང་གི་དབྱེ་འབྱེད་གཏན་འབེབས་བྱས་རྗེས། རིམ་པ་སོ་སོའི་སྲིད་གཞུང་གིས་གཞི་རྩའི་རྩྭ་ཐང་ལ་མ་དངུལ་གཏོང་བའི་ནུས་ཤུགས་ཇེ་ཆེར་སོང་སྟེ། གཞི་རྩའི་རྩྭ་ཐང་གི་སྐྱེ་ཁམས་འཛུགས་སྐྲུན་ནི་སྤྱི་གཞུང་ནོར་སྲིད་སྟོན་རྩིས་གྲས་སུ་བཞག་པ་དང་། ཆེད་གཏོང་མ་དངུལ་བཙུགས་པ། ལྷག་པར་

དུ་རྩྭ་ཐང་ལྟ་ཞིབ་དོ་དམ་དང་ཞིབ་བཤེར་ལྟ་སྐུལ། ཚན་རིག་ཞིབ་འཇུག ཁྱབ་སྤེལ་གཏོང་བ། གནོད་འཚེ་འགོག་བཅོས་སོགས་ཀྱི་སྤྱི་ཕན་རང་བཞིན་གྱི་ལས་དོན་ལ་མ་དངུལ་གཏོང་ཚད་ཇེ་མང་དུ་སོང་བ་རེད། ས་གནས་སྲིད་གཞུང་གིས་གཞི་རྩའི་རྩྭ་ཐང་སྲུང་སྐྱོབ་དང་འཛུགས་སྐྲུན་དང་བཀོལ་སྤྱོད་བྱེད་པ་ནི་ས་གནས་ཀྱི་རྒྱལ་དམངས་དཔལ་འབྱོར་དང་སྤྱི་ཚོགས་འཕེལ་རྒྱས་ཀྱི་འཆར་བཀོད་གྲས་སུ་བཞག་ཡོད།

ས་བཅད་བཞི་པ། རྩྭ་ཐང་གི་བཅའ་ཁྲིམས་མ་ལག

2003ལོའི་ཟླ་3པའི་ཚེས་1ཉིན《ཀྲུང་ཧྭ་མི་དམངས་སྤྱི་མཐུན་རྒྱལ་ཁབ་རྩྭ་ཐང་གི་ཁྲིམས》བཟོ་བཅོས་དང་ཁྱབ་བསྒྲགས་བྱས། གཏིང་ཟབ་ཏུ《རྩྭ་ཐང་གི་ཁྲིམས》ལག་ལེན་མཐའ་འཁྱོལ་ཡོང་ཆེད། རྒྱལ་སྲིད་སྤྱི་ཁྱབ་ཁང་དང་འབྲེལ་ཡོད་ལས་ཁུངས་ཀྱིས་མགྱོགས་མྱུར་ངང་དེ་དང་འབྲེལ་བའི་ཁྲིམས་ལུགས་ཁྲིམས་སྲོལ་དང་སྲིད་ཇུས་བཏོན་པ་རེད། སྔ་རྗེས་སུ《ཀྲུང་ཧྭ་མི་དམངས་སྤྱི་མཐུན་རྒྱལ་ཁབ་རི་སྐྱེས་སྤོ་ཁེབས་དངོས་པོའི་སྲུང་སྐྱོབ་སྲོལ་ཡིག》དང་།《ཀྲུང་ཧྭ་མི་དམངས་སྤྱི་མཐུན་རྒྱལ་ཁབ་རྩྭ་ཐང་མེ་འགོག་སྲོལ་ཡིག》《རྩྭའི་རིགས་དོ་དམ་བྱེད་ཐབས》《རྩྭ་ཕྱུགས་དོ་མཉམ་དོ་དམ་བྱེད་ཐབས》《རྩྭ་ཐང་གཞུང་སྐྱུད་དང་བདག་བཟུང་གི་ཞིབ་བཤེར་ཚོག་མཆན་དོ་དམ་བྱེད་ཐབས》《ཤིང་མངར་མཆེ་ལྷུམ་འཚོལ་སྐྱུད་དོ་དམ་བྱེད་ཐབས》སོགས་ཁྲིམས་ལུགས་ཁྲིམས་སྲོལ་བཟོ་བཅོས་དང་གཏན་འཁེལ་བྱས། མཚོ་སྔོན་ཞིང་ཆེན་གྱིས《མཚོ་སྔོན་ཞིང་ཆེན〈རྩྭ་ཐང་གི་ཁྲིམས〉ལག་བསྟར་བྱེད་ཐབས》དང《མཚོ་སྔོན་ཞིང་ཆེན་རྩྭ་ཐང་གི་འགན་གཙང་ལེན་ཚོང་གཉེར་དབང་ཆའི་སྤོར་རྒྱུག་བྱེད་ཐབས》བཟོ་བཅོས་བྱས་ཏེ

བརྟན་པ་རེད། མིག་སྟོར་རྨ་ཐང་གི་ཁྲིམས་ལུགས་མ་ལག་ཐོག་མར་གྲུབ་པའི་རྣམ་པ་ཆགས་ཡོད།

དང་པོ། བཅའ་ཁྲིམས།

མིག་སྟོར་རྨ་ཐང་སྐོར་གྱི་བཅའ་ཁྲིམས་ནི《རྨ་ཐང་གི་ཁྲིམས》ཡིན། དེ་ནི 1985ལོའི་ཟླ་6པའི་ཚེས་18ཉིན་སྐབས་དྲུག་པའི་རྒྱལ་ཡོངས་མི་དམངས་འཐུས་མི་ཚོགས་ཆེན་རྒྱུན་ལས་ཨུ་ཡོན་ལྷན་ཚོགས་ཐེངས་བཅུ་གཅིག་པའི་ཚོགས་འདུའི་སྟེང་གྲོས་མཐུན་བྱུང་ཞིང་། 1985ལོའི་ཟླ་10པའི་ཚེས་1ཉིན་ནས་བཟུང་ཁྱབ་བསྒྲགས་ལག་བསྟར་བྱས་པ་རེད། 2002ལོའི་ཟླ་12པའི་ཚེས་28ཉིན་སྐབས་དགུ་པའི་རྒྱལ་ཡོངས་མི་དམངས་འཐུས་མི་ཚོགས་ཆེན་རྒྱུན་ལས་ཨུ་ཡོན་ལྷན་ཚོགས་ཐེངས་སུམ་ཅུ་པའི་ཚོགས་འདུའི་སྟེང་བཟོ་བཅོས་དང་གྲོས་མཐུན་བྱུང་ཞིང་། 2003ལོའི་ཟླ་3པའི་ཚེས་1ཉིན་དངོས་སུ་ལག་བསྟར་བྱས་པ་རེད།

གཉིས་པ། སྲིད་འཛིན་ཁྲིམས་སྲོལ།

རྨ་ཐང་སྐོར་གྱི་སྲིད་འཛིན་ཁྲིམས་སྲོལ་ནི《ཀྲུང་ཧྭ་མི་དམངས་སྤྱི་མཐུན་རྒྱལ་ཁབ་རི་སྐྱེས་སྔོ་ཁབས་དངོས་པོའི་སྲུང་སྐྱོབ་སྲོལ་ཡིག》དང་། 《ཀྲུང་ཧྭ་མི་དམངས་སྤྱི་མཐུན་རྒྱལ་ཁབ་རྨ་ཐང་མེ་འགོག་སྲོལ་ཡིག》ཡིན། 《ཀྲུང་ཧྭ་མི་དམངས་སྤྱི་མཐུན་རྒྱལ་ཁབ་རི་སྐྱེས་སྔོ་ཁབས་དངོས་པོའི་སྲུང་སྐྱོབ་སྲོལ་ཡིག》ནི་རྒྱལ་སྲིད་སྤྱི་ཁྱབ་ཁང་གིས 1996ལོའི་ཟླ་9པའི་ཚེས་30ཉིན་བཏོན་ཞིང་། 1997ལོའི་ཟླ་1པའི་ཚེས་1ཉིན་ནས་བཟུང་ལག་བསྟར་བྱས། 《ཀྲུང་ཧྭ་མི་དམངས་སྤྱི་མཐུན་རྒྱལ་ཁབ་རྨ་ཐང་མེ་འགོག་སྲོལ་ཡིག》ནི 1993ལོའི་ཟླ་10པའི་ཚེས་5ཉིན་རྒྱལ་སྲིད་སྤྱི་ཁྱབ་ཁང་གིས་ཁྱབ་བསྒྲགས་ལག་བསྟར་བྱས་ཤིང་། 2008ལོའི་ཟླ་11པའི་ཚེས་19ཉིན་རྒྱལ་སྲིད་སྤྱི་ཁྱབ་ཁང་གིས་བཟོ་བཅོས་དང་གྲོས་མཐུན་བྱུང་བ་དང་། 2009ལོའི་ཟླ་1པའི་ཚེས་1ཉིན་ནས་བཟུང་ལག་བསྟར་བྱས།

གསུམ་པ། ས་གནས་རང་བཞིན་གྱི་ཁྲིམས་སྲོལ།

མཚོ་སྔོན་ཞིང་ཆེན་རྩྭ་ཐང་སྐྱོར་གྱི་ས་གནས་རང་བཞིན་གྱི་ཁྲིམས་སྲོལ་གཙོ་བོ་ནི《མཚོ་སྔོན་ཞིང་ཆེན〈ཀྲུང་ཧྭ་མི་དམངས་སྤྱི་མཐུན་རྒྱལ་ཁབ་རྩྭ་ཐང་གི་ཁྲིམས〉ལག་བསྟར་བྱེད་ཐབས》ཡིན། དེ་ནི 2007ལོའི་ཟླ 9པའི་ཚེས 28ཉིན་མཚོ་སྔོན་ཞིང་ཆེན་སྐབས་བཅུ་པའི་མི་དམངས་འཐུས་མི་ཚོགས་ཆེན་རྒྱུན་ལས་ཨུ་ཡོན་ལྷན་ཚོགས་ཐེངས་སུམ་ཅུ་སོ་གཉིས་པའི་ཚོགས་འདུའི་སྟེང་ཞིབ་བཤེར་ཆོག་མཆན་ཐོབ་ཅིང་། 2008ལོའི་ཟླ 1པའི་ཚེས 1ཉིན་ནས་བཟུང་ལག་བསྟར་བྱས།

བཞི་པ། ཞིང་ལས་པུའུ་ཡི་སྒྲིག་སྲོལ།

2001ལོའི་ཟླ 10པར་ཞིང་ལས་པུའུ་ཡིས《ཤིང་མངར་མཚེ་ལྷུམ་འཚོལ་སྤྱོད་དོ་དམ་བྱེད་ཐབས》བཏོན་པ་རེད། 2003ལོའི་ཟླ 3པར《རྩྭ་ཐང་གི་ཁྲིམས》བཟོ་བཅོས་བྱས་པ་བཏོན་རྗེས། ཞིང་ལས་པུའུ་ཡིས་རིམ་བཞིན་དུ《རྩྭ་སྤྱུགས་དོ་མཉམ་དོ་དམ་བྱེད་ཐབས》(2005ལོའི་ཟླ 1པར་བཏོན)དང་། 2003ལོའི་ཟླ 3པར《རྩྭའི་རིགས་དོ་དམ་བྱེད་ཐབས》 (2006ལོའི་ཟླ 1པར་བཏོན)དང《རྩྭ་ཐང་གཞུང་སྤྱོད་དང་བདག་བཟུང་གི་ཞིབ་བཤེར་ཆོག་མཆན་དོ་དམ་བྱེད་ཐབས》(2006ལོའི་ཟླ 1པར་བཏོན)བཅས་གཏན་འབེབས་གནང་བ་རེད།

ལྔ་པ། སྲིད་གཞུང་གི་སྒྲིག་སྲོལ།

《རྩྭ་ཐང་གི་ཁྲིམས》བཟོ་བཅོས་བྱས་པ་བཏོན་རྗེས། མཚོ་སྔོན་ཞིང་ཆེན་མི་དམངས་སྲིད་གཞུང་གིས་སྲིད་གཞུང་གི་སྒྲིག་སྲོལ་གཙོ་བོ་སྟེ《མཚོ་སྔོན་ཞིང་ཆེན་རྩྭ་ཐང་གི་འགན་གཙང་ལེན་ཚོང་གཉེར་དབང་ཆའི་སྐྱོར་རྒྱུག་བྱེད་ཐབས》(2011ལོའི་ཟླ 12པའི་ཚེས 28ཉིན་མཚོ་སྔོན་ཞིང་ཆེན་མི་དམངས་སྲིད་གཞུང་རྒྱུན་ལས་ཨུ་ཡོན་ལྷན་ཚོགས་ཐེངས 94ཚོགས་འདུའི་སྟེང་ཞིབ་བཤེར་ཆོག་མཆན་ཐོབ་ཅིང་། 2012ལོའི་ཟླ 3པའི་ཚེས 1ཉིན་ནས་བཟུང་ལག་བསྟར་བྱས)

དང《མཚོ་སྔོན་ཞིང་ཆེན་རྩྭ་ཐང་ལྷ་ཞིབ་དོ་དམ་གཏན་ཁེལ》（བཟོ་བཅོས་བྱ་བ་ལེགས་འགྲུབ་འབྱུང་ལ་ཉེ）བཏོན་པ་རེད། 2003ལོའི་སྔོན་དུ་བཏོན་པའི《མཚོ་སྔོན་ཞིང་ཆེན་རྩྭ་ཐང་འགན་གཙང་ལེན་བྱེད་ཐབས》（1993ལོའི་ཟླ་6པའི་ཚེས24ཉིན་ནས་བཟུང་ལག་བསྟར་བྱས）ད་དུང་མཚམས་འཇོག་བྱས་མེད།

ས་བཅད་ལྔ་པ། རྩྭ་ཐང་ལྷ་ཞིབ་ཚད་ལེན།

རྩྭ་ཐང་ལྷ་ཞིབ་ཚད་ལེན་ནི་ནུས་ཡོད་ཀྱི་བྱེད་ཐབས་སྣ་ཚོགས་བཀོལ་ཏེ····རྩྭ་ཐང་གི་རྒྱ་ཁྱོན་དང་། རིམ་པ། སྐྱོ་ཁེབས་གྲུབ་ཚུལ། ཐོན་སྐྱེད་ནུས་པ། རང་བྱུང་གནོད་འཚེ། སྐྱེ་དངོས་གནོད་འཚེ། བེད་སྤྱོད་གནས་ཚུལ། རྩྭ་ས་སྲུང་སྐྱོབ་འཛུགས་སྐྲུན་སོགས་ཀྱི་བརྡ་འཕྲིན་གནས་ཚུལ་དུས་ལྟར་དང་ཡང་དག་པས་སྡུད་ལེན་བྱེད་པ་དང་། ཚན་རིག་གི་དབྱེ་ཞིབ་དང་གདེང་འཇོག་བྱས་ཏེ་རྩྭ་སའི······སྲུང་སྐྱོབ་དང་འཛུགས་སྐྲུན་ལ་མཇུབ་སྟོན་ལེགས་པོ་བྱེད་པ་ཡིན།

དང་པོ། རྩྭ་ཐང་ལྷ་ཞིབ་ཚད་ལེན་གྱི་དམིགས་ཡུལ།

རྩྭ་ཐང་གི་གནས་ཚུལ་འགྱུར་ལྡོག་ལ་རྒྱུས་ལོན་བྱས་ཏེ་རྩྭ་ཐང་སྐྱེ་ཁམས····དཀྱུལ་གསལ་བྱ་དགའི་ལམ་ལུགས་སོགས་མ་ལག་ཅན་གྱི་རྩྭ་ཐང་སྐྱེ་ཁམས་སྲུང་····སྐྱོབ་བཟོ་སྐྲུན་མཁོ་སྤྲོད་ཞབས་འདེགས་ལག་བསྟར་བྱེད་པ་དང་། རྩྭ་ཐང་ལུགས་མཐུན་བཀོལ་སྤྱོད་བྱེད་པ། རྩྭ་ཐང་སྐྱེ་ཁམས་སྲུང་སྐྱོབ་དང་འཛུགས་སྐྲུན་གྱི་ཕན་ནུས་དཔྱད་འཇོག་གནང་བ་བཅས་བྱེད་དགོས།

གཉིས་པ། རྩྭ་ཐང་ལྷ་ཞིབ་ཚད་ལེན་གྱི་ནང་དོན།

རྩྭ་ཐང་ལྷ་ཞིབ་ཚད་ལེན་གྱི་ནང་དོན་ནི་ཕྱུགས་རྩྭ་སྐྱོ་ལོག་གནས་ཚུལ·······དང་། རྩྭ་སྐྱེས་དུས་ཚིགས་ནང་དུ་སྐྱོ་ཁེབས་ཚད་དང་མཐོ་ཚད་སོགས་རྩྭའི་སྒྲིག་

གཞི་དང་རྩྭ་ཐང་གི་ཐོན་སྐྱེད་ནུས་ཤུགས་ཀྱི་གནས་ཚུལ་དང་། ཕྱུགས་འཚོ་མཚམས་འཛོག་བྱས་ཏེ་རྩྭ་ས་བསྐྱར་བའི་བཟོ་སྐྲུན་ཕན་ནུས་དཔྱད་འཛོག་གནང་བ་དང་། འབྲོག་ཁྱིམ་གྱི་ཕྱུགས་ཟོག་གཟན་ཆག་གི་གྲོན་ཚད་དང་གཟན་ཆག་གསོག་ཉར་ཚད་དང་ཁ་གསབ་གཟན་ཆག་སོགས་ཀྱི་གནས་ཚུལ་བརྟག་དཔྱད་བྱེད་པ་བཅས་འདུས་པ་ཡིན།

གསུམ་པ། རྩྭ་ཐང་ལྷ་ཞིབ་ཚད་ལེན་གྱི་གནས་བབ།

མིག་སྔར་མཚོ་སྔོན་ཞིང་ཆེན་གྱིས་ཞིང་ཆེན་དང་ཁུལ། རྫོང་བཅས་རིམ་པ་གསུམ་གྱི་རྩྭ་ཐང་ལྷ་ཞིབ་དོ་དམ་ལས་ཁུངས་ལ་བརྟེན་ནས་རྩྭ་སའི་སྐྱེ་ཁམས་ལྷ་ཞིབ་ཚད་ལེན་མ་ལག་འཛུགས་སྐྲུན་ཐོག་མ་སྒྲིལ་བ་རེད། 2012ལོར་ཞིང་ཆེན་ཡོངས་སུ་རྒྱལ་ཁབ་རིམ་པའི་ལྷ་ཞིབ་ཚད་ལེན་ས་ཚིགས་སུ་ལྷ་ཞིབ་ཚད་ལེན་ཚོད་ལྟ་བྱེད་ས་13དང་། རྒྱུན་གཏན་ལྷ་ཞིབ་ཚད་ལེན་ས་ཚིགས་594བཙུགས་ཏེ། གཙོ་བོར་ཐོན་སྐྱེད་ནུས་ཤུགས་ལྷ་ཞིབ་ཚད་ལེན་དང་བཟོ་སྐྲུན་ཕན་ནུས་དཔྱད་འཛོག སྐྱེ་ཁམས་གནས་ཚུལ་རྟོག་ཞིབ། ཁ་གསབ་གཟན་ཆག་རྟོག་ཞིབ། རང་བྱུང་རྩྭ་སའི་ཕྱུགས་ཤོང་ཚད་གཏན་འབེབས་སོགས་ཀྱི་བྱ་བ་སྒྲུབ་དགོས་པ་དང་། ད་དུང་རྩྭ་སའི་ལྷ་ཞིབ་ཚད་ལེན་སྔོན་ཞུ་སྒྲིག་བཟོ་དང་ཕྱུགས་ལས་ཐོན་སྐྱེད་མཇུབ་སྟོན། རྩྭ་སར་སྲུང་སྐྱོབ་དང་འཛུགས་སྐྲུན། བཀོལ་སྤྱོད་བཅས་ལ་ཚན་རིག་གི་ཁུངས་ལུང་ཞིག་མཁོ་སྤྲོད་བྱེད་དགོས།

ས་བཅད་དྲུག་པ། རྩྭ་ཐང་བཀོལ་སྤྱོད་དང་ གནས་སྐབས་བདག་འཛིན།

དང་པོ། གོ་དོན།

(གཅིག)རྩྭ་ཐང་བཀོལ་སྤྱོད།

རྩྭ་ཐང་བཀོལ་སྤྱོད་ནི་རྒྱལ་ཁབ་ཀྱིས་རྒྱལ་ཁབ་ལ་དབང་བའི(ཁྲིམས་ལྟར་གཏན་ཁེལ་བྱས་ཏེ་ཞིང་སྡེ་ཚོགས་པའི་དཔལ་འབྱོར་རྩ་འཛུགས་དང་ལས་ཁུངས། ཁེ་ལས་དང་ལས་དོན་ལས་ཁུངས། དམག་དཔུང་བཅས་བཀོལ་སྤྱོད་བྱེད་མཁན་འདུས་པ་ཡིན)རྩྭ་ཐང་དུ་གཏེར་ཁ་སྔོག་འདོན་དང་བཟོ་སྐྲུན་འཛུགས་སྐྲུན་བྱེད་པ་ལ་གོ

དཔེར་ན། 2010ལོར་གཏེར་ལས་གསར་སྤེལ་ཚད་ཡོད་ཀུང་ཟི་ག་གེ་མོའི་ལྕགས་གཏེར་བཏོན་པའི་ལས་གཞི་ཡིས་ཞང་ག་གེ་མོའི་སྡེ་བའི་ཚོགས་པའི་རྩྭ་ས་སྤྱི་ཆེང 68(མུའུ 1020)བདག་བཟུང་བྱས་པ་དང་། རྩྭ་ཐང་འགན་གཙང་ལེན་འབྲོག་ཁྱིམ་གསུམ་ལ་འབྲེལ་བ་ཡོད་པ་རེད། ཁེ་ལས་དེས་ཞིང་ཆེན་ཞིང་ཕྱུགས་ཐིན(ཞིང་ཆེན་སྲིད་འཛིན་ཞིབ་བཤེར་ཚོག་མཆན་ཕྱོགས་བསྡུས་གཞུང་སྐྱབ་ཁང་ཆེན་མོ)ལ་རྩྭ་ཐང་བཀོལ་སྤྱོད་བྱེད་པའི་རེ་ཞུ་ཡི་གེ་འབུལ་བ་དང་། ད་དུང་ལས་གཞི་ཚོག་མཆན་ཐོབ་པའི་ཡིག་ཆ་སྟེ། དཔེར་ན་གཏེར་ལས་གསར་སྤེལ་ཚད་ཡོད་ཀུང་ཟིའི་ཁྲིམས་བཀོད་ཀྱི་མི་བདེན་དཔང་ཡི་གེ་དང་རྩྭ་སའི་བདག་དབང་ཁོངས་གཏོགས་བདེན་དཔང་ཡི་གེའི་རྒྱུ་ཆ། རྩྭ་ཐང་འགན་གཙང་ལེན་འབྲོག་ཁྱིམ་གསུམ་ལ་རྩྭ་སའི་གསབ་དངུལ་གྲོས་ཆོད་ཡི་གེ། ཁོར་ཡུག་སྲུང་སྐྱོབ་ལས་ཁུངས་ཀྱིས་ལས་གཞིའི་འཛུགས་སྐྲུན་ཁོར་ཡུག་ཡར་ཞུ་ཡི་གེའི་མཆན་བཀོད་

བཀའ་ལན་བཅས་སྤྲོད་དགོས། རེ་ཞུའི་རྒྱུ་ཆ་ལུགས་མཐུན་བླང་བྱ་ལྟར་ཞིང་ཆེན་ཞིང་ཕྱུགས་ཐིན་གྱིས་དང་ལེན་བྱས་རྗེས། རེ་ཞུ་བྱེད་མཁན་ལ《ཞིང་ཕྱུགས་ཐིན་སྲིད་འཛིན་ཞིབ་བཤེར་ཚོག་མཆན་དང་ལེན་བདར་སྦྱོར་ཡི་གེ》སྤྲད་དེ་འབྲེལ་ཡོད་ལས་ཁུངས་རྩ་འཛུགས་བྱས་ཏེ་ཡུལ་དངོས་བརྟག་དཔྱད་དང་རྒྱུ་ཆ་ཞིབ་བཤེར་བྱེད་དུ་འགྲོ་དགོས། ཀུང་ཟེ་འདིའི་ལྕགས་གཏེར་བཏོན་པའི་ལས་གཞིའི་རྒྱུ་ཆ་ཚང་བ་དང་ཆ་རྐྱེན་འཛོམ་པོ་ཡིན་ན། སྔོ་ཁེབས་སླར་གསོ་འགྲོ་སོང་སྤྲད་ཚར་རྗེས་ཞིང་ཆེན་ཞིང་ཕྱུགས་ཐིན་གྱིས་ཀུང་ཟེ་འདི་ལ《རྩྭ་ཐང་གཞུང་སྤྱོད་དང་བདག་བཟུང་གི་ཞིབ་བཤེར་ཚོག་མཆན་ཐོབ་པའི་ཡི་གེ》སྟེར་བ་ཡིན། ཀུང་ཟེས་ཞིབ་བཤེར་ཚོག་མཆན་ཐོབ་པའི་ཡི་གེ་བཟུང་སྟེ་རྒྱལ་ཁབ་ས་གཞིའི་ཐོན་ཁུངས་ལས་ཁུངས་སུ་སོང་ནས་འཛུགས་སྐྲུན་བཀོལ་བའི་ས་གཞི་ཞིབ་བཤེར་ཚོག་མཆན་འགྲོ་ལུགས་སྒྲུབ་ཆོག་པ་ལྟ་བུ།

(གཉིས)རྩྭ་ཐང་གནས་སྐབས་བདག་འཛིན།

རྩྭ་ཐང་གནས་སྐབས་བདག་འཛིན་ནི་བཟོ་སྐྲུན་འཛུགས་སྐྲུན་དང་རྩད་ཞིབ། ཡུལ་སྐོར་སྐྱོངས་རྒྱུ། གཞན་པའི་གནས་སྐབས་རང་བཞིན་གྱི་རྩྭ་ཐང་བཀོལ་སྤྱོད་བྱེད་པའི་བྱ་སྤྱོད་ཅིག་ལ་གོ རྩྭ་ཐང་གནས་སྐབས་བདག་འཛིན་གྱི་དུས་ཡུན་ལོ་གཉིས་ལས་བརྒལ་མི་རུང་།

དཔེར་ན། 2006ལོའི་ཟླ་4པར་རྫོང་ག་གེ་མོའི་གྲོང་སྲིད་བཟོ་སྐྲུན་དོ་དམ་ལས་ཁུངས་ཀྱིས་གཞུང་ལམ་འཛུགས་སྐྲུན་བྱེད་དུས། རྩྭ་ཐང་སྟེང་དུ་བྱེ་རྡོ་རྐོ་སློག་དགོས་བྱུང་སྟེ་རྩྭ་ས་མུའུ 20དུས་ཡུན་ལོ་གཅིག་ལ་བདག་བཟུང་བྱེད་ན་འདོད། གྲོང་སྲིད་བཟོ་སྐྲུན་དོ་དམ་ལས་ཁུངས་ཀྱིས་རྫོང་ཞིང་ཕྱུགས་ཅུའུ་ལ་རེ་ཞུ་འབུལ་ཞིང་། ཞིབ་བཤེར་བརྒྱུད་ནས་ཚོག་མཆན་ཆ་རྐྱེན་དང་མཐུན་པ་དང་སྔོ་ཁེབས་སླར་གསོ་འགྲོ་སོང་སྤྲད་རྗེས། རྫོང་ཞིང་ཕྱུགས་ཅུའུ་ཡིས་གཏན་ཁེལ

ཁྱབ་ཁོངས་སུ་བྱེ་རྡོ་རྐོ་སློག་ཚོག་མཚན་ཐོབ་པ་ལྟ་བུ།

(གསུམ)ཕྱོགས་གཉིས་ཀའི་ཁྱད་པར།

རྩྭ་ཐང་བཀོལ་སྤྱོད་ནི་འཛུགས་སྐྲུན་གྱི་དགོས་མཁོའི་ཆེད་དུ་བཀོལ་སྤྱོད་བྱས་རྗེས། ཕྱུགས་ལས་ཐོན་སྐྱེད་ཀྱི་རྩ་སའི་ངོ་བོ་འགྱུར་ལྡོག་བྱུང་བ་སྟེ། ས་གཞིའི་ཞིང་ས་བཀོལ་སྤྱོད་ཀྱི་ངོ་བོ་འགྱུར་ལྡོག་བྱུང་བ། དཔེར་ན་གཏེར་ཁའི་བཟོ་གྲྭ་དང་ལྕགས་ལམ། གཞུང་ལམ། གྲོང་ཁྱེར་སོགས། གནས་སྐབས་བདག་འཛིན་བྱེད་པའི་རྩྭ་ཐང་ཡིན་ན་རྩྭ་ཐང་ངོ་བོ་འགྱུར་ལྡོག་མི་བྱུང་སྟེ། རྩྭ་ས་ཞིང་སའི་བཀོལ་སྤྱོད་ཀྱི་ངོ་བོ་འགྱུར་ལྡོག་མི་བྱུང་བ་ཡིན་ཞིང་། གནས་སྐབས་བདག་འཛིན་གྱི་རྩྭ་ཐང་ལ་ཞིང་སར་བསྒྱུར་བའི་འགྲོ་ལུགས་སྒྲུབ་མི་དགོས། དེ་ཡང་རྩྭ་ཐང་གནས་སྐབས་སུ་སྤྱོད་སྒོ་བྱུང་ན་དུས་ཡུན་ཛོགས་རྗེས། གནས་སྐབས་བཀོལ་སྤྱོད་མཁན་གྱིས་དུས་ལྟར་སྤྲོད་པ་དང་རྩྭ་ཐང་སྔར་ཡོད་ཀྱི་སྤྱོད་སྒོ་སླར་གསོ་བྱེད་དགོས།

གཉིས་པ། རྩྭ་ཐང་བཀོལ་སྤྱོད་དང་གནས་སྐབས་བདག་འཛིན་གྱི་རྣམ་པ།

རྩྭ་ཐང་བཀོལ་སྤྱོད་དང་རྩྭ་ཐང་གནས་སྐབས་བདག་འཛིན་ལ་གཤམ་གྱི་རྣམ་པ་འདི་དག་ཡོད་དེ།

1. རིགས་གཅིག་ནི་རྩྭ་ཐང་བཀོལ་སྤྱོད། དེ་ནི་གཏེར་ཁ་རྐོ་སློག་དང་བཟོ་སྐྲུན་འཛུགས་སྐྲུན་བྱས་ཏེ་རྩྭ་ཐང་བཀོལ་སྤྱོད་བྱེད་པ།

2. རིགས་ཅིག་ཤོས་ནི་རྩྭ་ཐང་གནས་སྐབས་བདག་འཛིན། དེ་ནི་བཟོ་སྐྲུན་འཛུགས་སྐྲུན་དང་རྩད་ཞིབ། ཡུལ་སྐོར་ལྟོངས་རྒྱུ། གཞན་པའི་གནས་སྐབས་རང་བཞིན་གྱི་རྩྭ་ཐང་བཀོལ་སྤྱོད་བྱེད་པའི་བྱ་སྤྱོད་ཅིག་ལ་གོ

3. རྩྭ་ཐང་སྟེང་དུ་རྩྭ་ས་སྲུང་སྐྱོབ་དང་ཕྱུགས་ལས་ཐོན་སྐྱེད་ཞབས་ཞུ་སྒྲུབ

པའི་ཆེད་དུ་ཐད་ཀར་བཟོ་སྐྲུན་སྒྲིག་ཆས་བཀོལ་སྤྱོད་བྱེད་པའི་བྱ་སྤྱོད་ཅིག་ཡིན།

4.རྩ་ཐང་སྟེང་དུ་ཚོང་གཉེར་རང་བཞིན་གྱི་ཡུལ་སྐོར་བྱ་འགུལ་སྤེལ་བ།

5.རྩ་ཐང་སྟེང་དུ་ས་དང་རྡོ། བྱེ་མ་སོགས་རྐོ་སློག་ལས་ཀའི་བྱ་འགུལ་སྤེལ་བ།

6.གནོད་འཚེ་མྱུར་སྐྱོབ་དང་ཏུ་གསར་སྲོ་ཆེད་ལྷངས་འཁོར་རྩ་སའི་སྟེང་དུ་སྐྱོད་པའམ། ས་གཤིས་རྟོག་ཞིབ་དང་ཚན་རིག་བརྟག་དཔྱད་སོགས་ཀྱི་བྱ་འགུལ་སྤེལ་ཆེད་ལྷངས་འཁོར་རྩ་སའི་སྟེང་དུ་སྐྱོད་པ་སོགས་ཀྱི་བྱ་སྤྱོད་སྤེལ་བ།

གསུམ་པ། ཞིབ་བཤེར་གཏན་འབེབས་དང་ཞིབ་བཤེར་ཚོག་མཆན་དབང་ཚད།

1.རྩ་ཐང་བཀོལ་སྤྱོད་མུའུ 1050 བརྒལ་དུས་ཞིང་ལས་པུའུ་ལ་ཞིབ་བཤེར་ཚོག་མཆན་བཀོད་དུ་འཇུག་པ་དང་། མུའུ 1050 དང་དེའི་མན་ཡིན་ན་ཞིང་ཆེན་ཞིང་ཕྱུགས་ཐིན་ལ་ཞིབ་བཤེར་ཚོག་མཆན་བཀོད་དུ་འཇུག་དགོས།

2.རྩ་ཐང་གནས་སྐབས་བདག་འཛིན་མུའུ 450 ཡན་ཡིན་ན་ཞིང་ཆེན་ཞིང་ཕྱུགས་ཐིན་གྱིས་ཞིབ་བཤེར་ཚོག་མཆན་བཀོད་དུ་འཇུག་པ་དང་། མུའུ 150 ཡན་ནས་མུའུ 450 མན་བར་དུ་ཁུལ་ཞིང་ཕྱུགས་ཅུས་ཞིབ་བཤེར་ཚོག་མཆན་བཀོད་དུ་འཇུག་པ། མུའུ 150 མན་རྫོང་ཞིང་ཕྱུགས་ཅུས་ཞིབ་བཤེར་ཚོག་མཆན་བཀོད་དུ་འཇུག་དགོས།

3.རྩ་ས་སྲུང་སྐྱོབ་དང་ཕྱུགས་ལས་ཕན་སྐྱེད་ཞབས་ཞུ་སྒྲུབ་པའི་ཆེད་དུ་ཐད་ཀར་བཟོ་སྐྲུན་སྒྲིག་ཆས་བཀོལ་སྤྱོད་བྱེད་པའི་རྩ་ཐང་ལ་མཚོན་ན། མུའུ 450 ཡན་ནས་མུའུ 1050 མན་བར་དུ་ཞིང་ཆེན་ཞིང་ཕྱུགས་ཐིན་གྱིས་ཞིབ་བཤེར་ཚོག་མཆན་བཀོད་དུ་འཇུག་པ་དང་། མུའུ 150 ཡན་ནས་མུའུ 450 མན་བར་དུ་ཁུལ་ཞིང་ཕྱུགས་ཅུས་ཞིབ་བཤེར་ཚོག་མཆན་བཀོད་དུ་འཇུག་པ། མུའུ 150 མན་

རྫོང་ཞིང་ཕྱུགས་རུས་ཞིབ་བཤེར་ཆོག་མཚན་བཀོད་དུ་དགོས།

4.རྩྭ་ཐང་སྟེང་དུ་ས་དང་རྫོ། བྱེ་མ་སོགས་རྐོ་སློག་ལས་ཀའི་བྱ་འགུལ་སྤེལ་ན་ངེས་པར་དུ་རྫོང་ཞིང་ཕྱུགས་རུའུ་ཡི་ཆོག་མཚན་ཐོབ་དགོས།

5.རྩྭ་ཐང་སྟེང་དུ་ཚོང་གཉེར་རང་བཞིན་གྱི་ཡུལ་སྐོར་བྱ་འགུལ་སྤེལ་ན། ཐོག་མར་རྫོང་རིམ་པ་ཡན་གྱི་ཞིང་ཕྱུགས་རུས་ཆོག་མཚན་ཐོབ་རྗེས་འབྲེལ་ཡོད་འགྲོ་ལུགས་སྒྲུབ་ཆོག

6.གནོད་འཚེ་སྲུང་སྐྱོབ་དང་ཧུ་གསར་སྤོ་ཆེད་རླངས་འཁོར་རྩྭ་སའི་སྟེང་དུ་སྐྱོད་པའམ། ས་གཞིས་རྟོག་ཞིབ་དང་ཚན་རིག་བརྟག་དཔྱད་སོགས་ཀྱི་བྱ་འགུལ་སྤེལ་ཆེད་རླངས་འཁོར་རྩྭ་སའི་སྟེང་དུ་སྐྱོད་པ་སོགས་ཀྱི་བྱ་སྤྱོད་སྤེལ་ན། ངེས་པར་དུ་རྫོང་ཞིང་ཕྱུགས་རུའུ་ལ་འཁོར་སྐྱོད་ས་ཁུལ་དང་ལམ་འགྲོ་འཆར་གཞི་སྤྲོད་དགོས་པ་དང་ཆོག་མཚན་ཐོབ་རྗེས་སོང་ཆོག

བཞི་པ། རྩྭ་ཐང་བཀོལ་སྤྱོད་དང་གནས་སྐབས་བདག་འཛིན་གྱི་ཞིབ་བཤེར་གཏན་འབེབས་ཀྱི་གོ་རིམ།

རྩྭ་ཐང་བཀོལ་སྤྱོད་དམ་རྩྭ་ཐང་གནས་སྐབས་བདག་འཛིན་བྱེད་པའི་ལས་ཁུངས་སམ་མི་སྒེར་ཡིན་ན། ངེས་པར་དུ་ཁྲིམས་ལྟར་རྩྭ་ཐང་ཞིབ་བཤེར་ཆོག་མཚན་འགྲོ་ལུགས་སྒྲུབ་དགོས།

(གཅིག)རྩྭ་ཐང་བཀོལ་སྤྱོད་ཀྱི་ཞིབ་བཤེར་ཆོག་མཚན་གྱི་གོ་རིམ།

1.གཏེར་ཁ་སྔོག་འདོན་དང་བཟོ་སྐྲུན་འཛུགས་སྐྲུན་གྱི་ཆེད་དུ་རྩྭ་ཐང་བཀོལ་སྤྱོད་བྱེད་པའི་རེ་ཞུ་མཁན་ཡིན་ན། རྫོང་རྩྭ་ཐང་ལྟ་ཞིབ་དོ་དམ་ས་ཚིགས་ལ་རེ་ཞུ་བཏོན་རྗེས《རྩྭ་ཐང་གཞུང་སྤྱོད་དང་བདག་བཟུང་རེ་ཞུའི་རེའུ་མིག》ལེན་དགོས་པ་དང་། དེའི་ནང་བྱ་ལྟར་འབྲེལ་ཡོད་ནང་དོན་ཁ་སྐོང་བྱས་ཏེ་གཤམ་གྱི་རྒྱུ་ཆ་དག་ཡར་སྤྲོད་བྱེད་དགོས།

(1)རྩྭ་ཐང་གཞུང་སྐྱོང་དང་བདག་བཟུང་རེ་ཞུའི་རེའུ་མིག སྨུའུ 1050 མན་ཡིན་ན་རེའུ་མིག 3སྤྲོད་པ་དང་། སྨུའུ 1050ཡན་ཡིན་ན་རེའུ་མིག 4སྤྲོད་དགོས།

(2)ལས་གཞི་ཆོག་མཆན་ཐོབ་པའི་ཡིག་ཆ(ཆོག་མཆན་བཀོད་དབང་ལྡན་པའི་སྲིད་འཛིན་ལས་ཁུངས་ཀྱི་ཆོག་མཆན་ཡི་གེ)

(3)རྩྭ་ཐང་བཀོལ་སྤྱོད་བྱེད་མིའི་དབང་ཆའི་ཁོངས་གཏོགས་ཀྱི་བདེན་དཔང་རྒྱུ་ཆ།

(4)ཐོབ་ཐང་ཡོད་པའི་རྩིས་འགོད་ལས་ཁུངས་ཀྱིས་བཟོས་པའི་རྩྭ་ཐང་བཀོལ་སྤྱོད་ལས་གཞིའི་ལག་བསྟར་བྱས་འབྲས་ཀྱི་སྙན་ཞུ་ཡོད་པ།

(5)རྩྭ་ས་བདག་དབང་མཁན་དང་བཀོལ་སྤྱོད་བྱེད་མཁན་ནམ་འགན་གཙང་ལེན་གྱི་ཚོང་གཉེར་བྱེད་མཁན་བཅས་ལ་རྩྭ་ས་ཁ་གསབ་དངུལ་དང་འཚོ་ཚིས་རོགས་སྐྱོར་མ་དངུལ་སོགས་ཀྱི་ཁ་གསབ་གྲོས་མཐུན་ཡི་གེ་བཞག་ཡོད་པ།

(6) རྩྭ་ཐང་བཀོལ་སྤྱོད་ཀྱི་གནས་ཚད་རེའུ་མིག་བཟོ་བ།

2.ཐོག་ཞུས། དེ་ནི་རྫོང་ཞིང་ཕྱུགས་ཅུས་ཡར་ཞུའི་རྒྱུ་ཆ་ལ་ཐོག་མར་ཞུས་གཏན་འབེབས་པ་བྱས་ཏེ། མི་སྒེར་རམ་ཁྲིམས་བཀོད་ཀྱི་མིའི་ཐོང་ཐང་ཁྲིམས་མཐུན་དང་རྒྱུ་ཆ་ཚང་ན་ཞིང་ཆེན་ཞིང་ཕྱུགས་ཐིན་ལ་བསྐྱར་ཞུས་སུ་སྤྲོད་དགོས།

3.བསྐྱར་ཞུས། དེ་ནི་ཞིང་ཆེན་ཞིང་ཕྱུགས་ཐིན་གྱིས་ཡར་ཞུའི་རྒྱུ་ཆ་ལ་ཡང་བསྐྱར་ཞུས་གཏན་འབེབས་པ་དང་། མི་སྒེར་རམ་ཁྲིམས་བཀོད་ཀྱི་མིའི་ཐོང་ཐང་ཁྲིམས་མཐུན་དང་རྒྱུ་ཆ་ཚང་བ། རྩྭ་ཐང་བཀོལ་སྤྱོད་ཀྱི་རྒྱ་ཁྱོན་སྨུའུ 1050 ཡན་བརྒལ་ན་ཞིང་ལས་ཕུའུ་ལ་ཞིབ་བཤེར་ཆོག་མཆན་བཀོད་དུ་འཇུག་དགོས་པ་དང་། མི་སྒེར་རམ་ཁྲིམས་བཀོད་ཀྱི་མིའི་ཐོང་ཐང་ཁྲིམས་མཐུན་དང་རྒྱུ་ཆ་ཚང་བ། རྩྭ་ཐང་བཀོལ་སྤྱོད་ཀྱི་རྒྱ་ཁྱོན་སྨུའུ 1050དང་དེའི་མན་ཡིན་ན་ཞིང་

ཆེན་ཞིང་ཕྱུགས་ཐིན་ལ་ཞིབ་བཤེར་ཚོག་མཆན་བཀོད་དུ་འཇུག་དགོས་པ་ཡིན།

4.ཡང་བསྐྱར་ཞིབ་བཤེར་དང་ཡུལ་དངོས་རྟོག་ཞིབ། རྩྭ་ཐང་བཀོལ་སྤྱོད་ཀྱི་རྒྱ་ཁྱོན་མུའུ 1050དང་དེའི་མན་ཡིན་ན་ཞིང་ཆེན་ཞིང་ཕྱུགས་ཐིན་གྱིས་ཡར་ཞུའི་རྒྱུ་ཆར་ཡང་བསྐྱར་ཞིབ་བཤེར་དང་། འབྲེལ་ཡོད་མི་སྣ་རྩ་འཛུགས་བྱས་ཏེ་ཡུལ་དངོས་སུ་སོང་སྟེ་རྩྭ་ཐང་བཀོལ་སྤྱོད་ལ་རྟོག་ཞིབ་བྱེད་པ། ད་དུང《རྩྭ་ཐང་གཞུང་སྐྱོང་དང་བདག་བཟུང་ཡུལ་དངོས་རྟོག་ཞིབ་རེའུ་མིག》ཁ་སྐོང་བྱེད་དགོས།

5.ཞིབ་བཤེར་ཚོག་མཆན། རྩྭ་ཐང་བཀོལ་སྤྱོད་ཀྱི་རྒྱ་ཁྱོན་མུའུ 1050ཡན་ཡིན་ན་ཀྲུང་ཧྭ་མི་དམངས་སྤྱི་མཐུན་རྒྱལ་ཁབ་ཞིང་ལས་པུའུ་ཡིས་ཞིབ་བཤེར་ཚོག་མཆན་ཐོབ་དགོས། རྩྭ་ཐང་བཀོལ་སྤྱོད་ཀྱི་རྒྱ་ཁྱོན་མུའུ 1050དང་དེའི་མན་ཡིན་ན་ཞིང་ཆེན་ཞིང་ཕྱུགས་ཐིན་གྱིས་ཞིབ་བཤེར་ཚོག་མཆན་ཐོབ་དགོས་པ་ཡིན། ཞིབ་བཤེར་ཚོག་མཆན་ཐོབ་རྗེས། རེ་ཞུ་མཁན་ལ《རྩྭ་ཐང་གཞུང་སྐྱོང་དང་བདག་བཟུང་གི་ཞིབ་བཤེར་ཚོག་མཆན་ཐོབ་ཡིག》སྤྲོད་དགོས།

6.རེ་ཞུ་མཁན་གྱིས་ཁྲིམས་ལྟར་རྩྭ་སའི་སྡོ་ཁེབས་སླར་གསོ་མ་དངུལ་སྤྲོད་པ། དེ་ཡང་འཛུགས་སྐྲུན་གྱི་ཆེད་དུ་རྩྭ་ཐང་བཀོལ་སྤྱོད་བྱེད་དགོས་ན་རྩྭ་སའི་སྡོ་ཁེབས་སླར་གསོ་མ་དངུལ་སྤྲོད་དགོས། རྩྭ་སའི་སྡོ་ཁེབས་སླར་གསོ་མ་དངུལ་ནི་ཆེད་སྤྱོད་མ་དངུལ་ཡིན། མ་དངུལ་དེ་ནི་ཞིང་ལས་པུའུ་དང་ཞིང་ཆེན་ཞིང་ཕྱུགས་ཐིན། ཞིང་ཆེན་ནོར་སྲིད་ཐིན་བཅས་ཀྱིས་གཏན་ཁེལ་ལྟར་དུ་རྩྭ་སའི་སྡོ་ཁེབས་སླར་གསོ་ཐོག་ཏུ་སྤྱོད་པ། ལས་ཁུངས་དང་མི་སྒེར་སུས་ཀྱང་བཀག་ཉར་དང་གཞན་སྤྱོད་བྱེད་མི་རུང་།

རྩྭ་སའི་སྡོ་ཁེབས་སླར་གསོ་མ་དངུལ་ནི་རྩྭ་ཐང་གཞུང་སྐྱོང་དང་བདག་བཟུང་གི་རྒྱ་ཁྱོན་ལྟར་དུ་འཇལ་དགོས། བྱེ་བྲག་གི་དངུལ་སྤྲོད་ཚད་ཐིག《མཚོ

སྟོན་ཞིང་ཆེན་རྩྭ་སའི་སྔོ་ཁེབས་སླར་གསོ་དཔྱལ་ཞིབ་ཚད་ཐིག》ལྟར་ལག་བསྟར་བྱེད་དགོས། རྩྭ་ཐང་གཞུང་སྐྱོང་དང་བདག་བཟུང་གི་རྒྱུ་རྐྱེན་མུའུ་གཅིག་གི་མན་ཡིན་ན། དངོས་ཡོད་བདག་བཟུང་རྒྱུ་རྐྱེན་དང་གཏན་ཁེལ་གྱི་རྒྱུ་རྐྱེན་རེའི་དཔྱལ་སྐྱོད་ཚད་ཐིག་ལྟར་རྩྭ་སའི་སྔོ་ཁེབས་སླར་གསོ་མ་དཔྱལ་སྤྲོད་དགོས།

7.རྩྭ་ཐང་བཀོལ་སྤྱོད་ཞིབ་བཤེར་དོ་དམ་འགྲོ་ལུགས་སྒྲུབ་པའི་གོ་རིམ་……… རེའུ་མིག(རེའུ་མིག 3—3)

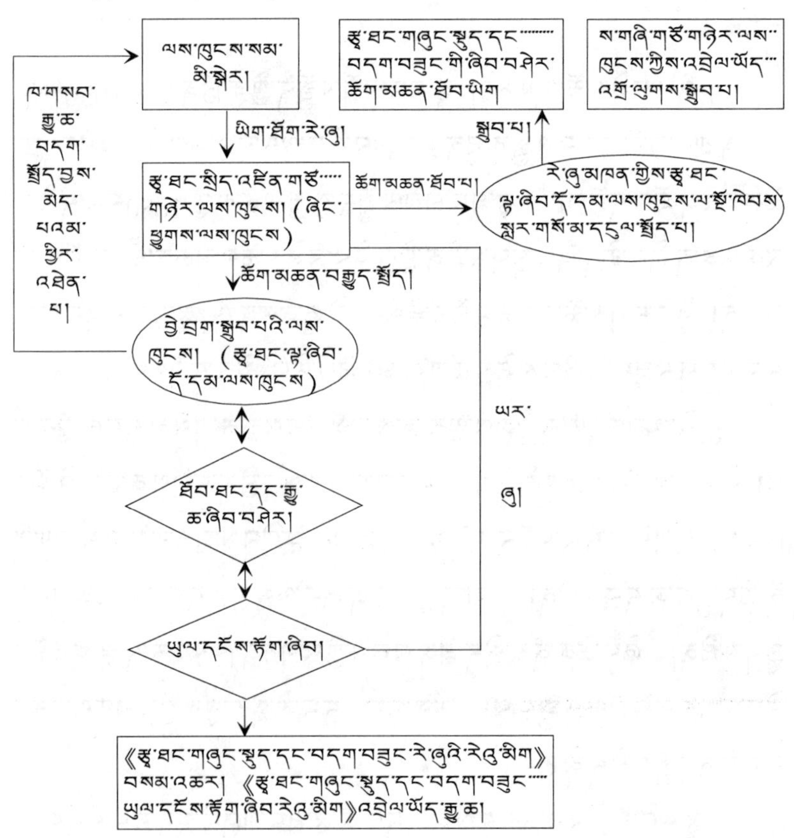

རེའུ་མིག 3–3 རྩྭ་ཐང་བཀོལ་སྤྱོད་ཞིབ་བཤེར་དོ་དམ་འགྲོ་ལུགས་སྒྲུབ་པའི་གོ་རིམ་རེའུ་མིག

(གཉིས)རྩྭ་ཐང་གནས་སྐབས་བདག་འཛིན་ཞིབ་བཤེར་ཚོག་མཚན་གྱི་གོ་རིམ།

1.རྩྭ་ཐང་སྟེང་དུ་ལམ་ལས་པ་དང་ས་འོག་ས་ལྷ་ཏུ་བཟོ་སྐྲུན་བསྐྲུན་པ། རྩད་གཅོད། གསོར་ཁྲིན། ཡུལ་སྐོར་སོགས་རྩྭ་ཐང་གནས་སྐབས་བདག་འཛིན་བྱེད་པའི་རེ་ཞུ་མཁན་ཡིན་ན། རྫོང་རྩྭ་ཐང་ལྟ་ཞིབ་དོ་དམ་ས་ཚིགས་ལ་རེ་ཞུ་བཏོན་རྗེས《རྩྭ་ཐང་གཞུང་སྤྱོད་དང་བདག་བཟུང་རེ་ཞུའི་རེའུ་མིག》ལེན་དགོས་པ་དང་། དེའི་ནང་བྲི་ལྟར་འབྲེལ་ཡོད་ནང་དོན་ཁ་སྐོང་བྱས་ཏེ་གཤམ་གྱི་རྒྱུ་ཆ་དག་ཡར་སྤྲོད་བྱེད་དགོས། (1)རྩྭ་ཐང་གཞུང་སྤྱོད་དང་བདག་བཟུང་རེ་ཞུའི་རེའུ་མིག (2)རྩྭ་ཐང་བཀོལ་སྤྱོད་བྱེད་མིའི་དབང་ཆའི་ཁུངས་གཏུགས་ཀྱི་བདེན་དཔང་རྒྱུ་ཆ། (3)ཐོབ་ཐང་ཡོད་པའི་རྩིས་འགོད་ལས་ཁུངས་ཀྱིས་བཟོས་པའི་རྩྭ་ཐང་བཀོལ་སྤྱོད་ལས་གཞིའི་ལག་བསྟར་བྱས་འབྲས་ཀྱི་སྙན་ཞུ་ཡོད་པ། (4)རྩྭ་སའི་སྡོ་ཁེབས་སླར་གསོའི་གྲོས་གཞི། (5)རྩྭ་ས་བདག་དབང་མཁན་དང་བཀོལ་སྤྱོད་བྱེད་མཁན་ནམ་འགན་གཙང་ལེན་གྱི་ཚོང་གཉེར་བྱེད་མཁན་བཅས་ལ་རྩྭ་ས་ཁ་གསབ་དངུལ་དང་འཚོ་ཆེས་རོགས་སྐྱོར་མ་དངུལ་སོགས་ཀྱི་ཁ་གསབ་གྲོས་མཐུན་ཡི་གེ་བཞག་ཡོད་པ།

2.ཐོག་ཞིབ། དེ་ནི་རིམ་པ་སོ་སོའི་རྩྭ་ཐང་སྲིད་འཛིན་གཙོ་གཉེར་ལས་ཁུངས་ཀྱིས་དབང་ཚད་ལྟར་རྩྭ་ཐང་གནས་སྐབས་བདག་འཛིན་བྱེད་པའི་རྩྭ་སའི་རྒྱ་ཁྱོན་ཆེ་ཆུང་སོགས་ཡར་ཞུའི་རྒྱུ་ཆ་ལ་ཐོག་མར་ཞིབ་གཏན་འབེབས་པ་བྱས་ཏེ། མི་སྙེར་རམ་ཁྲིམས་བཀོད་ཀྱི་མིའི་ཐོང་ཐང་ཁྲིམས་མཐུན་དང་རྒྱུ་ཆ་ཚང་བ། རྩྭ་ཐང་བཀོལ་སྤྱོད་ཀྱི་རྒྱ་ཁྱོན་མུའུ་450ཡན་བརྒལ་ན་ཞིང་ཆེན་ཞིང་ཕྱུགས་ཐིན་ལ་ཐོག་ཞིབ་སུ་སྤྲོད་པ་དང་། མུའུ་150ཡན་ནས་མུའུ་450མན་བར་དུ་ཁུལ་སོ་སོའི་ཞིང་ཕྱུགས་ཆུའུ་ཡི་ཐོག་ཞིབ་སུ་སྤྲོད་པ། མུའུ་150མན་རྫོང་ཞིང་ཕྱུགས་ཆུའུ་ཡི་

ཐོག་ཞུས་སུ་སྤྲོད་དགོས།

3.ཡུལ་དངོས་རྟོག་ཞིབ། རྩ་ཐང་བཀོལ་སྤྱོད་ཀྱི་རྒྱ་ཁྱོན་མུའུ 450ཡན་ཡིན་ན་ཞིང་ཆེན་རྩ་ཐང་ལྟ་ཞིབ་དོ་དམ་ས་ཚིགས་ཀྱིས་འབྲེལ་ཡོད་མི་སྣ་ཚ་འཛུགས་བྱས་ཏེ་ཡུལ་དངོས་སུ་སོང་སྟེ་རྩ་ཐང་བཀོལ་སྤྱོད་ལ་རྟོག་ཞིབ་བྱེད་པ། ད་དུང《རྩ་ཐང་གཞུང་སྐྱོང་དང་བདག་བཟུང་ཡུལ་དངོས་རྟོག་ཞིབ་རེའུ་མིག》ཁ་སྐོང་བྱེད་པ་དང་ཞིང་ཆེན་ཞིང་ཕྱོགས་ཐིན་གྱི་ཞིབ་བཤེར་ཆོག་མཆན་རེ་ཞུ་འབུལ་དགོས། མུའུ 150ཡན་ནས་མུའུ 450མན་བར་ཡིན་ན་ཁུལ་ས་སོའི་རྩ་ཐང་ལྟ་ཞིབ་དོ་དམ་ས་ཚིགས་ཀྱིས་འབྲེལ་ཡོད་མི་སྣ་ཚ་འཛུགས་བྱས་ཏེ་ཡུལ་དངོས་སུ་སོང་སྟེ་རྩ་ཐང་བཀོལ་སྤྱོད་ལ་རྟོག་ཞིབ་བྱེད་པ། ད་དུང《རྩ་ཐང་གཞུང་སྐྱོང་དང་བདག་བཟུང་ཡུལ་དངོས་རྟོག་ཞིབ་རེའུ་མིག》ཁ་སྐོང་བྱེད་པ་དང་ཁུལ་ཞིང་ཕྱོགས་ཛུའུ་ལ་ཞིབ་བཤེར་ཆོག་མཆན་རེ་ཞུ་འབུལ་དགོས། མུའུ 150མན་ཡིན་ན་རྫོང་རྩ་ཐང་ལྟ་ཞིབ་དོ་དམ་ས་ཚིགས་ཀྱིས་འབྲེལ་ཡོད་མི་སྣ་ཚ་འཛུགས་བྱས་ཏེ་ཡུལ་དངོས་སུ་སོང་སྟེ་རྩ་ཐང་བཀོལ་སྤྱོད་ལ་རྟོག་ཞིབ་བྱེད་པ། ད་དུང《རྩ་ཐང་གཞུང་སྐྱོང་དང་བདག་བཟུང་ཡུལ་དངོས་རྟོག་ཞིབ་རེའུ་མིག》ཁ་སྐོང་བྱེད་པ་དང་རྫོང་ཞིང་ཕྱོགས་ཛུའུ་ལ་ཞིབ་བཤེར་ཆོག་མཆན་རེ་ཞུ་འབུལ་དགོས།

4. ཞིབ་བཤེར་ཆོག་མཆན། རྩ་ཐང་བཀོལ་སྤྱོད་ཀྱི་རྒྱ་ཁྱོན་མུའུ 450ཡན་ཡིན་ན་ཞིང་ཆེན་ཞིང་ཕྱོགས་ཐིན་གྱིས་ཞིབ་བཤེར་ཆོག་མཆན་ཐོབ་དགོས་པ་དང་། མུའུ 150ཡན་ནས་མུའུ 450མན་བར་ཡིན་ན་ཁུལ་ཞིང་ཕྱོགས་ཛུའུ་ཡིས་ཞིབ་བཤེར་ཆོག་མཆན་ཐོབ་དགོས་པ། མུའུ 150མན་ཡིན་ན་རྫོང་ཞིང་ཕྱོགས་ཛུའུ་ཡིས་ཞིབ་བཤེར་ཆོག་མཆན་ཐོབ་དགོས། ཞིབ་བཤེར་ཆོག་མཆན་ཐོབ་རྗེས། རེ་ཞུ་མཁན་ལ《རྩ་ཐང་གཞུང་སྐྱོང་དང་བདག་བཟུང་གི་ཞིབ་བཤེར་ཆོག་མཆན་ཐོབ་ཡིག》སྤྲོར་དགོས།

5. རེ་ཞུ་མཁན་གྱིས་ཁྲིམས་ལྟར་རྩྭ་སའི་སྤོ་ཁེབས་སླར་གསོ་མ་དངུལ་སྤྲོད······པ། དེ་ཡང་རྩྭ་ཐང་སྟེང་དུ་ལམ་ལས་པ་དང་ས་འོག་ས་བླ་རུ་བཟོ་སྐྲུན་བསྐྲུན་པ། རྫད་གཅོད། གསོར་ཁྲོན། ཡུལ་སྐོར་སོགས་རྩྭ་ཐང་གནས་སྐབས་བདག་འཛིན་བྱེད་དགོས་ན་རྩྭ་སའི་སྤོ་ཁེབས་སླར་གསོ་མ་དངུལ་སྤྲོད་དགོས། བྱེ་བྲག་གི་དངུལ་སྤྲད་ཚད་ཐིག《མཚོ་སྔོན་ཞིང་ཆེན་རྩྭ་སའི་སྤོ་ཁེབས་སླར་གསོ་དངུལ་སྤྲད་ཚད་ཐིག》ལྟར་ལག་བསྟར་བྱེད་དགོས།

6. རྩྭ་ཐང་གནས་སྐབས་བདག་འཛིན་ཞིབ་བཤེར་དོ་དམ་གྱི་འགྲོ་ལུགས······སྒྲུབ་པའི་གོ་རིམ་རེའུ་མིག(རེའུ་མིག 3—4)

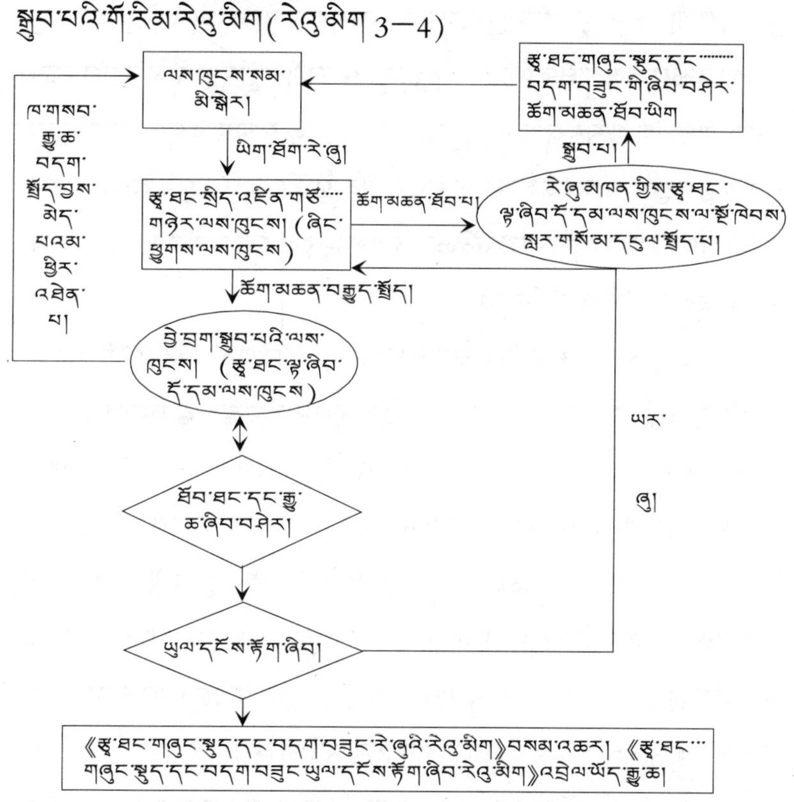

རེའུ་མིག 3–4 རྩྭ་ཐང་གནས་སྐབས་བདག་འཛིན་ཞིབ་བཤེར་དོ་དམ་གྱི་འགྲོ་ལུགས་སྒྲུབ་པའི་གོ་རིམ་རེའུ་མིག

(གསུམ)རྩ་ས་སྲུང་སྐྱོབ་དང་ཕྱུགས་ལས་ཐོན་སྐྱེད་ཞབས་ཞུ་སྒྲུབ་པའི་ཆེད་དུ་ཐད་ཀར་བཟོ་སྐྲུན་སྒྲིག་ཆས་ཞིབ་བཤེར་ཆོག་མཆན་བཀོད་པའི་གོ་རིམ།

1. རྩ་ས་སྲུང་སྐྱོབ་དང་ཕྱུགས་ལས་ཐོན་སྐྱེད་ཞབས་ཞུ་སྒྲུབ་པའི་ཆེད་དུ་ཐད་ཀར་བཟོ་སྐྲུན་སྒྲིག་ཆས་བཀལ་ནས་རྩ་ཐང་བཀལ་སྤྱོད་བྱེད་པའི་རེ་ཞུ་མཁན་ཡིན་ན། རྫོང་རྩ་ཐང་ལྟ་ཞིབ་དོ་དམ་ས་ཚིགས་ལ་རེ་ཞུ་བཏོན་རྗེས《རྩ་ཐང་གཞུང་སྤྱོད་དང་བདག་བཟུང་རེ་ཞུའི་རེའུ་མིག》ལེན་དགོས་པ་དང་། དེའི་བླང་བྱ་ལྟར་འབྲེལ་ཡོད་ནང་དོན་ཁ་སྐོང་བྱས་ཏེ་གཤམ་གྱི་རྒྱུ་ཆ་དག་ཡར་སྤྲོད་བྱེད་དགོས། (1)རྩ་ཐང་གཞུང་སྤྱོད་དང་བདག་བཟུང་རེ་ཞུའི་རེའུ་མིག (2)ལས་གཞི་ཆོག་མཆན་ཐོབ་ཡིག (3)རྩ་ཐང་བཀལ་སྤྱོད་བྱེད་མིའི་དབང་ཆའི་ཁོངས་གཏོགས་ཀྱི་བདེན་དཔང་རྒྱུ་ཆ། (4)རྩ་ས་བདག་དབང་མཁན་དང་བཀལ་སྤྱོད་བྱེད་མཁན་ནམ་འགན་གཙང་ལེན་གྱི་ཚོང་གཉེར་བྱེད་མཁན་བཅས་ལ་རྩ་ས་ཁ་གསབ་དངུལ་དང་འཚོ་ཚིས་རོགས་སྐྱོར་མ་དངུལ་སོགས་ཀྱི་ཁ་གསབ་གྲོས་མཐུན་ཡི་གེ་བཞག་ཡོད་པ།

2. ཐོག་ཞུས། དེ་ནི་ཞིང་ཆེན་དང་ཁུལ། རྫོང་བཅས་རིམ་པ་སོ་སོའི་རྩ་ཐང་སྲིད་འཛིན་གཙོ་གཉེར་ལས་ཁུངས་ཀྱིས་དབང་ཚད་ལྟར་རྩ་ཐང་གནས་སྐབས་བདག་འཛིན་བྱེད་པའི་རྩ་སའི་རྒྱ་ཁྱོན་ཆེ་ཆུང་སོགས་ཡར་ཞུའི་རྒྱུ་ཆ་ལ་ཐོག་མར་ཞུས་གཏན་འབེབས་པ་བྱས་ཏེ། མི་སྒེར་རམ་ཁྲིམས་བཀོད་ཀྱི་མིའི་ཐོང་ཐང་ཁྲིམས་མཐུན་དང་རྒྱུ་ཆ་ཚང་བ། རྩ་ཐང་བཀལ་སྤྱོད་ཀྱི་རྒྱ་ཁྱོན་མུའུ 1050 ཡན་བརྒལ་ན་ཞིང་ཆེན་ཞིང་ཕྱུགས་ཐིང་ལ་ཐོག་ཞུས་སུ་སྤྲོད་པ་དང་། མུའུ 150 ཡན་ནས་མུའུ 1050མན་བར་དུ་ཁུལ་སོ་སོའི་ཞིང་ཕྱུགས་ཅུའུ་ཡི་ཐོག་ཞུས་སུ་སྤྲོད་པ། མུའུ 150མན་རྫོང་ཞིང་ཕྱུགས་ཅུའུ་ཡི་ཐོག་ཞུས་སུ་སྤྲོད་དགོས།

3. ཡུལ་དངོས་རྟོག་ཞིབ། རྩ་ཐང་བཀལ་སྤྱོད་ཀྱི་རྒྱ་ཁྱོན་མུའུ 1050ཡན

ཡིན་ན་ཞིང་ཆེན་རྩྭ་ཐང་ལྟ་ཞིབ་དོ་དམ་ས་ཚོགས་ཀྱིས་འབྲེལ་ཡོད་མི་སྣ་ཚ་འཛུགས་བྱས་ཏེ་ཡུལ་དངོས་སུ་སོང་སྟེ་རྩྭ་ཐང་བཀོལ་སྤྱོད་ལ་རྟོག་ཞིབ་བྱེད་པ། ད་དུང་《རྩྭ་ཐང་གཞུང་སྤུད་དང་བདག་བཟུང་ཡུལ་དངོས་རྟོག་ཞིབ་རེའུ་མིག》ཁ་སྐོང་བྱེད་པ་དང་ཞིང་ཆེན་ཞིང་ཕྱོགས་ཐིན་གྱི་ཞིབ་བཤེར་ཚོག་མཚན་རེ་ཞུ་འབུལ་དགོས། མུའུ 150ཡན་ནས་མུའུ 1050མན་བར་ཡིན་ན་ཁུལ་སོ་སོའི་རྩྭ་ཐང་ལྟ་ཞིབ་དོ་དམ་ས་ཚོགས་ཀྱིས་འབྲེལ་ཡོད་མི་སྣ་ཚ་འཛུགས་བྱས་ཏེ་ཡུལ་དངོས་སུ་སོང་སྟེ་རྩྭ་ཐང་བཀོལ་སྤྱོད་ལ་རྟོག་ཞིབ་བྱེད་པ། ད་དུང་《རྩྭ་ཐང་གཞུང་སྤུད་དང་བདག་བཟུང་ཡུལ་དངོས་རྟོག་ཞིབ་རེའུ་མིག》ཁ་སྐོང་བྱེད་པ་དང་ཁུལ་ཞིང་ཕྱོགས་ཛུའུ་ལ་ཞིབ་བཤེར་ཚོག་མཚན་རེ་ཞུ་འབུལ་དགོས། མུའུ 150མན་ཡིན་ན་རྫོང་རྩྭ་ཐང་ལྟ་ཞིབ་དོ་དམ་ས་ཚོགས་ཀྱིས་འབྲེལ་ཡོད་མི་སྣ་ཚ་འཛུགས་བྱས་ཏེ་ཡུལ་དངོས་སུ་སོང་སྟེ་རྩྭ་ཐང་བཀོལ་སྤྱོད་ལ་རྟོག་ཞིབ་བྱེད་པ། ད་དུང་《རྩྭ་ཐང་གཞུང་སྤུད་དང་བདག་བཟུང་ཡུལ་དངོས་རྟོག་ཞིབ་རེའུ་མིག》ཁ་སྐོང་བྱེད་པ་དང་རྫོང་ཞིང་ཕྱོགས་ཛུའུ་ལ་ཞིབ་བཤེར་ཚོག་མཚན་རེ་ཞུ་འབུལ་དགོས།

4. ཞིབ་བཤེར་ཚོག་མཚན། རྩྭ་ཐང་བཀོལ་སྤྱོད་ཀྱི་རྒྱ་ཚད་མུའུ 1050 ཡན་ཡིན་ན་ཞིང་ཆེན་ཞིང་ཕྱོགས་ཐིན་གྱིས་ཞིབ་བཤེར་ཚོག་མཚན་ཐོབ་དགོས་པ་དང་། མུའུ 150ཡན་ནས་མུའུ 1050མན་བར་ཡིན་ན་ཁུལ་ཞིང་ཕྱོགས་ཛུའུ་ཡིས་ཞིབ་བཤེར་ཚོག་མཚན་ཐོབ་དགོས་པ། མུའུ 150མན་ཡིན་ན་རྫོང་ཞིང་ཕྱོགས་ཛུའུ་ཡིས་ཞིབ་བཤེར་ཚོག་མཚན་ཐོབ་དགོས། ཞིབ་བཤེར་ཚོག་མཚན་ཐོབ་རྗེས། རེ་ཞུ་མཁན་ལ《རྩྭ་ཐང་གཞུང་སྤུད་དང་བདག་བཟུང་གི་ཞིབ་བཤེར་ཚོག་མཚན་ཐོབ་ཡིག》སྟེར་བར་བྱེད། རེ་ཞུ་མཁན་གྱིས་བཟོ་སྐྲུན་སྒྲིག་ཆས་ཀྱི་འཛུགས་སྐྲུན་ཐེལ་ཚག

(བཞི)རྩྭ་ཐང་སྟེང་དུ་ས་དང་རྡོ། བྱེ་མ་སོགས་རྐོ་སློག་ལས་ཀའི་བྱ

འགྲུལ་སྐྱོད་བར་ཆོག་མཆན་བཀོད་པའི་གོ་རིམ།

1.རྩྭ་ཐང་སྟེང་དུ་ས་དང་རྫོ། བྱེ་མ་སོགས་རྐོ་སློག་ལས་ཀའི་བྱ་འགྲུལ་སྐྱོད་ན། རྫོང་རྩྭ་ཐང་ལྟ་ཞིབ་དོ་དམ་ས་ཚོགས་ལ་རེ་ཞུ་བཏོན་རྗེས《རྩྭ་ཐང་གཞུང་སྤྱོད་དང་བདག་བཟུང་རེ་ཞུའི་རེའུ་མིག》ལེན་དགོས།

2.ཞིབ་བཤེར་དང་ཡུལ་དངོས་རྟོག་ཞིབ། རྫོང་རྩྭ་ཐང་ལྟ་ཞིབ་དོ་དམ་ས་ཚོགས་ཀྱིས་འབྲེལ་ཡོད་མི་སྣ་རྩ་འཛུགས་བྱས་ཏེ་རེ་ཞུ་མཁན་གྱི་མིའི་ཐོབ་ཐང་གི་ལུགས་མཐུན་རང་བཞིན་དང་རྩྭ་སའི་དབང་ཆའི་ཁོངས་གཏོགས་ཀྱི་གནས་ཚུལ། རྩྭ་ཐང་འགན་གཙང་ལེན་ཚོང་གཉེར་མཁན་གྱི་རིགས་དབྱུལ་ཁ་གསལ་གནས་ཚུལ་བཅས་ལ་ཡུལ་དངོས་རྟོག་ཞིབ་བྱེད་པ། ད་དུང《རྩྭ་ཐང་གཞུང་སྤྱོད་དང་བདག་བཟུང་ཡུལ་དངོས་རྟོག་ཞིབ་རེའུ་མིག》ཁ་སྐོང་བྱེད་པ་དང་རྫོང་ཞིང་ཕྱུགས་ཅུའུ་ལ་ཞིབ་བཤེར་ཆོག་མཆན་རེ་ཞུ་འབུལ་དགོས།

3.ཆོག་མཆན། རྫོང་ཞིང་ཕྱུགས་ཅུའུ་ཡིས་ཆོག་མཆན་ཐོབ་དགོས། ཆོག་མཆན་ཐོབ་རྗེས། རེ་ཞུ་མཁན་ལ《རྩྭ་ཐང་གཞུང་སྤྱོད་དང་བདག་བཟུང་གི་ཞིབ་བཤེར་ཆོག་མཆན་ཐོབ་ཡིག》སྟེར་བར་བྱེད། རེ་ཞུ་མཁན་གྱིས་གཏན་འཁེལ་དུས་ཚོད་དང་ས་གནས། རྐོ་སློག་བྱེད་ཐབས་བཅས་ལྟར་དུ་རྩྭ་ཐང་སྟེང་དུ་ས་དང་རྫོ། བྱེ་མ་སོགས་རྐོ་སློག་ལས་ཀའི་བྱ་འགྲུལ་སྐྱོད་ཆོག

4.རྩྭ་སའི་སྔོ་ཁེབས་གསོ་གསབ་དང་སླར་གསོ། རེ་ཞུ་མཁན་གྱིས་རྩྭ་ཐང་སྟེང་དུ་ས་དང་རྫོ། བྱེ་མ་སོགས་རྐོ་སློག་ལས་ཀའི་བྱ་འགྲུལ་སྐྱོད་ན། ཐོག་མར་རྩྭ་ཐང་འགན་གཙང་ལེན་ཚོང་གཉེར་མཁན་འཐད་པ་སྤྲོད་དགོས་པ་དང་དེར་གུན་གསབ་སྤྲོད་དགོས། ལས་ཀའི་བྱ་འགྲུལ་རྫོགས་རྗེས། དུས་བཅད་ནང་རྩྭ་སའི་སྔོ་ཁེབས་སླར་གསོ་བྱེད་པའམ་རྫོང་རྩྭ་ཐང་ལྟ་ཞིབ་དོ་དམ་ས་ཚོགས་ཀྱིས་ཚབ་བྱས་ཏེ་སླར་གསོ་བྱེད་དགོས།

(ལྔ)རྩྭ་ཐང་སྟེང་དུ་ཚོང་གཉེར་རང་བཞིན་གྱི་ཡུལ་སྐོར་བྱ་འགུལ་སྤེལ་བའི་ཞིབ་བཤེར་ཚོག་མཆན་གྱི་གོ་རིམ།

1.རྩྭ་ཐང་སྟེང་དུ་ཚོང་གཉེར་རང་བཞིན་གྱི་ཡུལ་སྐོར་བྱ་འགུལ་སྤེལ་ན། རྫོང་རྩྭ་ཐང་ལྟ་ཞིབ་དོ་དམ་ས་ཚོགས་ལ་རེ་ཞུ་བཏོན་རྗེས《རྩྭ་ཐང་གཞུང་སྲུང་དང་བདག་བཟུང་རེ་ཞུའི་རེའུ་མིག》ལེན་དགོས།

2.ཞིབ་བཤེར་དང་ཡུལ་དངོས་རྟོག་ཞིབ། རྫོང་རྩྭ་ཐང་ལྟ་ཞིབ་དོ་དམ་ས་ཚོགས་ཀྱིས་འབྲེལ་ཡོད་མི་སྣ་ཚ་འཛུགས་བྱས་ཏེ་རེ་ཞུ་མཁན་གྱི་མིའི་ཐོབ་ཐང་གི་ལུགས་མཐུན་རང་བཞིན་དང་རྩྭ་སའི་དབང་ཆའི་ཁོངས་གཏོགས་ཀྱི་གནས་ཚུལ། རྩྭ་ཐང་འགན་གཙང་ལེན་ཚོང་གཉེར་མཁན་གྱི་རིགས་དཔྱད་ཁ་གསབ་གནས་ཚུལ་བཅས་ལ་ཡུལ་དངོས་རྟོག་ཞིབ་བྱེད་པ། ད་དུང《རྩྭ་ཐང་གཞུང་སྲུང་དང་བདག་བཟུང་ཡུལ་དངོས་རྟོག་ཞིབ་རེའུ་མིག》ཁ་སྐོང་བྱེད་པ་དང་རྫོང་ཞིང་ཕྱུགས་ཅུའུ་ལ་ཞིབ་བཤེར་ཚོག་མཆན་རེ་ཞུ་འབུལ་དགོས།

3.འབྲེལ་ཡོད་འགྲོ་ལུགས་སྒྲུབ་པ། རྫོང་ཞིང་ཕྱུགས་ཅུའུ་ཡིས་ཚོག་མཆན་ཐོབ་རྗེས། རྩྭ་ཐང་བཀོལ་སྤྱོད་དང་རྩྭ་ཐང་གནས་སྐབས་བདག་བཟུང་རྣམ་པ་གཉིས་ལྟར་དུ་འབྲེལ་ཡོད་འགྲོ་ལུགས་སྒྲུབ་ཚོག   རྩྭ་ཐང་སྟེང་དུ་ཚོང་གཉེར་རང་བཞིན་གྱི་ཡུལ་སྐོར་བྱ་འགུལ་སྤེལ་ན། རྩྭ་ཐང་བཀོལ་སྤྱོད་ཞིབ་བཤེར་ཚོག་མཆན་གྱི་གོ་རིམ་ལྟར་དུ་སྒྲུབ་པ་དང་། རྩྭ་ཐང་སྟེང་དུ་ཚོང་གཉེར་རང་བཞིན་གྱི་ཡུལ་སྐོར་བྱ་འགུལ་སྤེལ་དུས་གནས་སྐབས་བདག་བཟུང་བྱས་ན། རྩྭ་ཐང་གནས་སྐབས་བདག་བཟུང་ཞིབ་བཤེར་ཚོག་མཆན་གྱི་གོ་རིམ་ལྟར་དུ་སྒྲུབ་དགོས།

(དྲུག)གཞན་པའི་རྩྭ་ཐང་བདག་བཟུང་གི་བྱ་སྤྱོད།

གནོད་འཚེ་སྲུང་སྐྱོབ་དང་རུ་གསར་སྤོ་ཆེད་རླངས་འཁོར་རྩྭ་སའི་སྟེང་དུ་སྐྱོད་པའམ། ས་གཤིས་རྟོག་ཞིབ་དང་ཚན་རིག་བརྟག་དཔྱད་སོགས་ཀྱི་བྱ་འགུལ

སྤེལ་ཆེད་ཧྲང་ས་འཁོར་རྩྭ་སའི་སྟེང་དུ་སྐྱོད་པ་སོགས་ཀྱི་བྱ་སྤྱོད་སྤེལ་ན། ངེས་པར་དུ་རྫོང་ཞིང་ཕྱུགས་ཅུའུ་ལ་འཁོར་སྐྱོད་ས་ཁུལ་དང་ལམ་འགྲོ་འཆར་གཞི……སྤྱོད་དགོས་པ་དང་ཆོག་མཆན་ཐོབ་རྗེས་སོང་ཆོག

(བདུན)རྩྭ་སའི་སྔོ་ཁེབས་སླར་གསོ་དངུལ་སྤུད་ཚད་ཐིག(རེའུ་མིག 3—1)

རེའུ་མིག 3–1 རྩྭ་སའི་སྔོ་ཁེབས་སླར་གསོ་དངུལ་སྤུད་ཚད་ཐིག རྩིས་གཞི། སྒོར/མུའུ

ཨང་རྟགས།	རྩྭ་སའི་རིགས།	དངུལ་སྤུད་ཚད་ཐིག
1	མཐོ་སྒང་སྤང་ས། (འདམ་གཞུང་རིགས་ཀྱི་རྩྭ་སའང་འདུས)	43 350
2	མཐོ་སྒང་རྩྭ་ཐང་།	43 350
3	མཐོ་སྒང་སྤང་སའི་རྩྭ་ཐང་།	43 350
4	དྲོ་བའི་རྩྭ་ཐང་།	49 350
5	དྲོ་བའི་སྨྱུ་ངན་ཐང་།	55 350
6	དམའ་སའི་སྤང་ས།	46 350
7	རི་ཞིང་སྤང་ས།	49 350
8	མཐོ་སྒང་སྨྱུ་ངན་ཐང་།	55 500
9	ཞར་གཏོགས་རྩྭ་ས།	46 500
10	སྟོང་ཕྲན་ནགས་ཚལ་གྱི་རྩྭ་ས།	43 200
11	ནགས་ཐ་ཐོར་གྱི་རྩྭ་ས།	43 950
12	མི་བཟོས་རྩྭ་ས།	46 800

(བརྒྱད)གཞི་རྩའི་སྨན་ཐང་བདག་བཟུང་གི་སྤོ་ཁེབས་སྣར་གསོའི་གྲོན་དངུལ།

སྨན་ཐང་བདག་བཟུང་ནི་གཞི་རྩའི་སྨན་ཐང་སྤོ་ཁེབས་སྣར་གསོའི་གྲོན་དངུལ་གྲས་སུ་གཏོགས། སྨན་ཐང་བདག་བཟུང་དང་འབྲེལ་བའི་སྨན་སའི་རིགས་ཀྱི་དངུལ་སྤྱད་ཚད་ཐིག་ཡར་འཕར 30%ལྟར་ལག་བསྟར་བྱེད་པ།

《སྨན་ཐང་གི་ཁྲིམས》ཀྱི་གཏན་ཁེལ་ལྟར་ན། གཞི་རྩའི་སྨན་ཐང་ནི་སྨན་ས་གཙོ་བོ་དང༌། སྨན་འབྲིག་ས། ཕྱུགས་ལས་ཐོན་སྐྱེད་ཁྲོད་དུ་བཀོལ་བའི་མི་བཟོས་སྨན་ས་དང༌། དར་ཕྱུགས་སྐྱོང་གི་སྨན་ས། ལིགས་བཅོས་སྨན་ས། སྨན་འདེབས་གཞི་གནས་བཅས་ཀྱི་སྨན་ཐང༌། མཁའ་དབུགས་སྐོམ་སྐྲིག་དང་ཆུ་ཁུངས་བདག་སྐྱོང༌། ས་ཆུ་རྒྱུད་འཛིན། རླུང་འགོག་བྱེ་འཛགས་བཅས་ལ་བྱེད་ནུས་ལྡན་པའི་སྨན་ཐང༌། རྒྱལ་ཁབ་གཙོ་གནད་རི་སྐྱེས་རྩི་ཤིང་དང་སྲོག་ཆགས་འཚོ་གནས་ཁོར་ཡུག་སྲུང་སྐྱོབ་བྱེད་པའི་སྨན་ཐང༌། རྒྱལ་སྲིད་སྤྱི་ཁྱབ་ཁང་གིས་གཏན་ཁེལ་བྱས་པའི་གཞི་རྩའི་སྨན་ཐང་གི་དབྱེ་འབྱེད་གཏན་འབེབས་ཀྱི་ཁྱབ་ཁོངས་སུ་འདུས་པའི་གཞན་པའི་སྨན་ཐང་བཅས་འདུས་པའོ། །

(དགུ)སྒྲུབ་པའི་དུས་ཡུན།

སྨན་ཐང་བཀོལ་སྤྱོད་དང་སྨན་ཐང་གནས་སྐབས་བདག་འཛིན་གྱི་རེ་ཞུའི་རྒྱུ་ཆ་ཞིབ་བཤེར་ཚོག་མཆན་ལས་ཁུངས་སུ་བདག་སྤྲོད་བྱེད་དུ་བཅུག་ན། བདག་སྤྲོད་བྱས་པའི་ཉིན་ནས་བཟུང་སྟེ་ལས་ཀའི་ཉིན་མ 20ནང་དུ་ཞིབ་བཤེར་ཚོག་མཆན་བྱ་བ་སྒྲུབ་ཚར་བ་ཡིན། ཉིན་མ 20ནང་དུ་སྒྲུབ་མ་ཚར་ན་ལས་ཁུངས་དེའི་འགན་འཁུར་པའི་ཚོག་མཆན་ཐོབ་རྗེས་ཉིན 10ཕྱི་བསྐྱར་བྱས་ཆོག རེ་ཞུ་མཁན་ལ་ཕྱི་བསྐྱར་བྱེད་དགོས་པའི་རྒྱུ་མཚན་བཤད་དགོས།

ལྔ་པ། བཅའ་ཁྲིམས་འགན་འཁྲི།

(གཅིག)དམངས་དོན་འགན་འཁྲི།

1. ཚ་ཐང་བཀོལ་སྤྱོད་དང་ཚ་ཐང་གནས་སྐབས་བདག་འཛིན་བྱེད་ན་ངེས་པར་དུ་ཁྲིམས་ལྟར་ཚ་ཐང་གཞུང་སྤྱད་དང་བདག་བཟུང་གི་འགྲོ་ལུགས་གོ་རིམ་བཞིན་དུ་སྒྲུབ་དགོས། གལ་ཏེ་ཚོག་མཚན་ཐོབ་མེད་པའམ་མགོ་སྐོར་བྱེད་ཐབས་ལ་བརྟེན་ནས་ཚོག་མཚན་ཐོབ་སྟེ། ཁྲིམས་འགལ་ཚ་ཐང་བཀོལ་སྤྱོད་བྱས་ན་བྱས་ཉེས་སུ་གཏོགས་པས་ཁྲིམས་ལྟར་ཉེས་འགན་འཁུར་དགོས། ཉེས་དོན་ཆད་གཅོད་ཀྱི་ཁོངས་སུ་མི་གཏོགས་ན་རྫོང་རིམ་པ་ཡན་གྱི་མི་དམངས་སྲིད་གཞུང་གི་ཚ་ཐང་སྲིད་འཛིན་གཙོ་གཉེར་ལས་ཁུངས་ཀྱིས་འགན་དབང་བཀོལ་ནས་ཁྲིམས་འགལ་ཚ་ཐང་བཀོལ་སྤྱོད་བྱས་པ་ཕྱིར་སྤྲོད་བྱེད་དུ་འཇུག་དགོས། ཚ་ཐང་སྲུང་སྐྱོབ་དང་འཛུགས་སྐྲུན། བཀོལ་སྤྱོད་འཆར་བཀོད་བཅས་དང་འགལ་ཏེ་རང་འགུལ་གྱིས་ཚ་སར་འཛུགས་སྐྲུན་བྱ་བ་སྤེལ་ན། དུས་བཅད་ནང་དུ་ཚ་ཐང་སྟེང་གི་ཁྲིམས་འགལ་བཟོ་སྐྲུན་དངོས་པོ་དང་གཞན་པའི་སྒྲིག་ཆས་གཏོར་ལེན་བྱེད་པ་དང་། ཚ་སའི་སྔོ་ཁེབས་སླར་གསོ་བྱེད་པ། ཁྲིམས་འགལ་ཚ་ཐང་བཀོལ་སྤྱོད་མ་བྱས་པའི་ཡར་སྔོན་ལོ་གསུམ་གྱི་ཆ་སྙོམས་ཐོན་ཚད་ཀྱི་ལྡབ 6ནས 12བར་གྱི་ཆད་པ་གཅོད་དགོས།

2. ཚོག་མཚན་ཐོབ་མེད་པའམ་གཏན་ཁེལ་གྱི་དུས་ཚོད་དང་ས་གནས། རྐོ་སློག་བྱེད་ཐབས་ལྟར་ཚ་ཐང་སྟེང་དུ་ས་དང་རྡོ། བྱེ་མ་སོགས་རྐོ་སློག་བྱ་འགུལ་སྤེལ་མེད་ན། རྫོང་རིམ་པ་ཡན་གྱི་མི་དམངས་སྲིད་གཞུང་གི་ཚ་ཐང་སྲིད་འཛིན་གཙོ་གཉེར་ལས་ཁུངས་ཀྱིས་འགན་དབང་བཀོལ་ནས་ཁྲིམས་འགལ་བྱ་སྤྱོད་མཚམས་འཛོག་ཏུ་འཇུག་པ་དང་། དུས་བཅད་ནང་དུ་སྔོ་ཁེབས་སླར་གསོ་བྱེད་པ། ཁྲིམས་འགལ་རྒྱུ་ནོར་དང་ཡོང་འབབ་གཞུང་བཞེས་གཏོང་བ། ཁྲིམས

འགལ་ཡོང་འབབ་ཀྱི་ལྷབ་གཅིག་ནས་གཉིས་བར་གྱི་ཆད་པ་གཅོད་པ། ཁྲིམས་འགལ་ཡོང་འབབ་མེད་ན་སྒོར་ཁྲི་གཉིས་མན་གྱི་ཆད་པ་གཅོད་དགོས། རྩྭ་ཐང་བདག་དབང་མཁན་ནམ་བཀོལ་སྤྱོད་མཁན་ལ་སྐྱོང་གུན་བཟོས་ཡོད་ན་ཁྲིམས་ལྟར་སྐྱིན་ཚབ་འགན་འཁྲི་དང་ལེན་བྱེད་དགོས།

3. རྫོང་རིམ་པ་ཡན་གྱི་མི་དམངས་སྲིད་གཞུང་གི་རྩྭ་ཐང་སྲིད་འཛིན་གཙོ་གཉེར་ལས་ཁུངས་ཀྱི་འཐད་པ་བྱུང་མེད་པར། རང་འགུལ་གྱིས་རྩྭ་ཐང་སྟེང་དུ་ཚོང་གཉེར་རང་བཞིན་གྱི་ཡུལ་སྐོར་བྱ་འགུལ་སྤེལ་ཏེ་རྩྭ་སའི་སྐྱོ་ཁེབས་གཏོར་བརླག་ཐེབས་ན། རྫོང་རིམ་པ་ཡན་གྱི་མི་དམངས་སྲིད་གཞུང་གི་རྩྭ་ཐང་སྲིད་འཛིན་གཙོ་གཉེར་ལས་ཁུངས་ཀྱིས་འགན་དབང་བཀོལ་ནས་ཁྲིམས་འགལ་བྱ་སྤྱོད་མཚམས་འཇོག་ཏུ་འཇུག་པ་དང་། དུས་བཅད་ནང་དུ་སྐྱོ་ཁེབས་སླར་གསོ་བྱེད་པ། ཁྲིམས་འགལ་ཡོང་འབབ་གཞུང་བཞེས་གཏོང་བ། ཁྲིམས་འགལ་ཡོང་འབབ་ཀྱི་ལྷབ་གཅིག་ནས་གཉིས་བར་གྱི་ཆད་པ་གཅོད་པ། ཁྲིམས་འགལ་ཡོང་འབབ་མེད་ན་ཁྲིམས་འགལ་རྩྭ་ཐང་བཀོལ་སྤྱོད་མ་བྱས་པའི་ཡར་སྔོན་ལོ་གསུམ་གྱི་ཆ་སྙོམས་ཐོན་ཚད་ཀྱི་ལྷབ་ 6ནས 12བར་གྱི་ཆད་པ་གཅོད་དགོས། རྩྭ་ཐང་བདག་དབང་མཁན་ནམ་བཀོལ་སྤྱོད་མཁན་ལ་སྐྱོང་གུན་བཟོས་ཡོད་ན་ཁྲིམས་ལྟར་སྐྱིན་ཚབ་འགན་འཁྲི་དང་ལེན་བྱེད་དགོས།

4. གནོད་འཚེ་སྨུར་སྐྱབ་དང་ཏྭ་གསར་སྤྱི་ཆེད་རླངས་འཁོར་རྩྭ་སའི་སྟེང་དུ་སྐྱོད་པའམ། ས་གཤིས་རྟོག་ཞིབ་དང་ཚན་རིག་བརྟག་དཔྱད་སོགས་ཀྱི་བྱ་འགུལ་སྤེལ་ཆེད་མིན་པར་རླངས་འཁོར་རྩྭ་སའི་སྟེང་དུ་སྐྱོད་པ་སོགས་ཀྱི་བྱ་སྤྱོད་སྤེལ་ཏེ་རྩྭ་སའི་སྐྱོ་ཁེབས་གཏོར་བརླག་ཐེབས་ན། རྫོང་རིམ་པ་ཡན་གྱི་མི་དམངས་སྲིད་གཞུང་གི་རྩྭ་ཐང་སྲིད་འཛིན་གཙོ་གཉེར་ལས་ཁུངས་ཀྱིས་འགན་དབང་བཀོལ་ནས་ཁྲིམས་འགལ་བྱ་སྤྱོད་མཚམས་འཇོག་ཏུ་འཇུག་པ་དང་། དུས་བཅད་

ནང་དུ་སྔོ་ཁེབས་སླར་གསོ་བྱེད་པ། ཁྲིམས་འགལ་རྩྭ་ཐང་བཀོལ་སྤྱོད་མ་བྱས་པའི་ཡར་སྔོན་ལོ་གསུམ་གྱི་ཆ་སྙོམས་ཐོན་ཚད་ཀྱི་ལྡབ་3ནས་9བར་གྱི་ཆད་པ་གཅོད་དགོས། རྩྭ་ཐང་བདག་དབང་མཁན་ནམ་བཀོལ་སྤྱོད་མཁན་ལ་གྱོང་གུན་བཟོས་ཡོད་ན་ཁྲིམས་ལྟར་སྔོན་ཚབ་འགན་འཁྲི་དང་ལེན་བྱེད་དགོས།

5.རྩྭ་ཐང་གནས་སྐབས་བདག་བཟུང་བྱེད་དུས་གཏན་འཇགས་ལྡན་པའི་བཟོ་སྐྲུན་དངོས་པོ་བསྐྲུན་ན། རྫོང་རིམ་པ་ཡན་གྱི་མི་དམངས་སྲིད་གཞུང་གི་རྩྭ་ཐང་སྲིད་འཛིན་གཙོ་གཉེར་ལས་ཁུངས་ཀྱིས་འགན་དབང་བཀོལ་ནས་དུས་བཅད་ནང་དུ་མེད་བརླག་བཟོ་རུ་འཇུག་དགོས། དུས་བཅད་བརྒལ་ཏེ་ད་དུང་མེད་བརླག་མི་བཟོ་ན་ཁྲིམས་ལྟར་བཙན་ཤེད་ཀྱིས་མེད་པར་བཟོ་དགོས་པ་དང་། དེའི་འགྲོ་གྲོན་ཡོང་ས་རྫོགས་ཁྲིམས་འགལ་བྱེད་མཁན་གྱིས་སྐྱེར་དགོས།

རྩྭ་ཐང་གནས་སྐབས་བདག་བཟུང་གི་དུས་ཡུན་རྫོགས་ཀྱང་བཀོལ་སྤྱོད་ལས་ཁུངས་ཀྱིས་རྩྭ་སའི་སྔོ་ཁེབས་སླར་གསོ་མི་བྱེད་ན། རྫོང་རིམ་པ་ཡན་གྱི་མི་དམངས་སྲིད་གཞུང་གི་རྩྭ་ཐང་སྲིད་འཛིན་གཙོ་གཉེར་ལས་ཁུངས་ཀྱིས་འགན་དབང་བཀོལ་ནས་དུས་བཅད་ནང་དུ་སྔོ་ཁེབས་སླར་གསོ་བྱེད་དུ་འཇུག་དགོས། དུས་བཅད་བརྒལ་ཏེ་ད་དུང་སྔོ་ཁེབས་སླར་གསོ་མི་བྱེད་ན། རྫོང་རིམ་པ་ཡན་གྱི་མི་དམངས་སྲིད་གཞུང་གི་རྩྭ་ཐང་སྲིད་འཛིན་གཙོ་གཉེར་ལས་ཁུངས་ཀྱིས་ཚབ་བྱས་ནས་སྔོ་ཁེབས་སླར་གསོ་བྱེད་པ་དང་། དེའི་འགྲོ་གྲོན་ཡོང་ས་རྫོགས་ཁྲིམས་འགལ་བྱེད་མཁན་གྱིས་སྐྱེར་དགོས།

6.རྩྭ་ཐང་གཞུང་སྒྲུད་དང་བདག་བཟུང་བྱེད་པའི་ལས་ཁུངས་དང་མི་སྒེར་གྱིས་གཏན་ཁེལ་ལྟར་རྩྭ་སའི་སྔོ་ཁེབས་སླར་གསོ་གུན་དངུལ་མ་སྤྲད་ན། རྫོང་རིམ་པ་ཡན་གྱི་མི་དམངས་སྲིད་གཞུང་གི་རྩྭ་ཐང་སྲིད་འཛིན་གཙོ་གཉེར་ལས་ཁུངས་ཀྱིས་འགན་དབང་བཀོལ་ནས་དུས་བཅད་ནང་དུ་རྩྭ་སའི་སྔོ་ཁེབས་སླར་

གསོ་གུན་དངུལ་སྤྲོད་དུ་འཇུག་དགོས། དུས་བཅད་བརྒལ་ཏེ་ད་དུང་གུན་དངུལ་མ་སྤྲད་ན། ཉིན་མ་རེར་དུས་འགྱངས་ཆད་དངུལ་ 3%ཁ་སྣོན་བྱེད་དགོས།

(གཉིས)ཉེས་དོན་འགན་འཁྲི།

རྩྭ་ཐང་གཞུང་སྲུད་དང་བདག་བཟུང་བྱེད་པའི་ལས་ཁུངས་དང་མི་སྣེར་གྱིས་གཏན་ཁེལ་ལྟར་རྩྭ་ཐང་གཞུང་སྲུད་དང་བདག་བཟུང་གི་འགྲོ་ལུགས་མི་སྒྲུབ་པ་དང་། ཁྲིམས་འགལ་རྩྭ་ཐང་བདག་བཟུང་བྱེད་པ། རྩྭ་ཐང་བདག་བཟུང་བྱས་རྗེས་སྤྱོད་སྒོ་འགྱུར་ལྡོག་འབྱུང་དུ་བཅུག་པ། གྲངས་ཀ་ཆུང་མང་བ། རྩྭ་ས་གཏོར་བརླག་ཆེན་པོ་བཟོ་བ་བཅས་བྱེད་ན། ཁྲིམས་འགལ་ཞིང་ས་བདག་བཟུང་གི་མིང་བཏགས་ཏེ་ཉེས་ཆད་བཅད་ཆོག

1.རྩྭ་ཐང་གཞུང་སྲུད་དང་བདག་བཟུང་བྱེད་པའི་ལས་ཁུངས་དང་མི་སྣེར་གྱིས་གཏན་ཁེལ་དང་འགལ་ཏེ་རྩྭ་ཐང་གཞུང་སྲུད་དང་བདག་བཟུང་གི་འགྲོ་ལུགས་མི་སྒྲུབ་པ་དང་། ཁྲིམས་འགལ་རྩྭ་ཐང་བདག་བཟུང་བྱེད་པ། རྩྭ་ཐང་བདག་བཟུང་བྱས་རྗེས་སྤྱོད་སྒོ་འགྱུར་ལྡོག་འབྱུང་དུ་བཅུག་པ་བཅས་བྱེད། དེ་ལས་སྣང་ཚུལ་དང་པོ་ནི་རྩྭ་ཐང་སྟེང་དུ་འབྲུ་རིགས་དང་སྡོང་པོ་འདེབས་འཛུགས་བྱེད་པ་ཡིན། སྣང་ཚུལ་གཉིས་པ་ནི་རྩྭ་ཐང་སྟེང་དུ་ཁང་བ་བསྐྲུན་པ་དང་ལམ་ལས་པ། ས་རྡོ་བྱེ་རྐོ་སློག་བྱེད་པ། སྔོ་ཁེབས་གོག་པ་སོགས་ཡིན། སྣང་ཚུལ་གསུམ་པ་ནི་རྩྭ་ཐང་སྟེང་དུ་བེད་མེད་དངོས་རྫས་སྤུངས་པའམ་བཏང་སྟེ་རྩྭ་སའི་སྟེང་ཡོད་ཀྱི་སྔོ་ཁེབས་ལ་གཏོར་བརླག་གམ་འབག་བཅོག་ཚབས་ཆེན་བཟོས་པ། སྣང་ཚུལ་བཞི་པ་ནི་རྩྭ་ཐང་སྲུང་སྐྱོབ་དང་འཛུགས་སྐྲུན། བཀོལ་སྤྱོད་འཆར་བཀོད་བཅས་དང་རྒྱབ་འགལ་བྱས་ཏེ་ཕྱུགས་རྩྭ་དང་གཟན་ཆག་འབྲུ་རིགས་འདེབས་པ། སྣང་ཚུལ་ལྔ་པ་ནི་གཞན་པའི་རྩྭ་ཐང་ལ་གཏོར་བརླག་ཚབས་ཆེན་ཐེབས་རྐྱེན་བཅས་ཡིན། སྣང་ཚུལ་ལྔ་པོ་འདིའི་ཁོངས་ཀྱི་གང་རུང་ཞིག་ཡིན་ཏེ་

རྩྭ་ཐང་ལ་གཏོར་བརླག་ཚབས་ཆེན་བཟོས་ན། རྩྭ་ས་མུའུ 20ཡན་ཡིན་པའམ་སྔོན་ཆད་ཁྲིམས་འགལ་རྩྭ་ཐང་བདག་བཟུང་བྱས་ཏེ་སྲིད་འཛིན་ཆད་པ་བཅད་པ་དང་། ལོ 3ནང་དུ་སླར་ཡང་ཁྲིམས་འགལ་རྩྭ་ཐང་བདག་བཟུང་བྱས་ཏེ་རྩྭ་སའི་སྐྱོད་སྐྲོ་འགྱུར་ཉོག་བྱུང་དུ་བཅུག་པ་དང་མུའུ 10ཡན་ཡིན་ཚེ། ལོ 5མན་གྱི་དུས་བཀག་བཙོན་འཇུག་གམ་བཀག་ཉར་བྱེད་པ་དང་ཉེས་ཆད་ཆབས་སྦྲགས་སམ་གཅིག་གཅོད་དགོས།

2.རྩྭ་ཐང་གཞུང་སྤུད་དང་བདག་བཟུང་བྱེད་པའི་ལས་ཁུངས་དང་མི་སྣེར་གྱིས་རྩྭ་ཐང་ལྷ་སྐྱུལ་ཞིབ་བཤེར་མི་སྣའི་ཁྲིམས་ལྟར་ལས་འགན་སྒྲུབ་དུས་དྲག་ཤུགས་དང་འཇིགས་སྐུལ་བྱེད་ཐབས་ཀྱིས་བཀག་འགོག་བྱས་ན། གཞུང་དོན་སྒྲུབ་པར་གནོད་པའི་ཉེས་དོན་འགན་འཁྲི་རྩད་གཅོད་བྱེད་པ་དང་། ལོ 3མན་གྱི་དུས་བཀག་བཙོན་འཇུག་དང་བཀག་ཉར། རྩིས་སྐྱོད་དོ་དམ། དངུལ་ཆད་གཅོད་དགོས། གལ་ཏེ་མང་ཚོགས་སྐུལ་སློང་བྱས་ཏེ་དྲག་ཤུགས་ཀྱིས་རྩྭ་ཐང་བཅའ་ཁྲིམས་དང་སྲིད་འཛིན་ཁྲིམས་སྲོལ་ལག་བསྟར་བྱེད་པར་ངོ་རྒོལ་བྱས་ན། ལོ 3མན་གྱི་དུས་བཀག་བཙོན་འཇུག་དང་བཀག་ཉར། རྩིས་སྐྱོད་དོ་དམ། ཆབ་སྲིད་དབང་ཆ་འཕྲོག་པ་བཅས་བྱེད་དགོས་པ་དང་། མཇུག་འབྲས་གནོད་སྐྱོན་ཚབས་ཆེན་བཟོས་ན་ལོ 3མན་ནས་ལོ 7བར་གྱི་དུས་བཀག་བཙོན་འཇུག་བྱེད་དགོས།

ས་བཅད་བདུན་པ། རྩྭ་ཐང་གསར་སྤེལ་གཏན་འགོག

རྩྭ་ཐང་གསར་སྤེལ་ནི་རྩྭ་ས་གསར་སྤེལ་བྱས་ཏེ་འབྲུ་རིགས་དང་སྔོང་པོ་སོགས་འདེབས་པའི་བྱ་སྤྱོད་ཅིག་ལ་གོ། རྩྭ་ཐང་ཡང་ཞིང་ས་དང་ནགས་ས་དང་མཚུངས་པར་བཅའ་ཁྲིམས་ཀྱིས་སྲུང་སྐྱོབ་བྱེད་པའི་རང་བྱུང་ཐོན་ཁུངས་ཤིག་ཡིན། རྩྭ་ཐང་གསར་སྤེལ་བྱས་ན་ཁེ་ཕྱོགས་ཕུང་བ་དང་སྐྱེ་ཁམས་ཁོར་ཡུག་ལ་གཏོར་བརླག་ཐེབས་པས། ཆད་པ་ནན་མོར་གཅོད་པ་དང་ཐོབ་པ་ལས་ཤོར་བ་མང་བ་ཞིག་ཡིན།

དང་པོ། རྩྭ་ཐང་གསར་སྤེལ་བྱས་ན་ཁེ་ཕྱོགས་ཕུང་བ།

འབྲུ་རིགས་ཐོན་སྐྱེད་ལ་ཕྱི་རོལ་ཡུལ་གྱི་ཆོས་ཉིད་ཅིག་ཡོད་དེ། ཚད་ངེས་ཅན་གྱི་ཆུ་དང་ཚ་བའི་ཆ་རྐྱེན། ས་གཞིའི་ཆ་རྐྱེན་བཅས་ལ་བརྟེན་པ་ཡིན། མཚོ་སྔོན་ཞིང་ཆེན་གྱི་རྩྭ་ཐང་ཁྱབ་ཚུལ་གཙོ་བོ་ནི་ཐན་པ་དང་ཐན་པ་ཕྱེད་ཅན། མཐོ་གྲང་། མཚོ་ངོས་ལས་མཐོ་བ་བཅས་ཀྱི་ས་ཁུལ་ཡིན་པ་དང་། རྩྭ་ཐང་གི་ས་རྒྱུ་ཞན་པ་དང་ཕྱེ་མ་ཅན་དང་བ་ཚྭ་ཅན་ཡིན་ཏེ། རང་བྱུང་ཁམས་ཀྱི་སྐྱེ་དངོས་དུས་ཡུན་རིང་པོར་འདོར་ལེན་དང་གདམ་གསེས་ཀྱི་མཇུག་འབྲས་རེད། རྩྭ་ས་འདི་དག་གི་མཁའ་དབུགས་དང་ས་གཞི་སོགས་ཀྱི་ཆ་རྐྱེན་ཕྱོགས་ནས་རྩྭ་རིགས་སྐྱེ་དངོས་ཀྱི་སྐྱེ་འཕེལ་ཤིན་ཏུ་འཚམ་པོ་ཡིན། རྩྭ་ཐང་གསར་སྤེལ་བྱས་ནས་འབྲུ་རིགས་བཏབ་ན་ཐོན་ཚད་ཤིན་ཏུ་དམའ་བ་དང་འགྲོ་གྲོན་ཆུང་ཆེ། ཐོན་འབབ་ལེགས་པོ་ཞིག་ལོན་དཀའ་བར་མ་ཟད་རྩྭ་སར་ཐང་ཀོད་དུ་འགྱུར་འགྲོ། ས་ཆ་དང་འཛུགས་སྐྲུན་ལས་ཁུངས་འགའ་ཞིག་གིས་རྩྭ་ཐང་གསར་སྤེལ་གྱི་དམིགས་ཡུལ་གཙོ་བོ་ནི་རྩྭ་ས་བདག་བཟུང་དང་དཔུལ་གསབ་ཆ་སྙོམས་ཀྱི་འགན་འཁུར

དམིགས་ཚད་ལེགས་འགྲུབ་ཡོང་བའི་ཆེད་ཡིན་པ་ལས། རྫོ་འདེབས་ཕྱུས་ཚད་དང་འབྲུ་རིགས་ཐོན་སྐྱེད་ག་ཅོགས་སུ་མི་འཛིན་པ་རེད། དེ་བས་རྩྭ་ཐང་གསར་སྤྲོལ་བྱས་རྗེས་ལོ་ལེགས་ཡོང་བར་ཁག་ཐེག་བྱེད་མི་ཐུབ།

གཉིས་པ། རྩྭ་ཐང་གསར་སྤྲོལ་བྱས་ན་སྐྱེ་ཁམས་ཁོར་ཡུག་ལ་གཏོར་བརླག་ཐེབས་པ།

སྔོན་ཆད་ང་ཚོར་རྩྭ་ཐང་གསར་སྤྲོལ་བྱས་ནས་བློ་ཕམ་ཡིད་གདུང་ཆེ་བའི་བསླབ་བྱ་ཐོབ་མྱོང་། ཀྲུང་ཧྭ་མི་དམངས་སྤྱི་མཐུན་རྒྱལ་ཁབ་བཙུགས་མ་ཐག་ཏུ། མཚོ་སྔོན་ཞིང་ཆེན་གྱི་རང་བྱུང་རྩྭ་ཐང་ལ་གཞི་རྒྱ་ཆེ་བའི་གསར་སྤྲོལ་ཆེན་མོ་ཐེངས་གཉིས་བྱུང་བ་རེད། དེ་ཡང་གསར་སྤྲོལ་ས་ཁུལ་ནི་འབྲུ་རིགས་སྐྱེ་འཕེལ་གྱི་ཆུ་དང་ཚ་བའི་ཆ་རྐྱེན་མི་ལྡན་པ་དང་། ཆུ་བེད་སྤྱོད་ཆས་ཆ་ཚང་མེད་པ། འབྲུ་རིགས་ཐོན་ཚད་ཤིན་ཏུ་དམའ་བ་བཅས་ཡིན་པས། མ་རྩ་ཆེན་པོ་བཏང་ནའང་མཇུག་འབྲས་ཁེ་ཕྱོགས་ཐོབ་པ་ཤིན་ཏུ་ཉུང་ཞིང་། རྫོ་དོར་ཚད 70%ཡན་ཟིན་པ་རེད། སྔོ་ཁེབས་ཀྱི་སྲུང་སྐྱོབ་མེད་པའི་ཐང་ཤོད་ནི་དུས་ཡུན་རིང་པོའི་རླུང་འཚུབ་དང་དྲག་ཆར་མ་བཟོད་པར་བྱེ་མའི་འབྱུང་ཁུངས་གསར་པ་ཞིག་ཏུ་གྱུར་ཅིང་། ཚབས་ཆེན་བྱེ་ས་དང་བ་སྐྱ་ཅན་འགྱུར་འགྲོ། ཛ་དྲག་ཆེ་བའི་ས་ཤོད་བསློགས་ནས་ཞིང་ས་བཟོ་བའི་བྱ་འགུལ་སྤེལ་ཏེ། སྐབས་དེའི་མིའི་རིགས་ཀྱི་བཟའ་བཏུང་གནད་དོན་ཐག་གཅོད་བྱེད་པར་ནུས་པ་ཆེན་པོ་ཐོན་ཡོད་ནའང་། དེང་སྐབས་ས་དེའི་ཉིན་རེའི་བྱེ་འཚུབ་རླུང་དང་། ཐན་པ། མེ་སྐྱོན། ས་ཆུ་ཤོར་བ། ས་གཞི་བྱེ་འགྱུར། སྤྱ་ངན་ཅན་བཅས་ཀྱིས་ང་ཚོའི་འཚོ་གནས་འཕེལ་རྒྱས་ཀྱི་ཁོར་ཡུག་ཇེ་སྡུག་ཏུ་འགྲོ་དུས། ང་ཚོས་ཡང་བསྐྱར་རྩྭ་ཐང་གསར་སྤྲོལ་བྱ་འགུལ་འདི་དག་ལ་ཞིབ་ལྟ་མི་བྱེད་ཐབས་མེད་ཡིན། དུས་རྒྱུན་རང་བྱུང་ཆོས་ཉིད་དང་ཕྱི་རོལ་ཡུལ་གྱི་ཆོས་ཉིད་ལ་བརྩི་འཛོག་མི་བྱེད་པའི་བྱ

སྤྱོད་འདི་ལ་འགྲོད་པ་སྐྲེས་བྱུང་། དེ་རིང་ང་ཚོར་ལམ་རྙིང་ལ་བསྐྱར་འགྲོ་བྱེད་མི་རུང་ལ། སྐྱེ་ཁམས་ཁོར་ཡུག་གཏོར་བརླག་དང་རྒྱལ་ཁབ་དང་ཞིང་ཆེན་གྱི་རྒྱུན་མཐུད་འཕེལ་རྒྱས་ལ་གནོད་པ་ཐེབས་པའི་བྱ་བ་དེ་བས་ཀྱང་སྤྱུབ་མི་རུང་བ་ཡིན་ནོ། །

གསུམ་པ། རྩྭ་ཐང་གསར་སྤེལ་བྱེད་པ་ནི་ཚབས་ཆེ་བའི་ཁྲིམས་འགལ་བྱ་སྤྱོད་ཅིག་ཡིན།

རྩྭ་ཐང་ཐོན་ཁུངས་སྲུང་སྐྱོབ་བྱེད་ཆེད་རྒྱལ་ཁབ་ཀྱིས་ཆེད་དུ《ཀྲུང་ཧྭ་མི་དམངས་སྤྱི་མཐུན་རྒྱལ་ཁབ་ཀྱི་རྩྭ་ཐང་ཁྲིམས་ལུགས》གཏན་འབེབས་བྱས། 《རྩྭ་ཐང་གི་ཁྲིམས》ཀྱི་གཏན་ཁེལ་ལྟར་ན། རྒྱལ་ཁབ་ཀྱིས་རྩྭ་ཐང་ལ་ཚན་རིག་འཆར་བཀོད་དང་། ཕྱོགས་ཡོངས་སྲུང་སྐྱོབ། གཙོ་གནད་འཛུགས་སྐྲུན། ལུགས་མཐུན་བཀོལ་སྤྱོད་བཅས་ཀྱི་བྱེད་ཐབས་སྤྱོད་དེ། རྩྭ་ཐང་གི་རྒྱུན་མཐུད་བཀོལ་སྤྱོད་དང་སྐྱེ་ཁམས། དཔལ་འབྱོར། སྤྱི་ཚོགས་བཅས་མཐུན་སྒྲིར་འཕེལ་རྒྱས་ཡོང་བར་སྐུལ་སློང་བྱེད་དགོས། 《རྩྭ་ཐང་གི་ཁྲིམས》ཀྱི་དོན་ཚན་ཞེ་དྲུག་གི་གཏན་ཁེལ་ལས་རྩྭ་ཐང་གསར་སྤེལ་གཏན་འགོག་ཅེས་གསལ་པོར་བསྟན་ཡོད། ནན་མོས་ཁྲིམས་འགལ་རྩྭ་ཐང་གསར་སྤེལ་གྱི་བྱ་སྤྱོད་འགོག་ཆེད། ཆེས་མཐོ་མི་དམངས་ཁྲིམས་ཁང་གིས་བཏོན་པའི《འབྲིལ་ཡོད་རྩྭ་ཐང་ཐོན་ཁུངས་གཏོར་བརླག་ཉེས་དོན་སྤྱོད་གཞིའི་ལྟ་ཞིབ་དོ་དམ་བྱེ་བྲག་ཏུ་བཀོལ་བའི་བཅའ་ཁྲིམས་གནད་དོན་འགའི་འགྲེལ་བཤད》གཏན་ཁེལ་ལྟར་ན། རྩྭ་ས་གསར་སྤེལ་བྱས་ཏེ་འབྲུ་རིགས་དང་སྡོང་པོ་སོགས་འདེབས་པའི་རྩྭ་ཐང་གཏོར་བརླག་གི་བྱ་སྤྱོད་སྤེལ་ན། ཉེས་ཁྲིམས་ཀྱི་དོན་ཚན་སུམ་བརྒྱ་ཞེ་གཉིས་ཀྱི་གཏན་ཁེལ་ལྟར་ཉེས་ཆད་བཅད་ཆོག དེ་ནི་ཁྲིམས་འགལ་ཞིང་ས་བདག་བཟུང་ཉེས་པའི་གྲས་སུ་གཏོགས་ཤིང་། ལོ་5མན་གྱི་དུས་བཀག་བཙོན་འཇུག་གམ་བཀག་ཉར་བྱེད་པ

དང་དངུལ་ཆད་ཆབས་སྨུག་སམ་གཅིག་གཅོད་དགོས། དེར་མ་ཟད《རྩ་ཐང་གི་ཁྲིམས》ཀྱི་གཏན་ཁེལ་ལྟར་ན། ས་ཆུ་ཤོར་བ་ཚབས་ཆེན་ཡིན་པ་དང་བྱེ་འགྱུར་ལ་ཉེ་བ། སྐྱེ་ཁམས་ཁོར་ཡུག་ལེགས་བཅོས་བྱེད་དགོས་པའི་ཐང་ཀྲོད་ལ་རྩི་དོར་བྱེད་དགོས། འདི་ལས་ང་ཚོར་གསལ་བཤད་བྱས་ཡོད་པ་ནི་རྩ་ཐང་ལ་བཅའ་ཁྲིམས་ཀྱིས་སྲུང་སྐྱོབ་བྱེད་པ་དང་རྩ་ཐང་གསར་སྤོལ་གཏན་འགོག་བྱེད་པ། འདི་ལ་འགལ་བ་བཅའ་ཁྲིམས་ཀྱིས་ཆད་པ་ནན་མོ་གཅོད་རྒྱུ་དེ་ཡིན།

ས་བཅད་བརྒྱད་པ། རྩ་ཐང་མེ་འགོག

མཚོ་སྔོན་ཞིང་ཆེན་ནི་རང་རྒྱལ་གྱི་ཕྱུགས་ཁྱུལ་ཆེན་པོ་བཞི་ཡི་གྲས་ཀྱི་གཏོགས་ཤིང་། དགུན་དཔྱིད་དུས་ཚིགས་སུ་མཁའ་དབུགས་སྐམ་པ་དང་རླུང་ཆེ་བས་རྩ་ཐང་མེ་སྐྱོན་འབྱུང་སླ་བ་ཡིན། དེ་ཡང་གནས་དེར་ས་མཐོ་གྲང་ངར་ཆེ་བ་དང་སྐྱེ་ཁམས་ཁོར་ཡུག་ཉམས་ཞན་ཡིན་པས། མེ་སྐྱོན་བྱུང་ན་རྒྱ་ཆེ་བའི་ཞིང་འབྲོག་མང་ཚོགས་ལ་དཔལ་འབྱོར་གྱོང་གུན་ཚབས་ཆེན་བཟོ་བར་མ་ཟད། ཉེ་འཁོར་གྱི་ནགས་ཚལ་ཐོན་ཁུངས་དང་རྩ་སའི་སྐྱེ་ཁམས་ཁོར་ཡུག་ལ་གནོད་པ་ཆེན་པོ་ཐེབས་ངེས་ཡིན། བསྡོམས་རྩིས་བྱས་པ་ལྟར་ན། ཞིང་ཆེན་ཡོངས་སུ་ལོ་རེར་རྩ་ཐང་མེ་སྐྱོན་ཐེངས་ 30ཙམ་བྱུང་བ་དང་། རྩ་ཐང་མེ་སྐྱོན་ཚབས་ཆེན་ཐེངས་ 2 ~3བྱུང་སྲིད་ཅིང་། དཔལ་འབྱོར་གྱོང་གུན་སྒོར་ཁྲི་བརྒྱ་ཙམ་ཡིན། དེ་བས་རྩ་ཐང་མེ་འགོག་གི་གནོན་ཤུགས་ཆེ་ཞིང་གནས་བབ་ཛ་དྲག་ཏུ་གྱུར་ཡོད། མཚོན་སྟངས་གཙོ་བོ་འགའ་ཡོད་དེ། གཅིག་ནི་འཛམ་གླིང་མཁའ་དབུགས་ཇེ་དྲོད་དུ་སོང་བ་དང་བསྟུན་ནས་ནུས་ཡོད་ཆར་ཆུ་ཇེ་ཉུང་དང་རླུང་ཆེན་གཡུགས་གྲངས་ཇེ་མང་། མེ་སྐྱོན་འབྱུང་རིམ་ཇེ་མཐོ་བཅས་ཡིན། གཉིས་ནི་ནུབ་རྒྱུད་

གསར་སྤེལ་ཆེན་མོར་གཏིབ་ཟབ་ཏུ་སྤེལ་བ་དང་བསྟུན་ནས་མཚོ་སྔོན་ཞིང་ཆེན་གྱི་རྩྭ་ཐང་གི་རིགས་སོ་སོའི་འཛུགས་སྐྲུན་དང་སྲུང་སྐྱོབ་ཤུགས་ཆེན་པོ་བརྒྱབ་པ་དང་། ཚོ་དོར་ཕྱུགས་སྐྱོང་དང་ཐང་ཀོད་ལྡང་བསྒྱུར། རང་བྱུང་རྩྭ་སའི་སྔོ་ཁེབས་སླར་གསོ་དང་འཛུགས་སྐྲུན། རྩྭ་ར་འཛུགས་སྐྲུན་སོགས་ཀྱི་བཟོ་སྐྲུན་ཕྱོགས་ཡོངས་ནས་སྤེལ་ཏེ། རྩྭ་ཐང་གི་འབར་རྫས་ཇེ་མང་དུ་སོང་བ་དང་མི་སྐྱོན་འབྱུང་བའི་ཁྱབ་ཁོངས་ཇེ་ཆེར་སོང་ཡོད། གསུམ་ནི་ཞིང་འབྲོག་ས་ཁུལ་གྱི་དཔལ་འབྱོར་མགྱོགས་མྱུར་ངང་འཕེལ་རྒྱས་སོང་བ་དང་བསྟུན་ནས་རྩྭ་ཐང་དུ་འགྲོ་བའི་འཁོར་རྒྱུག་མི་གྲངས་དང་སྐྱེལ་འདྲེན་ཚྣངས་འཁོར་ཇེ་མང་སོང་སྟེ། རྩྭ་ཐང་མི་སྐྱོན་འབྱུང་ཁུངས་དོ་དམ་དཀའ་ཁག་ཇེ་ཆེ་ནས་ཇེ་ཆེར་སོང་བ་རེད།

དང་པོ། རྩྭ་ཐང་མེ་འགོག་གི་གོ་དོན་དང་དམིགས་ཡུལ།

རྩྭ་ཐང་མེ་འགོག་ནི་རྩྭ་ཐང་མེ་སྐྱོན་འབྱུང་བ་དང་མཆེད་པར་འགོག་པ་སྟེ། རྩྭ་ཐང་མེ་སྐྱོན་སྔོན་འགོག་དང་མྱུར་སྐྱོབ་བྱེད་པར་གོ

རྩྭ་ཐང་མེ་སྐྱོན་སྔོན་འགོག་ནི་བྱེད་ཐབས་སྣ་ཚོགས་བཀོལ་ཏེ་རྩྭ་ཐང་གི་མེ་ཡིས་གནོད་འཚེ་མི་བཟོ་བར་བྱེད་རྒྱུ་དེ་ཡིན། དེ་ནི་རྩྭ་ཐང་མེ་སྐྱོན་འབྱུང་བར་འགོག་པར་གོ རྩྭ་ཐང་མེ་སྐྱོན་མྱུར་སྐྱོབ་ནི་རྩྭ་ཐང་གི་མེ་ཡིས་གནོད་འཚེ་བཟོས་གྱུར་ན་བྱེད་ཐབས་སྣ་ཚོགས་བཀོལ་ཏེ་མི་གསོད་པ་དང་གྱོང་གུན་མེད་པའམ་ཇེ་ཉུང་དུ་གཏོང་རྒྱུ་དེ་ཡིན།

རྩྭ་ཐང་མེ་འགོག་གི་རྩ་བའི་དམིགས་ཡུལ་ནི་ཚད་ངེས་ཅན་གྱི་སྟེང་ནས་མེ་སྐྱོན་འབྱུང་ཐེངས་ཇེ་ཉུང་དུ་གཏོང་བ་དང་གྱོང་གུན་མེད་པའམ་ཉུང་བར་བཟོ་རྒྱུ་དེ་ཡིན། དེ་ནི་རྩྭ་སའི་ཐོན་ཁུངས་སྲུང་སྐྱོབ་དང་སྐྱེ་ཁམས་དོ་མཉམ་སྲུང་སྐྱོང་། ནུས་ཡོད་ཀྱིས་ཞིང་འབྲོག་མི་དམངས་ཀྱི་ཚེ་སྲོག་རྒྱུ་ནོར་གྱི་བདེ་འཇགས་དང་ཕྱུགས་ལས་ཐོན་སྐྱེད་ཀྱི་བདེ་འཇགས་སྲུང་སྐྱོབ། རྒྱལ་ཁབ་མཐའ་མཚམས

དང་འབྲོག་ཁུལ་གྱི་སྤྱི་ཚོགས་དཔལ་འབྱོར་བརྟན་བརླིང་འཕེལ་རྒྱས་འགན་སྲུང་བཅས་སོ། །

གཉིས་པ། རྩྭ་ཐང་མེ་སྐྱོན་གྱི་གནོད་འཚེ།

(གཅིག) རྩྭ་ས་མེ་དུ་ཤོར་ན་ཕྱུགས་ལས་འཕེལ་རྒྱས་ཡོང་བར་ཚོད་འཛིན་ཐེབས་པ།

རྩྭ་ཐང་དུ་མེ་སྐྱོན་ཤོར་ན་ཐད་ཀར་མཐོང་ཐུབ་པའི་གནོད་འཚེ་ནི་གཞི་ཁྱོན་ཆེ་བའི་རྩྭ་ཐང་གཏོར་བརླག་ཐེབས་པ་དེ་རེད། དེ་ཡང་མཁའ་དབུགས་ཆ་རྐྱེན་གྱི་ཚད་བཀག་ཐེབས་ཏེ་མཚོ་སྔོན་ཞིང་ཆེན་གྱི་ས་ཆ་མང་ཤོས་ཀྱི་རྩྭ་སྐྱུང་བ་དང་དགུན་དཔྱིད་དུས་ཚིགས་སུ་སྐམ་ཤས་ཆེ་བས་ན། གལ་ཏེ་མེ་སྐྱོན་ཤོར་ན་ས་ངོས་ཀྱི་རྩྭ་ཡོངས་རྫོགས་བསྲེགས་ཚར་ངེས་ཡིན་པ་དང་། རྩི་ཤིང་གི་རིགས་ཇེ་ཉུང་དུ་འགྲོ་བ་དང་ད་དུང་སྐྱེ་དངོས་རིགས་འགའ་རྩ་མེད་དུ་འགྲོ་ཉེན་ཆེ་བ་ཡིན། (རི་མོ 3–5) མེ་སྐྱོན་བྱུང་རྗེས་ཕྱུགས་རྩྭ་ཐོན་ཚད་ཇེ་ཉུང་དུ་སོང་ན་ཐད་ཀར་ཕྱུགས་ལས་ཐོན་སྐྱེད་དང་མཐོ་སྒང་གི་ཉམ་ཐག་པའི་སྐྱེ་ཁམས་ཁོར་ཡུག་ལ་གནོད་པ་ཐེབས་ཡོང་།

རི་མོ 3–5 རྩྭ་སར་མེ་སྐྱོན་བྱུང་བ།

(གཉིས)མི་དམངས་ཀྱི་ཚེ་སྲོག་རྒྱུ་ནོར་གྱི་བདེ་འཇགས་ལ་གྱོང་གུན་བཟོ་བ།

མི་སྐྱོན་གྱིས་མི་རྣམས་ཀྱིས་དཀའ་སྤྱད་ངལ་རྩོལ་གྱི་དངོས་པོའི་རྒྱུ་ནོར་སྐད་ཅིག་ཉིད་དུ་མེད་པར་བརླག་བཟོ་ཐུབ། དུས་རྒྱུན་མི་སྐྱོན་བྱུང་སྟེ་ཁང་པ་བརླག་པ་དང་ཕྱུགས་ཟོག་ཤི་བ། མི་སྣ་རྨས་སྐྱོན་དང་ཤི་བ་བཅས་འབྱུང་བཞིན་ཡོད། (རི་མོ 3–6) དཔེར་ན། 2007ལོའི་ཟླ 2པའི་ཚེས 7ཉིན་གྱི་ཕྱི་དྲོའི་དུས་ཚོད 3སྟེང་དུ་མཚོ་སྔོན་ཞིང་ཆེན་གྱི་ས་ཆ་ག་གེ་མོར་མེ་སྐྱོན་བྱུང་། གནོད་ཐེབས་ས་ཆའི་རྒྱ་ཁྱོན་སྨུའུ 578དང་། རྒན་མོ་ལོ 60ཅན་ཞིག་མྱུར་སྐྱོབ་བྱེད་དུས་མགོ་ཡུ་འཁོར་ནས་སྲེག་རྨས་གནོད་པ་ཚབས་ཆེན་ཐེབས། དེ་ཡང་ཁྱིམ་ཚང་གི་འབྱོར་བ་ཞན་པས་སྨན་པར་སྟོན་པའི་དངུལ་མེད། ཞང་སྲིད་གཞུང་གིས་ཐབས་སྣ་ཚོགས་བཀོལ་ནས་དངུལ་སྤྱད་པ་དང་ཞང་ཡིད་རྟེན་ཁང་གིས་སྐོར་ཁྲི་གཅིག་དངུལ་བུན་བཞག་སྟེ་མྱུར་སྐྱོབ་བྱུང་བ་ལྟ་བུ།

རི་མོ 3–6 རྩ་ཐང་དུ་མེ་སྐྱོན་བྱུང་སྟེ་ཕྱུགས་ཟོག་བསྲེགས་པའི་རྣམ་པ།

(གསུམ)རི་སྐྱེས་སྲོག་ཆགས་ལ་གནོད་སྐྱོན་ཐེབས་པ།

རྩ་ཐང་ནི་རི་སྐྱེས་སྲོག་ཆགས་མང་པོའི་གཞིས་ཁྱིམ་ཡིན། མེ་སྐྱོན་བྱུང་

རྗེས་རི་སྐྱེས་སྲོག་ཆགས་བསྲེགས་ནས་ཤི་རྨས་འབྱུང་བ་དང་། རྩྭ་ས་གཞི་རྒྱ་ཆེ་བར་གཏོར་བརླག་ཐེབས་ཏེ་རི་སྐྱེས་སྲོག་ཆགས་ཀྱི་འཚོ་གནས་ལ་དཀའ་ཁག་འཕྲད་པ་དང་རྩ་མེད་དུ་གཏོང་བའི་ཉེན་ཁ་ཡོད་པ་རེད།

(བཞི)ས་ཆུ་ཤོར་རུ་བཅུག་པ།

རྩྭ་ཐང་ནི་བརྟན་གཤེར་སྲུང་པའི་ནུས་པ་ཆེན་པོ་ལྡན་ཡོད། མེ་སྐྱོན་བྱུང་རྗེས་བརྟན་གཤེར་སྲུང་པའི་ནུས་པ་མངོན་གསལ་གྱིས་ཉམས་འགྲོ་བར་མ་ཟད་ས་ཆུ་ཤོར་འགྲོ་བ་ཡིན།

(ལྔ)མཁའ་དབུགས་འབག་བཙོག་ཐེབས་སུ་བཅུག་པ།

རྩྭ་ཐང་དུ་མེ་སྐྱོན་བྱུང་ན་དུད་སྤྲིན་ཆེན་པོ་འཕྱུར་སྲིད། དེའི་ཁྲོད་དུ་དབྱང་གཉིས་ཤུན་འགྱུར་དང་ཆུའི་རླངས་པ། ད་དུང་དབྱང་གཅིག་ཤུན་འགྱུར་དང་ཐན་ཆིང་འདྲེས་སྦྱོར་དངོས་རྫས། ལུ་སི་འདྲེས་སྦྱོར་དངོས་རྫས། ཏན་དབྱང་འདྲེས་སྦྱོར་དངོས་རྫས། རྡུལ་ཕྲན་དངོས་པོ་བཅས་འདུས་པས་ན།

མཁའ་དབུགས་འབག་བཙོག་བཟོ་བར་མ་ཟད། མིའི་རིགས་ཀྱི་ལུས་ཁམས་བདེ་ཐང་དང་རི་སྐྱེས་སྲོག་ཆགས་ཀྱི་འཚོ་གནས་ལ་གནོད་པ་ཐེབས་པར་བྱེད། (རི་མོ 3–7)

རི་མོ 3–7 རྩྭ་ཐང་དུ་མེ་སྐྱོན་བྱུང་སྟེ་མཁའ་དབུགས་འབག་བཙོག་ཐེབས་པའི་ཚུལ།

(དྲུག)ནགས་ཚལ་མེ་སྐྱོན་འབྱུང་དུ་བཅུག་པ།

མཚོ་སྔོན་ཞིང་ཆེན་གྱི་ཞིང་འབྲོག་ས་ཁུལ་དུ་ནགས་ཚལ་དང་རྩྭ་ས་ཁྱབ་ཚུལ་ཁ་འཐོར་དུ་ཡོད་པས། རྩྭ་ཐང་དུ་མེ་སྐྱོན་བྱུང་ན་ནགས་ཚལ་མེ་སྐྱོན་འབྱུང་དུ་འཇུག་པར་བྱེད། དཔེར་ན། དཔེར་ན། 2004ལོའི་ཟླ་3པའི་ཚེས་25ཉིན་མཚོ་སྔོན་ཞིང་ཆེན་གྱི་ནགས་ར་ག་གེ་མོར་རྩྭ་ཐང་མེ་སྐྱོན་བྱུང་བ་ལ་རྐྱེན་བྱས་ཏེ་ནགས་ཚལ་མེ་སྐྱོན་ཆེན་པོ་ཞིག་འབྱུང་དུ་བཅུག

ནགས་ཁུལ་དུ་སྡོང་པོའི་རིགས་སྣ་ཚོགས་ཁྱབ་ཡོད་པ་དང་མཁའ་དབུགས་སྐམ་ཤས་ཆེ་བ། དཔྱིད་ཀྱི་ལྷང་སྨུག་འབུས་མེད་པ་བཅས་ཀྱིས་མེ་ཤུགས་ཁྱབ་ཚུལ་ཤིན་ཏུ་མགྱོགས་པོ་རེད། ས་དེའི་ལས་བྱེད་པ་དང་མང་ཚོགས་མི་2000ལྷག་དང་དམག་མི་རྣམས་ཀྱིས་ནུས་ཤུགས་ཡོད་ཚད་བཏོན་ནས་མེ་གསོད་བྱ་བར་ཞུགས། མི་བསད་རྗེས་ནགས་རའི་སྨུའུ3000མི་ལ་ཤོར་ཏེ་གྱོང་གུན་ཚབས་ཆེན་བཟོས་པ་ལྟ་བུ།

གསུམ་པ། རྩྭ་ཐང་མེ་སྐྱོན་འབྱུང་བའི་རྒྱུ་རྐྱེན་གཙོ་བོ།

རྩྭ་ཐང་མེ་སྐྱོན་བྱུང་ན་ངེས་པར་དུ་རྩ་བའི་གྲུབ་ཆ་གསུམ་ཏེ་འབར་ཐུབ་པའི་དངོས་པོ་དང་མེའི་ཁོར་ཡུག མེ་ཁུངས་བཅས་ཚང་དགོས་པ་ཡིན། འབར་ཐུབ་པའི་དངོས་པོ(རྩྭ་དང་སྡོང་པོ་སོགས)ནི་རྩྭ་ཐང་མེ་སྐྱོན་བྱུང་བའི་དངོས་རྫས་རྨང་གཞི་ཡིན་པ་དང་། མེའི་ཁོར་ཡུག་ནི་མེ་སྐྱོན་བྱུང་བའི་རྒྱུ་རྐྱེན་གཙོ་བོ་ཡིན་པ། མེ་ཁུངས་ནི་མིས་ཚད་བཀག་བྱས་ཆོག་པའི་མེ་སྐྱོན་རྒྱུ་རྐྱེན་ཡིན་པར་མ་ཟད། རྩྭ་ཐང་མེ་སྐྱོན་འབྱུང་བའི་རྒྱུ་རྐྱེན་གཙོ་བོའང་ཡིན་ཏེ། མེ་ཁུངས་མེད་ན་མེ་སྐྱོན་འབྱུང་མི་སྲིད་པའི་ཕྱིར་རོ། །མེ་ཁུངས་ལྟར་དབྱེ་ན་མཚོ་སྔོན་ཞིང་ཆེན་གྱི་རྩྭ་ཐང་མེ་སྐྱོན་འབྱུང་བའི་རྒྱུ་མཚན་གཤམ་གྱི་འདི་དག་ཡོད་དེ།

(གཅིག)ཐབ་མེ་དང་བསང་མེ།

འབྲོག་ཁུལ་དུ་མི་རྣམས་ཀྱིས་ལྷི་བ་དང་རྫོ་སོལ་སོགས་འབར་ཚར་བའི་ཐལ་བ་ལ་ཐལ་རོ་ཞེས་འབོད། འབྲོག་མི་རེ་འགས་ཐབ་ཚང་ནང་གི་མེ་ལྷང་མ་ཐག་ཏུ་རྩྭ་ཐང་དུ་གང་འདོད་དོར་བའམ། བསང་ཁྲིའི་སྟེང་གི་མེ་འབར་མ་ཚར་གོང་བསང་འབུལ་མཁན་བུད་སོང་ཚེ་རླུང་གཡུགས་ཏེ་རྩྭ་ཐང་དུ་མེ་མཆེད་དེ་མེ་སྐྱོན་བྱུང་བ།

(གཉིས)རྒྱའི་ལུགས་སྲོལ་དུར་སར་ཤོག་བུ་བསྲེགས་པ།

ལོ་རེའི་ཆེན་མེད་དུས་སྟོན་དང་ལྔ་གཅིག་ངལ་རྩོལ་དུས་ཆེན་གྱི་སྟོན་དུ། དུར་སར་ཤོག་བུ་བསྲེགས་ཏེ་རྩྭ་ཐང་མེ་སྐྱོན་འབྱུང་ཚད་ཤིན་ཏུ་མཐོ་བ་ཡིན། དཔེར་ན། 2013ལོའི་ཆེན་མེད་དུས་སྟོན་དུ་རྫོང་ཀ་གེ་མོར་ཉིན་གཅིག་ཏུ་རྩྭ་ཐང་མེ་སྐྱོན་ཐེངས 4བྱུང་བ་ལྟ་བུ།

(གསུམ)ཐ་མག་འཐེན་པ།

ཞིང་འབྲོག་པའི་ས་ཁུལ་དུ་ཐ་མག་འཐེན་པ་ལ་བརྟེན་ནས་རྩྭ་ཐང་མེ་སྐྱོན་གྱི་གནས་ཚུལ་མང་པོ་འབྱུང་བཞིན་ཡོད། འབྲེལ་ཡོད་ཆེད་མཁས་ཀྱིས་འགྲེལ་བཤད་བྱས་པ་ལྟར་ན། ཐ་མག་གི་མགོའི་དྲོད་ཚད 200–300℃དང་དཀྱིལ་དབུས་དྲོད་ཚད 700–800℃ཡིན་པ་དང་། དྲོད་ཚད་འདིས་རྩྭ་འབར་ཏེ་མེ་སྐྱོན་དོན་རྐྱེན་འབྱུང་ཐུབ་པ་རེད། མི་མང་པོས་ཐ་མག་འཐེན་ཚར་རྗེས་གང་འདོད་དུ་སར་གཡུགས་པར་བྱེད། བལྟས་ན་སྤྱིར་བཏང་གི་སྣང་ཚུལ་ཞིག་ཡིན་ཙང་སྐབས་མ་ལེགས་ན་རྩྭ་ཐང་མེ་ཙ་སྒྲོན་སྲིད།

(བཞི)རླངས་འཁོར་སྐྱུལ་བྱེད་ཁྲིད་དུ་མེ་འབར་བ་དང་མཐོ་གནོན་གློག་སྐུད་ཆད་པ།

ཉེ་བའི་ལོ་འགའི་རིང་དུ། ཞིང་འབྲོག་ས་ཁུལ་དུ་རླངས་འཁོར་སྐྱུལ་བྱེད

ཁྲོད་དུ་མི་འབར་བ་དང་མཐོ་གནོན་གློག་སྐུད་ཆད་པ་རྐྱེན་བྱས་ཏེ་རྩ་ཐང་མེ་སྐྱོན་འབྱུང་བའི་བསྡུར་ཚད་ལོ་རེར་ཇེ་མཐོར་འགྲོ་བཞིན་ཡོད།

(ལྔ)སོག་མ་མེ་སྲེག་དང་ཕྱི་རོལ་དུ་མེ་སྣོང་རྒྱག་པ།

ཞིང་འབྲོག་འདྲེས་མཚམས་སུ་སོག་མ་མེ་སྲེག་རྒྱུ་རྐྱེན་གཙོ་བོར་གྱུར་ཏེ་རྩ་ཐང་མེ་སྐྱོན་འབྱུང་བ་དང་། དགུན་དཔྱིད་དུས་ཚིགས་སུ་མཚོ་སྔོན་ཞིང་ཆེན་ཞིང་འབྲོག་པའི་ས་ཁུལ་དུ་མཁའ་དབུགས་གྲང་ངར་ཆེ་བ་ཡིན་པས། ཕྱི་རོལ་ལས་བཟོ་པའམ་ལམ་འགྲོ་པས་ལམ་འགྲམ་དུ་མེ་སྣོང་བརྒྱབ་ན་རྩ་ཐང་མེ་སྐྱོན་འབྱུང་སླ་བ་ཡིན།

(དྲུག)བྱིས་པས་མེ་རྩེད་པ།

ན་ཆུང་བྱིས་པ་རྣམས་འཚོ་བའི་ཉམས་མྱོང་ཞན་ཞིང་མཚར་སྣང་ཆེ་བས་ན། ཤོག་སྣག་རྩེ་བ་དང་ཕྱི་རོལ་དུ་མེ་སྣོང་རྒྱག་པ། རྩ་མེ་ཉ་སྒྲོན་པ་སོགས་ཀྱི་བྱ་སྤྱོད་སྤེལ་ཏེ་རྩ་ཐང་མེ་སྐྱོན་འབྱུང་དུ་འཇུག་པ་ཡིན།

(བདུན)ལྷིན་མེ་རང་འབར།

ལྷིན་མེ་ནི་རྩ་ཐང་མེ་སྐྱོན་འབྱུང་དུ་བཅུག་པའི་རྒྱུ་རྐྱེན་གྲས་ཀྱི་གཅིག་ཡིན། ཞིང་འབྲོག་ས་ཁུལ་དུ་དུས་ཡུན་རིང་པོར་ཕྱུགས་འཚོས་ནས་འཚོ་བ་རོལ་བ་དང་། ཕྱུགས་གྲངས་མང་བ། ཕྱུགས་ཟོག་ཤི་རོའི་རུས་པ་གང་སར་དོར་ཡོད། རུས་པའི་ཁྲོད་དུ་ལྷིན་རྫས་ཕུན་སུམ་ཚོགས་པ་ཡོད་པས་མེ་འབྱུང་སླ་བ་ཡིན།

ཆ་ཚང་མིན་པའི་བསྡོམས་རྩིས་ལྟར་ན། ཉེ་བའི་ལོ་བཅུ་ཡི་རྩ་ཐང་མེ་སྐྱོན་ཁྲོད་དུ་ཐབ་མེ་དང་བསང་མེའི་རྐྱེན་བྱས་ཏེ་བྱུང་བའི་མེ་སྐྱོན་དོན་རྐྱེན་གྱི་ཞིང་ཆེན་ཡོངས་ཀྱི་མེ་སྐྱོན་དོན་རྐྱེན་གྱི་24.6%ཟིན་པ་དང་། རྒྱའི་ལུགས་སྲོལ་དུར་སར་ཤོག་བུ་བསྲེགས་པ་རྐྱེན་བྱས་ཏེ་བྱུང་བའི་མེ་སྐྱོན་དོན་རྐྱེན་གྱི་23.8%ཟིན། ཐ་མག་འཐེན་པ་རྐྱེན་བྱས་ཏེ་བྱུང་བའི་མེ་སྐྱོན་དོན་རྐྱེན་གྱི་16.9%ཟིན།

ཆྭངས་འཁོར་སྐྱོད་བྱེད་ཁྲིད་དུ་མི་འབར་བ་དང་མཐོ་གནོན་གློག་སྐུད་ཆད་པ་རྐྱེན་བྱས་ཏེ་བྱུང་བའི་མེ་སྐྱོན་དོན་རྐྱེན་གྱི 7.2%ཟིན། སོག་མ་མི་སྒྲིག་དང་བྱི་རོལ་དུ་མི་སྣོང་རྒྱུག་པ་རྐྱེན་བྱས་ཏེ་བྱུང་བའི་མེ་སྐྱོན་དོན་རྐྱེན་གྱི 6.5%ཟིན། བྱིས་པས་མེ་རྩེད་པ་རྐྱེན་བྱས་ཏེ་བྱུང་བའི་མེ་སྐྱོན་དོན་རྐྱེན་གྱི 5%ཟིན། གཞན་པའི་རྒྱུ་མཚན་རྐྱེན་བྱས་ཏེ་བྱུང་བའི་མེ་སྐྱོན་དོན་རྐྱེན་གྱི 16%ཟིན་བཅས་སོ། །

བཞི་པ། རྩྭ་ཐང་མེ་སྐྱོན་ལ་གནོད་པ་ཐེབས་པའི་རྒྱུ་རྐྱེན། (མིའི་ཁོར་ཡུག)

(གཅིག)འབར་ཐུབ་པའི་དངོས་པོའི་མང་ཉུང་།

ས་ངོས་སུ་འབར་ཐུབ་པའི་དངོས་པོ་བསགས་པ་མང་ཉུང་ནི་རྩྭ་ཐང་མེ་ལ་ཤོར་བའི་རྒྱུ་རྐྱེན་གལ་ཆེན་ཞིག་ཡིན། སྔོ་ཁེབས་རྩེ་ཤིང་གི་ལོ་འདབ་སར་ལྷུང་ན་ཕྲལ་གསེད་བྱེད་དཀའ་ཞིང་རིམ་བསགས་བྱེད་ངེས། འབར་ཐུབ་པའི་དངོས་པོའི་སྲ་ཚད་དང་རྩིས་གཞིའི་པོངས་ཚད་ཀྱི་འབར་ཐུབ་པའི་དངོས་པོའི་མང་ཉུང་སོགས་ཀྱིས་རྩྭ་ཐང་མེ་སྐྱོན་འབྱུང་བར་གནོད་པ་ཐེབས་བཞིན་ཡོད།

(གཉིས)ཆར་ཆུ།

ཆར་ཆའི་འགྱུར་ལྡོག་གིས་ཐད་ཀར་འབར་ཐུབ་པའི་དངོས་པོ་དང་ས་གཞིའི་ཆུ་འདུས་ཚད་ལ་ཤུགས་རྐྱེན་ཐེབས་ཡོད། ཆར་ཆུ་འབབ་ཚད་མང་བ་དང་བར་མཚམས་ཀྱི་དུས་ཚོད་ཐུང་བ། ཆར་ཆུ་ཆ་སྙོམས་བཅས་ཡིན་ན་མེ་སྐྱོན་ཉུང་བ་དང་། དེ་ལས་ལྡོག་ན་མང་བའོ། །དེ་མཚུངས་ཆར་ཆུ་འབབ་པའི་བར་མཚམས་ཀྱི་དུས་ཚོད་རིང་ན་འབར་ཐུབ་པའི་དངོས་པོ་དེ་བས་སྐམ་ཤས་ཆེ་བ་ཡིན་པས་མེ་སྐྱོན་འབྱུང་སླ་བ་ཡིན། འབྲེལ་ཡོད་རྒྱུ་ཆ་ལྟར་ན། བསྟུད་མར་ཐན་པ་ཉིན 10བརྒལ་ན་མེ་སྐྱོན་མང་པོ་འབྱུང་ངེས་པ་དང་། གལ་ཏེ་ཐན་པ་ཉིན 20 བརྒལ་ན་མེ་སྐྱོན་ཅུང་ཆེན་པོ་ཞིག་འབྱུང་ངེས་ཡིན།

མཚོ་སྔོན་ཞིང་ཆེན་དུ་གཙོ་བོར་སྐམ་ས་རང་བཞིན་གྱི་དུས་རླུང་གནམ་གཤིས་ཀྱི་ཤུགས་རྐྱེན་ཐེབས་ཏེ། ཟླ་9པ་ནས་སྤྱི་ལོའི་ཟླ་5པའི་བར་དུ་རླུང་ཆེ་བ་དང་མཁའ་དབུགས་སྐམ་ཤས་ཆེ་བ། ཆར་ཆུ་འབབ་ཚད་ཉུང་བ་བཅས་དང་། ད་དུང་ཟླ་9པའི་ཟླ་མཇུག་ནས་ཟླ་10པའི་ཟླ་སྟོད་བར་དུ་རྒྱ་ཆེ་བའི་ཞིང་འབྲོག་ས་ཁུལ་གྱི་རྩི་ཤིང་གི་རིགས་སྣ་ཚོགས་སྐྱེ་མཚམས་དམན་པའི་དུས་སྐབས་སུ་སླེབ་པ་དང་སའི་སྟེང་དུ་ཡལ་འདབ་སྐམ་པོ་ལྷུང་བ་ཡིན། ལྷག་པར་དུ་ཟླ་12པ་ནས་ཕྱི་ལོའི་ཟླ་4པའི་གངས་ཞུ་རྗེས་བར་དུ་འབར་ཐུབ་པའི་དངོས་པོར་ཆུ་འདུས་ཚད་ཉུང་བས། དེ་ནི་རྩྭ་ཐང་མེ་སྐྱོན་ཆེས་འབྱུང་སླ་བའི་དུས་སྐབས་ཡིན་ནོ། །

(གསུམ)རླུང་གི་མྱུར་ཚད་དང་རླུང་གི་ཁ་ཕྱོགས།

རླུང་ནི་རྩྭ་ཐང་མེ་རུ་ཤོར་བའི་སྣང་རྐྱེན་གཙོ་བོ་ཞིག་ཡིན་ཞིང་། དེ་ནི་མེའི་ཁོར་ཡུག་གི་རྒྱ་ཁྱོན་དང་འཕེལ་རྒྱས་ཁ་ཕྱོགས་ཐག་གཅོད་བྱེད་པའི་ཆ་རྐྱེན་གལ་ཆེན་ཡིན། རླུང་གིས་མགྱོགས་མྱུར་ངང་འབར་ཐུབ་པའི་དངོས་པོའི་བརླན་གཤེར་ཆླངས་པར་འགྱུར་བ་དང་། སྐམ་པའི་དངོས་པོ་འབར་སླ་བར་བསྒྱུར་ཐུབ་པ། དབྱུང་དབུགས་གསར་བ་ཁ་གསབ་བཅས་ལ་བརྟེན་ནས་མེ་ཤུགས་ཇེ་ཆེར་གཏོང་ཐུབ། གནའ་བོའི་གཏམ་དཔེ་ལས། མེ་གྲོགས་རླུང་གིས་བྱེད་ཅེས་པའི་མེ་རླུང་གིས་ཁྱབ་རྒྱ་ཆེ་རུ་གཏོང་བར་མ་ཟད། མེ་སྐྱོན་གྱོང་གུན་གྱི་ཚད་ཀྱང་ཇེ་མཐོ་གཏོང་ཐུབ་པ་བསྟན། རླུང་གིས་མེ་བསད་རྗེས་ཀྱི་མེ་རོ་སླར་གསོ་བྱེད་ཐུབ་པ་དང་འབྲོག་ཁྱིམ་ཐལ་རོ་ལས་མེ་སླར་གསོ་བྱེད་ཐུབ། རླུང་ཆེན་གཡུགས་པའི་ཉིན་གྲངས་ཇི་ལྟར་མང་ན་རླུང་གི་མྱུར་ཚད་དེ་ལྟར་མགྱོགས་པ་དང་། མེ་སྐྱོན་འབྱུང་ཚད་ཀྱང་དེ་ལྟར་ཇེ་མང་དུ་འགྲོ་བ་ཡིན། ལྷག་པར་དུ་ཐན་པ་དང་དྲོད་ཆེ་གནམ་གཤིས་སུ་རླུང་གིས་མེ་སྐྱོན་ལ་ཤུགས་རྐྱེན་ཆེན་པོ་ཐེབས་པ་དང་། རྩྭ་ཐང་མེ་སྐྱོན་ཆེན་པོ་དག་མང་ཆེ་ཤོས་ནི་རིམ་པ་5ཡན་གྱི་རླུང་ཆེན་གནས་གཤིས་ཆ་རྐྱེན་འོག

བྱུང་བ་ཡིན། དཔེར་ན། 2000ལོའི་ཟླ 10པའི་ཚེས 29ཉིན་ས་ཆ་ག་གེ་མོར་རྫ་ཐང་མེ་སྐྱོན་བྱུང་། སྐབས་དེར་རླུང་གི་མྱུར་ཚད 12སྨི/མཚོ་ཡིན་པས་མེ་ཤུགས་མགྱོགས་པར་ཁྱབ་སོང་སྟེ། རྫ་སའི་རྒྱ་ཁྱོན་སྨུའུ 802.05མེ་རུ་བསྲེགས་པ་ལྟ་བུ།

(བཞི)མཁའ་དབུགས་ཀྱི་རླན་ཚད།

མཁའ་དབུགས་ཀྱི་རླན་ཚད་ནི་མེ་སྐྱོན་འབྱུང་བར་ཤུགས་རྐྱེན་གལ་ཆེན་ཐེབས་ཐུབ་པ་ཡིན། རླན་ཚད་མཐོ་དམའ་ཡིས་ཐད་ཀར་འབར་ཐུབ་པའི་དངོས་པོའི་སྐམ་རླན་ཚད་ཐིག་ལ་ཤུགས་རྐྱེན་ཐེབས་པར་མ་ཟད། རླན་ཚད་རིམ་གྱིས་ཇེ་དམའ་རུ་སོང་བ་དང་བསྟུན་ནས་འབར་ཐུབ་པའི་དངོས་པོ་སྐམ་ཚད་ཇེ་མགྱོགས་སུ་འགྲོ། མཁའ་དབུགས་ཀྱི་རླན་ཚད་ཀྱིས་མེ་སྐྱོན་འབྱུང་བར་ཐད་ཀར་ནུས་པ་དང་བརྒྱུད་པའི་ནུས་པ་མངོན་པར་གསལ་བ་རེད། རླན་ཚད་མཐོ་དམའ་ཡིས་ཐད་ཀར་འབར་ཐུབ་པའི་དངོས་པོའི་བརླན་གཤེར་རླངས་འགྱུར་ལ་ཤུགས་རྐྱེན་ཐེབས་བཞིན་ཡོད། དེ་ཡང་མཁའ་དབུགས་བསྡོམས་བཅས་ཀྱི་རླན་ཚད་དམའ་དུས་འབར་ཐུབ་པའི་དངོས་པོའི་ཆུ་ཤོར་བ་མང་བས་རྫ་ཐང་གི་མེ་འབྱུང་བ་དང་མཆེད་འགྲོ་བ་ཡིན།

(ལྔ)རླུང་ཁམས་ཆེན་པོའི་རླན་ཚད།

རླུང་ཁམས་ཆེན་པོའི་རླན་ཚད་ནི་མེ་སྐྱོན་འབྱུང་བར་ཤུགས་རྐྱེན་གལ་ཆེན་ཐེབས་ཐུབ་པ་ཞིག་ཡིན། རྫ་ཐང་མེ་འགོག་གི་དུས་སུ་ཡུན་རིང་ཐན་པ་བྱུང་བ་དང་མཁའ་དབུགས་དྲོད་ཚད་གལ་ཏེ་ཇེ་མཐོར་སོང་ན་མེ་སྐྱོན་རིམ་གྱིས་ཇེ་མང་དུ་འགྲོ་བར་བྱེད། འབྲེལ་ཡོད་རྒྱུ་ཆ་ལས་གསལ་བ་ལྟར་ན། དགུན་དཔྱིད་དུས་ཚིགས་སུ་ཆ་སྙོམས་མཁའ་དབུགས་དྲོད་ཚད་ལོ་མཚམས་འགྱུར་ལྡོག 1℃རེར་ཇེ་མཐོ་རུ་སོང་ན། ལོ་རེའི་མེ་སྐྱོན་འབྱུང་ཐེངས 1.6ཇེ་མང་དུ་འགྲོ་བ་ཡིན། མཁའ་དབུགས་དྲོད་ཚད 0℃མན་ཡིན་དུས་མེ་སྐྱོན་འབྱུང་བ་ཉུང་བ། གལ་ཏེ་

བྱུང་རུང་མི་མཆེད་ཚད་དལ་བ་ཡིན། མཁའ་དབུགས་དྲོད་ཚད 5℃ཡན་ཡིན་དུས་མི་སྐྱོན་རྒྱུན་དུ་འབྱུང་བ་ཡིན། མཁའ་དབུགས་དྲོད་ཚད 15℃ཡིན་དུས་མི་སྐྱོན་མང་པོ་འབྱུང་བ་ཡིན། མཁའ་དབུགས་དྲོད་ཚད་ཉིན་རེའི་བར་ཁྱད་སྐྱེད་ཚད(དེ་ནི་ཉིན་རེའི་ཆེས་མཐོའི་མཁའ་དབུགས་དྲོད་ཚད་དང་ཆེས་དམའ་བའི་མཁའ་དབུགས་དྲོད་ཚད་ཀྱི་བར་ཁྱད་སྐྱེད་ཚད་ཡིན)7~20℃ཡིན་དུས་མི་སྐྱོན་ཤིན་ཏུ་མང་པོ་འབྱུང་བ་ཡིན།

ས་གནས་སོ་སོའི་གནས་གཤིས་ཁྱད་ཆོས་དང་རྩྭ་ཐང་གི་རིགས། ལོ་རེའི་རྩྭ་ཐང་མི་སྐྱོན་འབྱུང་ཚུལ་ལྟར་དུ། ས་གནས་སོ་སོའི་རྩྭ་ཐང་མི་སྐྱོན་བྱུང་བའི་གནོད་ཚད་དང་ཤུགས་རྐྱེན་ཁྱབ་ཁོངས་གསལ་པོར་ངེས་ཏེ། མཚོ་སྔོན་ཞིང་ཆེན་གྱི་རྩྭ་ཐང་ནི་ཆེས་མཐོ་བའི་མི་སྐྱོན་ཉེན་ཆེ་ཁུལ་དང་མཐོ་བའི་མི་སྐྱོན་ཉེན་ཆེ་ཁུལ། འབྲིང་རིམ་མི་སྐྱོན་ཉེན་ཆེ་ཁུལ་བཅས་གསུམ་དུ་དགར་ཆོག(རེའུ་མིག 3–2དང 3–3)

(རེའུ་མིག 3–2) **མཚོ་སྔོན་ཞིང་ཆེན་ཁུལ་རིམ་པའི་རྩྭ་ཐང་མི་སྐྱོན་ཉེན་ཆེ་ཁུལ་གྱི་རིམ་པ་དགར་སྟངས།**

མི་སྐྱོན་ཉེན་ཆེའི་རིམ་པ།	ཁུལ(གྲོང་ཁྱེར)
ཆེས་མཐོ་བའི་མི་སྐྱོན་ཉེན་ཆེ་ཁུལ། (4) མཐོ་བའི་མི་སྐྱོན་ཉེན་ཆེ་ཁུལ། (4)	མཚོ་ལྷོ་ཁུལ། མཚོ་བྱང་ཁུལ། མགོ་ལོག་ཁུལ། རྨ་ལྷོ་ཁུལ། མཚོ་ནུབ་ཁུལ། ཡུལ་ཤུལ་གྲོང་ཁྱེར། མཚོ་ཤར་གྲོང་ཁྱེར། ཟི་ལིང་གྲོང་ཁྱེར།

(རེའུ་མིག 3−3) མཚོ་སྔོན་ཞིང་ཆེན་རྫོང་རིམ་པའི་རྒྱ་ཐང་མི་སྨིན་ཉེན་ཆེ་ཁུལ་གྱི་རིམ་པ………

དཀར་སྟངས།

རིམ་པའི་རྫོང་(གྲོང་ཁྱེར)ཁུལ།	མཚོ་སྨར་ཁུལ། (17)	གཙང་གསུམ་འབྱུང་ཡུལ་ཁུལ། (16)	ཟི་ལིང་མཚོ་ཤར་ཁུལ། (13)
ཆེས་མཐོ་བའི་མི་སྨིན་ཉེན་ཆེའི་རྫོང་(གྲོང་ཁྱེར)	མདོ་ལ་རྫོང་། ཀོས་ནན་རྫོང་། གུང་ཧོ་རྫོང་། གཏེར་ལེན་ཁ་གྲོང་ཁྱེར། ཐེམ་ཆེན་རྫོང་། ཧེ་ཡན་རྫོང་། (7)	པད་མ་རྫོང་། གཅིག་སྒྲིལ་རྫོང་། རྨ་ཆེན་རྫོང་། ཡུལ་ཤུལ་རྫོང་། རྩེ་ཁོག་རྫོང་། ཞིན་ཧེ་རྫོང་། རྨ་སྟོད་རྫོང་། (8)	
མཐོ་བའི་མི་སྨིན་ཉེན་ཆེའི་རྫོང་(གྲོང་ཁྱེར)	ཀང་ཚ་རྫོང་། མོན་ཡོན་རྫོང་། དབུས་ལམ་རྫོང་། གཅན་ཚ་རྫོང་། ཐུན་རིན་རྫོང་། ཐུན་ཏེ་རྫོང་། ཁྲི་ཀ་རྫོང་། (7)	དགའ་བདེ་རྫོང་། ནང་ཆེན་རྫོང་། ཟ་སྟོད་རྫོང་། རྨ་སྟོད་རྫོང་། འབྲི་སྟོད་རྫོང་། དར་ལག་རྫོང་། ཆུ་དམར་ལེབ་རྫོང་། (8)	ཏ་ཐུན་རྫོང་། ཞོན་ཧྭ་རྫོང་། ཧོ་ཀྲུའུ་རྫོང་། སྤྱང་སྐར་རྫོང་། དཔའ་ལུང་རྫོང་། ལུང་མདོ་རྫོང་། (6)
འབྲིང་རིམ་མི་སྨིན་ཉེན་ཆེའི་རྫོང་(གྲོང་ཁྱེར)	ཏ་ཁྲི་ཏན་སྲིད་ཨུ། མང་ཡ་སྲིད་ཨུ། ཚྭ་མཚོ་སྲིད་ཨུ། (3)		ཕིན་ཨན་རྫོང་། མིན་ཧོ་རྫོང་། སྤྱང་སྐར་རྫོང་། མཁར་གྲོང་ཤར་ཁུལ། མཁར་གྲོང་ལྷོ་ཁུལ། (7)

ལྔ་པ། རྩྭ་ཐང་མེ་འགོག་གི་དུས་དང་མེ་ཁུངས་དོ་དམ།

(གཅིག)རྩྭ་ཐང་མེ་འགོག་གི་དུས་ནི་ལོ་རེའི་ཟླ 9པའི་ཚེས 15ཉིན་ནས་ཕྱི་ལོའི་ཟླ 6པའི་ཚེས 15ཉིན་བར་ཡིན།

(གཉིས)མེ་ཁུངས་དོ་དམ།

རྩྭ་ཐང་མེ་འགོག་གི་དུས་ཡུན་ནང་དུ། རྩྭ་ཐང་སྟེང་དུ་ཕྱི་རོལ་མེ་བཀོལ་བར་གཏན་འགོག་བྱེད་དགོས། གལ་ཏེ་གནས་ཚུལ་ཁྱད་པར་ཅན་གྱི་དགོས་མཁོ་ལ་དམིགས་ནས་མེ་བཀོལ་དགོས་འབྱུང་ན། གཤམ་གྱི་གཏན་ཁེལ་ངེས་པར་དུ་བརྩི་སྲུང་བྱེད་དགོས།

1.ས་རྒོད་འདུལ་སྲིག་དང་ཞིང་ཚོགས་ཀྱི་རྩྭ་སྲིག་པ། སོག་མ་སྲིག་པ་སོགས་བྱེད་དུས་ཐོན་སྐྱེད་རང་བཞིན་གྱི་མེ་བཀོལ་དགོས་ན། རྫོང་རིམ་པ་ཡན་གྱི་མི་དམངས་སྲིད་གཞུང་ངམ་འབྲེལ་ཡོད་ལས་ཁུངས་ཀྱིས་ཆོག་མཆན་བཀོད་དགོས། ཐོན་སྐྱེད་རང་བཞིན་གྱི་མེ་བཀོལ་རྒྱུར་འཐད་པ་བྱུང་རྗེས། མེ་བཀོལ་ལས་ཁུངས་ཀྱིས་འགན་འཁུར་མི་སྣ་གཏན་འབེབས་བྱས་ཏེ་མེ་གསོད་སྒྲིག་ཆས་གྲ་སྒྲིག་བྱེད་པ་དང་། མེ་འགོག་བྱེད་ཐབས་ལག་བསྟར་བྱས་ཏེ་མེ་ཤོར་བར་ནན་སྲུང་བྱེད་དགོས།

2.རྩྭ་ཐང་སྟེང་དུ་ཕྱུགས་ལས་སམ་ཞོར་ལས་ཐོན་སྐྱེད་གཉེར་མཁན་གྱིས་ཐོན་སྐྱེད་རང་བཞིན་གྱི་མེ་བཀོལ་དགོས་ན། གཏན་ཁེལ་བྱས་པའི་བདེ་འཛུགས་ས་གནས་སུ་མེ་བཀོལ་དགོས། དགོས་ངེས་ཀྱི་མེ་འགོག་བྱེད་ཐབས་སྤྱད་དེ་མེ་ལྷག་མེད་པར་བཟོ་དགོས་པ་ཡིན།

3. རྩྭ་ཐང་མེ་འགོག་དོ་དམ་ཁུལ་དུ་སླེབས་ན། ངེས་པར་དུ་ས་གནས་དེའི་རྫོང་རིམ་པ་ཡན་གྱི་མི་དམངས་སྲིད་གཞུང་གི་རྩྭ་ཐང་མེ་འགོག་གཙོ་གཉེར་ལས་ཁུངས་སམ་འབྲེལ་ཡོད་ལས་ཁུངས་ཀྱི་མེ་འགོག་དོ་དམ་སྒྲིག་ལམ་བརྩི་དགོས།

དྲུག་པ། མེ་སྐྱོན་བྱུང་རྗེས་ཀྱི་བཀོད་སྒྲིག

(གཅིག)མེ་སྐྱོན་གནས་ཚུལ་ཡར་ཞུ།

ཐོག་མར་ས་གནས་དེའི་སྐྱེ་བ་དང་ཞིང་སྲིད་གཞུང་གི་ལས་བྱེད་པའམ་རྫོང་མི་དམངས་སྲིད་གཞུང་གི་རྩྭ་ཐང་མེ་འགོག་གཞུང་ལས་ཁང་ལ་ཁ་པར་གཏོང་རྒྱུར་བརྗེད་མི་རུང་། ཁ་པར་འཕྲོད་རྗེས་མེ་སྐྱོན་འབྱུང་སའི་ས་གནས་དང་མེ་ཤུགས་ཆེ་ཆུང་། དུས་ཚོད། རླུང་ཤུགས། དུ་བའི་རྒྱུ་ཕྱོགས། མེ་མཆེད་ཚུལ། རྩྭའི་སྔོ་ཁེབས་ཀྱི་གནས་ཚུལ། རླངས་འཁོར་བརྒྱུད་ཐུབ་མིན་དང་དེའི་ཉེ་འཁོར་ལམ་གྱི་གནས་ཚུལ། མེ་གསོད་ནུས་ཤུགས་དང་སྡོད་དམངས་སྡོད་སའི་གནས་ཚུལ་བཅས་སོགས་གསལ་པོར་བཤད་དགོས། ད་དུང་རང་ཉིད་ཀྱི་ཁ་པར་ཨང་གྲངས་དང་རུས་མིང་ཁ་པར་ལེན་མཁན་དེ་ལ་བཤད་ན་འབྲེལ་གཏུག་བྱེད་སླ་བ་ཡིན།

(གཉིས)མེ་སྐྱོན་བྱུང་ས་ཐག་གི་བཀོད་སྒྲིག

མེ་སྐྱོན་བྱུང་ས་ཐག་མེ་ཤུགས་ཤིན་ཏུ་ཆུང་བའམ་དུ་བ་ལས་མེ་མི་མཐོང་བ། མེ་གསོད་སླ་དུས་དུས་ལྟར་མེ་གསོད་དགོས་པ་ཡིན།

(གསུམ)མེ་ཤུགས་ཆེ་བའམ་རླུང་གཡུགས་དུས།

རང་ཉིད་ཀྱི་བདེ་འཇགས་ཁག་ཐེག་ཡིན་པའི་གནས་ཚུལ་འོག་ཏུ། དུས་ལྟར་ཡར་ཞུ་བྱེད་པ་དང་། རྒན་ཞན་ནད་སྐྱོན་ཅན་གྱི་མི་དང་བོང་མ་བྱིས་པ་བཅས་གནས་སྤོར་དུ་འཇུག་པ། དེའི་རྗེས་སུ་ས་གནས་སྲིད་གཞུང་ངམ་སྐྱེ་བའི་ལས་བྱེད་པའི་མཇུབ་སྟོན་འོག་མེ་སྐྱོན་སེལ་དགོས་པ་ཡིན།

བདུན་པ། རྩྭ་ཐང་མེ་སྐྱོན་ཇི་ལྟར་སེལ་བ།

(གཅིག)རྒྱུན་མཐོང་གི་རྩྭ་ཐང་མེ་སྐྱོན་སེལ་ཐབས།

1.ཐད་ཀར་མེ་གསོད་ཐབས། རྒྱུན་མཐོང་གི་རིགས་གསུམ་ཡོད།

(1)བྱེ་སའི་མེ་གསོད་ཐབས། དེ་ནི་ལྕགས་ཁེམ་དང་ས་འཐུལ་འཕྲུལ་འཁོར་སོགས་བཀོལ་ནས་བྱེ་མ་དང་ས་བསྣོགས་ནས་མེ་གསོད་པ་ཡིན།

(2)མེ་གསོད་སྒྲིག་ཆས་བཀོལ་ནས་མེ་གསོད་ཐབས། མེ་གསོད་སྒྲིག་ཆས་སྣ་ཚོགས་བཀོལ་ནས་མེ་གསོད་པར་བྱེད། མེ་གསོད་མཁན་དང་མེ་འབར་སའི་བར་གསེག་ཚད་ངེས་ཡོད་སར་ལངས་ཏེ་སྒྲིག་ཆས་གསེག་ཚད་45°མཚམས་སུ་མེ་གསོད་པར་བྱེད། གསེག་ཚད་90°བྱེད་མི་རུང་སྟེ་མེ་ཕྱོགས་བཞིར་མཆེད་འགྲོ་བའི་ཉེན་ཁ་ཡོད། སྤྱིར་བཏང་གི་མེ་གསོད་དུས་མི་3~5ཚན་ཆུང་གཅིག་བྱས་ཏེ་རེས་སྐོར་གྱིས་མེ་བསད་ན་རྨས་སྐྱོན་འབྱུང་བར་སྔོན་འགོག་བྱེད་ཐུབ།

(3)ཆུ་བཀོལ་ནས་མེ་གསོད་ཐབས། ཆུ་ཁུངས་དང་ཐག་ཉེ་སར་མེ་སྐྱོན་བྱུང་ན་ཆུ་བཀོལ་ནས་མེ་གསོད་དགོས་པ་ཡིན།

2.གཞན་བརྒྱུད་མེ་གསོད་ཐབས།

(1)མེ་འགོག་ས་ཞུར་འཛུགས་པ། དཔེར་ན་མེ་འགོག་ལོགས་བཀར་ས་མཚམས་འཛུགས་པ་ལྟ་བུ།

(2)མེ་འགོག་ས་ཞུར་མེ་རུ་བསྒྲོན་པ། རླུང་གི་རྒྱུ་ཕྱོགས་ལྟར་མེ་སྒྲོན་པར་བྱེད་ཅིང་མེ་མཆེད་པར་མཉམ་འཇོག་བྱེད་དགོས།

(གཉིས)མེ་མ་བསད་གོང་དུ་གྲ་སྒྲིག་བྱེད་དགོས་པའི་དོན་དག་འགའ།

1.ཡང་དག་པའི་སྒོ་ནས་རླུང་གི་རྒྱུ་ཕྱོགས་དང་རྩྭ་ཐང་འབར་ཐུབ་པའི་དངོས་པའི་རིགས། མེ་སྐྱོན་འབྱུང་སའི་ཉེ་འཁོར་གྱི་གནས་ཚུལ། མེ་གསོད་འདང་ངེས་ཀྱི་ཆ་རྐྱེན་ཏེ་དཔེར་ན་ཆུ་བོ་དང་གཞུང་ལམ། ཞིང་ས། མེ་འགོག་ས་ཞུར་སོགས་རྒྱུས་ལོན་བྱེད་དགོས།

2.ཡང་དག་པའི་སྒོ་ནས་མེ་སྐྱོན་འབྱུང་སའི་རྒྱུ་རྐྱེན་དང་ཉེ་འཁོར་གྱི་གནས་ཚུལ། མེ་ཤུགས་ཆེ་ཆུང་། མེའི་རྒྱུ་ཕྱོགས་བཅས་རྒྱུས་ལོན་བྱེད་དགོས།

3.ཡང་དག་པའི་སྔོ་ནས་གནམ་གཤིས་ཆ་རྐྱེན་ཏེ་རླུང་ཤུགས་དང་རླུང་གི་ཕྱུར་ཚད། རླུང་གི་རྒྱུ་ཕྱོགས། དྲོད་ཚད། བསྡོས་བཅས་ཀྱི་རླན་ཚད་སོགས་རྒྱུས་ལོན་བྱེད་དགོས།

4.དུས་ལྟར་མེ་སྐྱོན་འབྱུང་གནས་ཀྱི་ས་ཁྲའི་རི་མོ་སྒྲིག་བཟོ་དང་། མེ་གསོད་རུ་ཁག་གི་གྲངས་ཀའམ་ལམ་ཕྱོགས་ལེགས་པོ་གདམ་གསེས་དང་གཏན་ཁེལ་བྱེད་པ། མེ་དཔུང་རུ་འདྲེན་པས་མི་གྲངས་བསྡོམས་རྩིས་དང་མེ་གསོད་ཡུལ་དངོས་སུ་སོང་སྟེ་རྟོག་ཞིབ་བྱས་ཏེ། མེ་གསོད་གྲོས་གཞི་གཏན་འབེབས་དང་མེ་གསོད་འགན་འཁུར་བགོ་བ། མེ་གསོད་འབྱུང་སར་ལྟ་སྐུལ་བྱེད་ཐབས་གཏན་འབེབས། འབྲེལ་གཏུག་བྱེད་ཐབས་དང་འདུས་འཛོམས་ས་གནས་བཀོད་སྒྲིག་བཅས་ཀྱི་གནས་བབ་དབྱེ་ཞིབ་བྱེད་དགོས།

5.དུས་ལྟར་མེ་གསོད་གྲོས་གཞི་བཟོ་བཅོས་བྱེད་པ། མེ་གསོད་དུས་མེ་སྐྱོན་འབྱུང་སའི་མེ་ཤུགས་འགྱུར་ལྡོག་དང་མེ་གསོད་གོ་རིམ་ཁྲིད་དུ་ལྷགས་པའི་གནས་ཚུལ་ལྟར་དུ། མགྱོགས་པོར་མེ་གསོད་གྲོས་གཞི་བཟོ་བཅོས་བྱས་ཏེ་མེ་གསོད་དགོས་མཁོ་དང་འཚམ་དགོས་པ་ཡིན།

(གསུམ)མེ་གསོད་གོ་རིམ།

1.མེ་གསོད་ཉམས་མྱོང་ཕྱུག་པའི་མགོ་ཁྲིད་ཅིག་མེ་སྐྱོན་འབྱུང་སར་མངགས་དགོས་པ།

2.གནས་སྐབས་ཀྱི་མེ་གསོད་མི་སྣ་རྩ་འཛུགས་བྱས་ཏེ་མེ་གསོད་ས་གནས་དང་ཚན་ཆུང་འགན་འཁུར་པ་གཏན་ཁེལ་བྱེད་པ།

3.མེ་གསོད་སྒྲིག་ལམ་དང་བདེ་འཇགས་དོན་ཚན་གསལ་པོར་བཤད་དགོས། ནད་པ་དང་བྱིས་པ། བོང་མ་བཅས་མེ་གསོད་ཁྲོད་དུ་ཞུགས་མི་རུང་།

4.མེ་གསོད་སྒྲིག་ཆས་ཚད་མཐུན་ཡིན་མིན་བརྟག་དཔྱད་གཏོང་བ། མེ

གསོད་དུས་སྒྲིག་ཆས་ལ་མཉམ་འཛོག་བྱེད་དགོས།

5. མེ་སྐྱོན་གནས་ཚུལ་ལ་རྟོག་ཞིབ་ཤུགས་རྒྱག་པ། མེ་སྐྱོན་འབྱུང་སའི་འཕྲིན་བསྐུར་དང་མྱུར་སྐྱོབ། རྒྱབ་ཕྱོགས་ཞབས་འདེགས་བཅས་རྩ་འཛུགས་བྱེད་དགོས།

6. འགྲོ་འོང་ལམ་དང་བདེ་འཇགས་ས་ཁུལ་འདེམ་དགོས།

7. ཐད་ཀར་རླུང་གི་ཁ་ཕྱོགས་སུ་གཏད་དེ་མེ་གསོད་པ་དང་རི་བོའི་སྟེང་འགོས་ཏེ་མེ་གསོད་པ། ས་རྩུབ་སར་མེ་གསོད་པ། རླུང་ཆེ་བའི་གནམ་གཤིས་འོག་དང་མེ་ཤུགས་ཆེ་བའི་ཆ་རྐྱེན་འོག་ཏུ་ཐད་ཀར་མེ་གསོད་པ། འབར་ཐུབ་པའི་དངོས་པོ་མང་སར་མེ་གསོད་པ་བཅས་བྱེད་མི་རུང་།

8. ཡང་དག་པར་མེ་གསོད་སྒྲིག་ཆས་བཀོལ་བ་དང་མེ་གསོད་འཐབ་ཇུས་ས་མཚམས་གསལ་པོར་དབྱེ་བ། མེ་སྐྱོན་གྱི་གནོད་ཚབས་བཟོ་བའི་ཚད་མི་འདྲ་བ་ལྟར་དུ་མེ་གསོད་ས་མཚམས་གཙོ་ཕལ་བཀར་ཆོག མེ་སྐྱོན་འབྱུང་སར་རང་བྱུང་མེ་འགོག་བཀག་ཆས་དང་མི་བཟོས་མེ་འགོག་བཀག་ཆས་མེད་ན་མེ་གང་སར་མཆེད་འགྲོ། དེ་ནི་མེ་གསོད་འཐབ་ཇུས་ས་མཚམས་གཙོ་བོ་ཡིན། མེ་སྐྱོན་འབྱུང་སའི་ཉེ་འཁོར་དུ་རང་བྱུང་མེ་འགོག་བཀག་ཆས་དང་མི་བཟོས་མེ་འགོག་བཀག་ཆས་ཡོད་ན་མེ་ཤུགས་ཆེ་རུ་མི་འགྱུར་བར་མ་ཟད་རྩ་མེད་དུ་ར་འགྲོ། དེ་ནི་མེ་གསོད་འཐབ་ཇུས་ས་མཚམས་ཕལ་བ་ཡིན། ཐོག་མར་ས་མཚམས་གཙོ་བོའི་མེ་ཤོར་བ་བསད་རྗེས་ནུས་ཤུགས་གཅིག་བསྡུས་ཀྱིས་ས་མཚམས་ཕལ་བའི་མེ་རྩ་མེད་དུ་གཏོང་དགོས།

9. བདེ་འཇགས་ཨང་དང་པོ་ཡིན། མེ་གསོད་ཁྲིད་དུ་ཞུགས་དུས་མེ་སྟག་གང་སར་མཆེད་པ་དང་དུ་སྨུག་སྟུག་པོ་ཡིན་པས་མི་ཁ་ཕྱོགས་འཁྱུགས་འགྲོ་བ་དང་དབུགས་ལེན་དཀའ་བ་སོགས་ཀྱིས་མི་ལུས་གནོད་འཚེ་དོན་རྐྱེན་འབྱུང་སླ

བ་ཡིན། རླུང་ཆེན་གཡུགས་པའི་ཉིན་མོར་མེ་གསོད་དུས་རླུང་གི་རྒྱུ་ཕྱོགས་ཀྱི་འགྱུར་ལྡོག་ལ་མཉམ་འཇོག་བྱས་ཏེ་མེའི་ནང་དུ་ཚུད་པ་དང་མི་ལུས་གནོད་སྐྱོན་ཐེབས་པར་གཟབ་དགོས།

(བཞི) མེ་སྐྱོན་འབྱུང་སར་དག་གཙང་བྱེད་པ།

མེ་བསད་རྗེས་ལྷག་ལུས་མེ་རོ་ཡོད་པ་དང་ལྷག་པར་དུ་མིང་བ་འབར་ཚར་མེད་པའི་ལྷག་ལུས་མེ་རོ་གསོད་དགོས་ཏེ། དེ་མིན་ལྷག་ལུས་མེ་རོ་སླར་འབར་ཏེ་མེ་སྐྱོན་ཆེན་པོ་འབྱུང་སྲིད་པ་ཡིན། མེ་སྐྱོན་འབྱུང་སར་དག་གཙང་བྱེད་པའི་ཚད་གཞི་ནི་ངེས་པར་དུ"མེ་མེད་པ་དང་དུ་བ་མེད་པ། དུག་རླངས་མེད་པ"ཡིན་དགོས། བརྟག་དཔྱད་བྱས་པ་བརྒྱུད་དེ་ཚད་གཞི་འདི་དང་མཐུན་ན་དགོས་ཕྱིར་ལོག་ཆོག་པ་ཡིན། གཞན་ད་དུང་མི་རེ་འགས་མེ་སྐྱོན་འབྱུང་སར་ཉིན 1~2སྲུལ་ཞིབ་བྱེད་དུ་འཇུག་དགོས། (རི་མོ 3–8)

རི་མོ 3–8 མེ་སྐྱོན་འབྱུང་སར་སྲུལ་ཞིབ་བྱེད་པ།

བརྒྱད་པ། ཆད་གཅོད།

1.ཚོགས་མཚན་མ་ཐོབ་པར་རྩྭ་ཐང་སྟེང་དུ་ཕྱི་རོལ་མེ་བཀོལ་བ་དང་རྟོག་ཞིབ། ལས་ཀ་སོགས་ཀྱི་བྱ་འགུལ་སྤེལ་ན། རྫོང་རིམ་པ་ཡན་གྱི་མི་དམངས་སྲིད་

གཞུང་གི་རྩ་ཐང་མི་འགོག་གཙོ་གཉེར་ལས་ཁུངས་ཀྱིས་འགན་དབང་བཀོལ་ནས་ཁྲིམས་འགལ་བྱ་སྤྱོད་མཚམས་འཇོག་ཏུ་འཇུག་པ་དང་། མི་འགོག་བྱེད་ཐབས་སྤྱོད་པ། དུ་ཚོད་དུས་བཅད་ནང་དུ་འཕྲིན་ཡོད་འགྲོ་ལུགས་སྒྲུབ་ཏུ་འཇུག་དགོས། འཕྲིན་ཡོད་འགན་འཁུར་མི་སྒེར་སྒོར་ 2000ཡན་ནས་སྒོར་ 5000མན་གྱི་ཆད་པ་ཁྲར་དགོས་པ་དང་། འཕྲིན་ཡོད་འགན་འཁུར་ལས་ཁུངས་ཀྱིས་སྒོར་ 5000ཡན་ནས་སྒོར་ཁྲི 2མན་གྱི་ཆད་པ་ཁྲར་དགོས།

2. གཤམ་གྱི་བྱ་སྤྱོད་ཅིག་ཡོད་ན་རྫོང་རིམ་པ་ཡན་གྱི་མི་དམངས་སྲིད་གཞུང་གི་རྩ་ཐང་མི་འགོག་གཙོ་གཉེར་ལས་ཁུངས་ཀྱིས་འགན་དབང་བཀོལ་ནས་ཁྲིམས་འགལ་བྱ་སྤྱོད་མཚམས་འཇོག་ཏུ་འཇུག་པ་དང་། མི་འགོག་བྱེད་ཐབས་སྤྱོད་པ། མི་སྐྱོན་གནོད་འཚེ་རྩ་མེད་དུ་གཏོང་བ། འཕྲིན་ཡོད་འགན་འཁུར་མི་སྒེར་སྒོར་ 200ཡན་ནས་སྒོར་ 2000མན་གྱི་ཆད་པ་ཁྲར་དགོས་པ་དང་། འཕྲིན་ཡོད་འགན་འཁུར་ལས་ཁུངས་ཀྱིས་སྒོར་ 2000ཡན་ནས་སྒོར་ཁྲི 2མན་གྱི་ཆད་པ་ཁྲར་དགོས། མི་འགོག་བྱེད་ཐབས་སྤྱོད་པ་དང་མི་སྐྱོན་གནོད་འཚེ་རྩ་མེད་དུ་གཏོང་བར་མི་བྱེད་ན། རྫོང་རིམ་པ་ཡན་གྱི་མི་དམངས་སྲིད་གཞུང་གི་རྩ་ཐང་མི་འགོག་གཙོ་གཉེར་ལས་ཁུངས་ཀྱིས་ཚབ་བྱས་ནས་མི་འགོག་བྱེད་ཐབས་སྤྱོད་པ་དང་མི་སྐྱོན་གནོད་འཚེ་རྩ་མེད་དུ་གཏོང་བར་བྱེད། ཁྲིམས་འགལ་ལས་ཁུངས་སམ་མི་སྒེར་གྱིས་འགྲོ་གྲོན་དང་ལེན་བྱེད་དགོས།

(1) རྩ་ཐང་མི་འགོག་དུས་ཡུན་ནང་དུ་ཕྱི་རོལ་མི་བཀོལ་བར་ཆོག་མཆན་ཐོབ་ཡོད་ཀྱང་མི་འགོག་བྱེད་ཐབས་སྤྱད་མེད་པ།

(2) རྩ་ཐང་སྟེང་གི་ལས་ཀ་སྒྲུབ་པ་དང་འཁོར་སྐྱོད་ལྷངས་འཁོར་སྟེང་དུ་མི་འགོག་གློག་ཆས་མེད་པའམ་མི་སྐྱོན་མངོན་མེད་རྐྱེན་ངན་འབྱུང་ཉེན་ཡོད་པ།

(3) རྩ་ཐང་སྟེང་སྤྱི་སྤྱོད་འགྲིམ་འགྲུལ་ཡོ་བྱད་འཁོར་སྐྱོད་བྱེད་དུས་ཁ་ལོ་

བ་དང་མཐྲོན་པོས་མེ་སོན་དོར་བ།

(4)རྫ་ཐང་སྟེང་དུ་ཕྱི་རོལ་ལས་ཀ་སྒྲུབ་པའི་འཕྲུལ་ཆས་སྒྲིག་བཀོད་མི……སྣས་མེ་འགོག་བདེ་འཇགས་ཀྱི་སྒྲིག་ལམ་བརྩི་སྲུང་མི་བྱེད་པའམ་ཕྱི་རོལ་ལས་ཀ……སྒྲུབ་པའི་འཕྲུལ་ཆས་ནང་དུ་མེ་འགོག་བྱེད་ཐབས་སྲུད་མེད་པ།

(5)རྫ་ཐང་མེ་འགོག་དོ་དམ་ས་ཁུལ་ནང་དུ་གཏན་ཁེལ་ལྟར་མེ་བཀོལ……མེད་པ།

3.རྫ་ཐང་སྟེང་དུ་ཐོན་སྐྱེད་ཚོང་གཉེར་སོགས་ལས་ཁུངས་ཀྱིས་རྫ་ཐང་མེ……འགོག་འགན་འཁྲི་ལམ་ལུགས་བཙུགས་མེད་པའམ་ལག་བསྟར་བྱས་མེད་ན།
རྫོང་རིམ་པ་ཡན་གྱི་མི་དམངས་སྲིད་གཞུང་གི་རྫ་ཐང་མེ་འགོག་གཙོ་གཉེར་ལས……ཁུངས་ཀྱིས་འགན་དབང་བཀོལ་ནས་བཅོས་བསྒྱུར་བྱེད་པར་འཇུག་པ་དང་།
འབྲེལ་ཡོད་འགན་འཁུར་ལས་ཁུངས་ལ་སྒོར 5000ཡན་ནས་སྒོར་ཁྲི 2མན་གྱི……ཆད་པ་བཅད་ཆོག

4.བསམ་བཞིན་ཡིན་པའམ་སྐྱོན་ནོར་ཏེ་རྫ་ཐང་མེ་སྐྱོན་འབྱུང་དུ་བཅུག་སྟེ……བྱས་ཉེས་སུ་གྲུབ་ན། ཁྲིམས་ལྟར་ཉེས་དོན་འགན་འཁྲི་བདའ་འདེད་བྱས་ཆོག

ལེའུ་བཞི་པ། རྩྭ་ཐང་ལྟ་སྐུལ་དོ་དམ།

རྩྭ་ཐང་ལྟ་སྐུལ་དོ་དམ་ནི་རྩྭ་ཐང་ལྟ་སྐུལ་དོ་དམ་ལས་ཁུངས་ཀྱིས་ཁྲིམས་
ལྟར་བཅའ་ཁྲིམས་དང་ཁྲིམས་སྲོལ་གྱིས་སྤྲད་པའི་འགན་འཁྲི་ལག་བསྟར་བྱེད་
པ། རྩྭ་ཐང་བཅའ་ཁྲིམས་དང་ཁྲིམས་སྲོལ་ལག་བསྟར་གནས་ཚུལ་ལ་ལྟ་སྐུལ་ཞིབ་
བཤེར་བྱེད་པ་དང་། རྩྭ་ཐང་བཅའ་ཁྲིམས་དང་ཁྲིམས་སྲོལ་དང་འགལ་བའི་བྱ་
སྤྱོད་ཡིན་ན་ཁྲིམས་ལྟར་སྲིད་འཛིན་ཐག་གཅོད་བྱེད་དགོས།

ས་བཅད་དང་པོ། རྩྭ་ཐང་ལྟ་སྐུལ་དོ་དམ་ལས་ཁུངས།

རྩྭ་ཐང་ལྟ་སྐུལ་དོ་དམ་ལས་ཁུངས་གཙོ་བོ་ནི་རིམ་པ་སོ་སོའི་མི་དམངས་
སྲིད་གཞུང་གི་རྩྭ་ཐང་གཙོ་གཉེར་ལས་ཁུངས་དང་རྩྭ་ཐང་ལྟ་སྐུལ་དོ་དམ་ལས་
ཁུངས་ཡིན། ཁྱབ་རྒྱ་ཆེ་བའི་རྩྭ་ཐང་ལྟ་སྐུལ་དོ་དམ་ལས་ཁུངས་གཙོ་བོའི་ནང་དུ་
ཁྲིམས་འཛུགས་ལས་ཁུངས་དང་རིམ་པ་སོ་སོའི་སྲིད་གཞུང་། སྒྲིག་ཁྲིམས་ལས་
ཁུངས། འབྲེལ་ཡོད་སྲིད་འཛིན་གཙོ་གཉེར་ལས་ཁུངས་བཅས་འདུས།

དང་པོ། རྩྭ་ཐང་སྲིད་འཛིན་གཙོ་གཉེར་ལས་ཁུངས།

རྩྭ་ཐང་སྲིད་འཛིན་གཙོ་གཉེར་ལས་ཁུངས་ནི་རྩྭ་ཐང་སྲུང་སྐྱོབ་དང་
བཀོལ་སྤྱོད། འཛུགས་སྐྲུན་སོགས་བྱ་འགུལ་སྤེལ་བའི་སྲིད་འཛིན་ལས་ཁུངས་
ཞིག་ཡིན། དེ་ནི་སྲིད་འཛིན་ལས་ཁུངས་ཁྲོད་དུ་བྱེ་བྲག་གི་རྩྭ་ཐང་སྲུང་སྐྱོབ་དང་

བཀོལ་སྤྱོད། འཇུགས་སྐྱུན་བཅས་དོ་དམ་བྱེད་ནུས་ལྡན་པའི་ལས་ཁུངས་ལ་གོ
ཞིང་ཆེན་རིམ་པའི་རྩྭ་ཐང་སྲིད་འཛིན་གཙོ་གཉེར་ལས་ཁུངས་ནི་ཞིང་ཆེན་ཞིང་
ཕྱོགས་ཐེན་དང་། ཁུལ་དང་རྫོང་མི་དམངས་སྲིད་གཞུང་གི་རྩྭ་ཐང་སྲིད་འཛིན་
གཙོ་གཉེར་ལས་ཁུངས་ནི་ཕྱོགས་ལས་རྩུའུ་འམ་ཞིང་ཕྱོགས་རྩུའུ་ཡིན།

གཉིས་པ། རྩྭ་ཐང་ལྟ་སྐྱུལ་དོ་དམ་ལས་ཁུངས།

རྩྭ་ཐང་ལྟ་སྐྱུལ་དོ་དམ་ལས་ཁུངས་ནི་རིམ་པ་སོ་སོའི་རྩྭ་ཐང་སྲིད་འཛིན་
གཙོ་གཉེར་ལས་ཁུངས་ཀྱིས《རྩྭ་ཐང་གི་ཁྲིམས》དང《སྲིད་འཛིན་ཆད་གཅོད་ཀྱི་
ཁྲིམས》གཏན་ཁེལ་ལྟར་དུ་ཆེད་དུ་རྩྭ་ཐང་ལྟ་སྐྱུལ་དོ་དམ་ལས་ཁུངས་བཙུགས་པ་
རེད། དེ་ལ་རྩྭ་ཐང་ལྟ་ཞིབ་དོ་དམ་ས་ཚིགས་ཀྱང་ཟེར། རྩྭ་ཐང་ལྟ་ཞིབ་དོ་དམ་ས་
ཚིགས་ནི་བཅའ་ཁྲིམས་ནང་གསལ་བོར་དབང་བཅོལ་བའི་ཁྲིམས་བསྟར་ལས་
ཁུངས་ཡིན་པ་དང་། སྲིད་འཛིན་གཙོ་གཉེར་ལས་ཁུངས་ཀྱི་མགོ་ཁྲིད་འོག་ཏུ་རྩྭ་
ཐང་བཅའ་ཁྲིམས་དང་ཁྲིམས་སྲོལ་ལག་བསྟར་གནས་ཚུལ་ལ་ལྟ་སྐྱུལ་ཞིབ་བཤེར་
བྱེད་པ་དང་། རྩྭ་ཐང་བཅའ་ཁྲིམས་དང་ཁྲིམས་སྲོལ་དང་འགལ་བའི་བྱ་སྤྱོད་
ཡིན་ན་ཁྲིམས་ལྟར་ཐག་གཅོད་བྱེད་དགོས།

མཚོ་སྔོན་ཞིང་ཆེན་རྫོང་རིམ་པ་ཡན་གྱི་རྩྭ་ཐང་སྲིད་འཛིན་གཙོ་གཉེར་
ལས་ཁུངས(ཞིང་ཕྱོགས་རྩུའུ་དང་ཞིང་ཕྱོགས་ཐེན)དང་རྩྭ་ཐང་ལྟ་སྐྱུལ་དོ་དམ་
ལས་ཁུངས(ལྟ་སྐྱུལ་དོ་དམ་ས་ཚིགས)ཐུན་མོང་གིས་རྩྭ་ཐང་ལྟ་སྐྱུལ་དོ་དམ་
འགན་འཁུར་དགོས་པ་ཡིན། ཞང(གྲོང་རྡལ)མི་དམངས་སྲིད་གཞུང་དུ་རྩྭ་ཐང་
ལྟ་སྐྱུལ་དོ་དམ་མི་སྣ་འཛུགས་པར་བྱེད། དེར་རྫོང་རིམ་པའི་རྩྭ་ཐང་ལྟ་སྐྱུལ་དོ་
དམ་ལས་ཁུངས་ཀྱིས་མཛུབ་སྟོན་འོག་བྱེ་བྲག་གི་ལྟ་སྐྱུལ་དོ་དམ་བྱ་བ་སྤེལ་དགོས།
སྡེ་བའི་ནང་དུ་སྡེ་བ་རིམ་པའི་དོ་དམ་སྲུང་སྐྱོབ་མི་སྣ་འཛུགས་དགོས།

ས་བཅད་གཉིས་པ། རྩྭ་ཐང་ལྟ་སྐུལ་དོ་དམ་ལས་ཁུངས་ཀྱི་འགན་འཁྲི།

དང་པོ། རྩྭ་ཐང་སྲིད་འཛིན་གཙོ་གཉེར་ལས་ཁུངས་ཀྱི་འགན་འཁྲི།

1. རྩྭ་ཐང་ལྟ་སྐུལ་དོ་དམ་ལས་ཁུངས་ཀྱི་བྱ་བར་འགན་འཁུར་པ། དུས་ངེས་ཅན་དུ་རྩྭ་ཐང་སྲུང་སྐྱོབ་དང་བཀོལ་སྤྱོད་ཀྱི་གནས་ཚུལ་ལ་ལྟ་སྐུལ་ཞིབ་བཤེར་བྱེད་པ་དང་། རྩྭ་སའི་སྔོ་ཁེབས་གཏོར་བརླག་དང་བཙན་ཚུགས་རང་བཞིན་གྱི་བཀོལ་སྤྱོད་བྱ་སྤྱོད་འགོག་དགོས།

2. དབང་ཆའི་ཁོངས་གཏོགས་ལྟར་དུ་རྩྭ་ཐང་བཀོལ་སྤྱོད་དང་གཞུང་སྐུད་དང་བདག་བཟུང་གི་བྱ་སྤྱོད་ལ་ཞིབ་བཤེར་ཆོག་མཆན་བཀོད་པ་དང་རྩྭ་ས་འགན་གཙང་ལེན་གྱི་བྱ་འགུལ་ལ་ལྟ་སྐུལ་དང་མཛུབ་སྟོན་བྱེད་དགོས།

3. འབྲེལ་ཡོད་ལས་ཁུངས་དང་མཉམ་འབྲེལ་བྱས་ཏེ་དུས་ངེས་ཅན་དུ་རྩྭ་ཐང་ཐོན་ཁུངས་བརྟག་དཔྱད་སྤེལ་ནས། རྩྭ་ཐང་གི་གནས་ཚུལ་དངོས་ལ་ལྟ་ཞིབ་དང་ཉེན་བརྡའི་ཞབས་འདེགས་མཁོ་སྤྲོད་བྱེད་པ། ད་དུང་དུས་ངེས་ཅན་དུ་རྩྭ་སར་ཕྱུགས་ཤོང་ཚད་ཞིབ་བཤེར་དང་གཏན་འབེབས་བྱེད་པ།

4. རྩྭ་ཐང་ལྟ་སྐུལ་ཞིབ་བཤེར་མི་སྣར་ཟབ་སྦྱོང་དང་དཔྱད་ཞིབ་བྱེད་པ།

གཉིས་པ། རྩྭ་ཐང་ལྟ་སྐུལ་དོ་དམ་ལས་ཁུངས་ཀྱི་འགན་འཁྲི།

1. རྩྭ་ཐང་བཅའ་ཁྲིམས་དང་ཁྲིམས་སྲོལ་དྲིལ་བསྒྲགས་དང་ལག་ལེན་མཐར་ཕྱིན་བྱེད་པ་དང་། རྩྭ་ཐང་བཅའ་ཁྲིམས་དང་ཁྲིམས་སྲོལ་དང་སྲིད་ཇུས་ཀྱི་ལག་བསྟར་ལ་ལྟ་སྐུལ་བྱེད་དགོས།

2. རྩྭ་ཐང་བཅའ་ཁྲིམས་དང་ཁྲིམས་སྲོལ་དང་འགལ་བའི་བྱ་སྤྱོད་ལ་ཞིབ་

བཤེར་དང་ཐག་གཅོད་བྱེད་དགོས།

3.རྩ་ཐང་བདག་དབང་དང་བཀོལ་སྤྱོད་བྱེད་དབང་། འགན་གཙང་ལེན་ཚོང་གཉེར་དབང་ཆ་བཅས་ཀྱི་ཞིབ་བཤེར་ཆོག་མཆན་དང་ཐོ་འགོད། དོ་དམ་བཅས་ཀྱི་འབྲེལ་ཡོད་བྱ་བར་འགན་འཁུར་དགོས།

4.རྩ་ཐང་དབང་ཆའི་ཁོངས་གཏོགས་རྩོད་གཞིའི་སྙོམ་སྒྲིག་དང་རྩ་ཐང་བཀོལ་སྤྱོད་དང་འབྲེལ་བའི་བྱ་བར་སྙོམ་སྒྲིག་བྱེད་པར་འགན་འཁུར་དགོས།

5.རྩ་ཐང་བཀོལ་སྤྱོད་དང་རྩ་ཐང་འཛུགས་སྐྲུན་ལས་གཞི་སོགས་ཡུལ་དངོས་ལྟ་རྟོག་དང་ལྟ་སྐུལ་ཞིབ་བཤེར་བྱེད་པ། གནས་སྐབས་རྩ་ཐང་གཞུང་སྤྱོད་དང་བདག་བཟུང་གི་འབྲེལ་ཡོད་དོན་དག་ཐག་གཅོད་བྱེད་དགོས།

6.འབྲེལ་ཡོད་ལས་ཁུངས་ལ་རམ་འདེགས་བྱས་ཏེ་རྩ་ཐང་མི་འགོག་གི་བྱེ་བྲག་བྱ་བར་ལེགས་པར་སྒྲུབ་དགོས།

7.རྩ་ཐང་སྲིད་འཛིན་གཙོ་གཉེར་ལས་ཁུངས་ཀྱིས་ལས་བཅོལ་བྱས་ཏེ་རྩ་ཐང་ལྟ་སྐུལ་དོ་དམ་གྱི་འབྲེལ་ཡོད་བྱ་བ་སྒྲུབ་དགོས།

གསུམ་པ། ཞང་རིམ་པའི་ལྟ་སྐུལ་དོ་དམ་མི་སྣ།

1.རྩ་ཐང་བཅའ་ཁྲིམས་དང་ཁྲིམས་སྲོལ་དྲིལ་བསྒྲགས་དང་ལག་ལེན་མཐར་ཕྱིན་བྱེད་པ་དང་། རྫོང་རིམ་པའི་རྩ་ཐང་ལྟ་སྐུལ་དོ་དམ་ལས་ཁུངས་ལ་རམ་འདེགས་བྱས་ཏེ་རྩ་ཐང་བཅའ་ཁྲིམས་དང་ཁྲིམས་སྲོལ་དང་སྲིད་ཇུས་ཀྱི་ལག་བསྟར་ལ་ལྟ་སྐུལ་བྱེད་དགོས།

2.རྩ་ཐང་བདག་དབང་དང་བཀོལ་སྤྱོད་བྱེད་དབང་། འགན་གཙང་ལེན་ཚོང་གཉེར་དབང་ཆ་བཅས་ཀྱི་ཞིབ་བཤེར་ཆོག་མཆན་དང་ཐོ་འགོད། དོ་དམ་བཅས་ཀྱི་འབྲེལ་ཡོད་བྱ་བར་འགན་འཁུར་དགོས།

3.ཞང་སྲིད་གཞུང་སོགས་འབྲེལ་ཡོད་ལས་ཁུངས་ལ་རམ་འདེགས་བྱས་ཏེ་

རྩ་ཐང་མེ་འགོག་གི་བྱེ་བྲག་བྱ་བར་ལེགས་པར་སྒྲུབ་དགོས།

4. རང་གི་ཁྱབ་ཁོངས་སུ་གནོད་འབུའི་ནད་འབྱུང་བ་དང་རྩ་ཐང་མེའི་གནས་ཚུལ། རི་སྐྱེས་རྩི་ཤིང་རྐོ་སློག་སོགས་ཀྱི་གནས་ཚུལ་ལ་ལྟ་སྐུལ་དོ་དམ་བྱེད་དགོས།

5. སྡེ་བ་རིམ་པའི་དོ་དམ་སྲུང་སྐྱོབ་མི་སྣ་ལ་ཕྱུགས་ཟོག་གྲངས་བཤེར་དང་ཕྱུགས་ཟོག་ཇེ་ཉུང་དུ་གཏོང་བ་སོགས་ཀྱི་བྱ་བ་སྤེལ་བར་མཇུབ་སྟོན་བྱེད་དགོས།

བཞི་པ། སྡེ་བ་རིམ་པའི་དོ་དམ་སྲུང་སྐྱོབ་མི་སྣ།

1. རྫོང་དང་ཞང་(གྲོང་རྡལ)རྩ་ཐང་ལྟ་སྐུལ་དོ་དམ་མི་སྣ་ལ་རམ་འདེགས་བྱས་ཏེ་སྡེ་དམངས་ཨུ་ཡོན་ལྷན་ཁང་དང་མཉམ་ལས་ཁང་། འབྲོག་ཁྱིམ་བཅས་ཀྱི་རྩ་ས་ཕྱུགས་ཤོང་ཚད་དང་ཕྱུགས་ཟོག་ཇེ་ཉུང་དུ་བཏང་བའི་གྲངས་ཀར་ཞིབ་བཤེར་གཏན་འབེབས་བྱེད་པ། ད་དུང་འགན་འཁྲི་ཡི་གེའི་ཕྱུགས་ཟོག་ཇེ་ཉུང་དུ་གཏོང་བའི་འཆར་གཞི་ལྟར་དུ་སྡེ་དམངས་ཨུ་ཡོན་ལྷན་ཁང་དང་མཉམ་ལས་ཁང་། འབྲོག་ཁྱིམ་བཅས་ཀྱི་ཕྱུགས་ཟོག་ལ་གྲངས་བཤེར་བྱེད་པ་དང་། ཕྱུགས་ཟོག་ཇེ་ཉུང་དུ་གཏོང་བའི་འཆར་གཞི་ལག་བསྟར་བྱས་པར་ལྟ་སྐུལ་བྱེད་དགོས། འཆར་གཞི་ལྟར་དུ་ཕྱུགས་ཟོག་ཇེ་ཉུང་དུ་མ་བཏང་ན་དུས་ལྟར་ཞང་(གྲོང་རྡལ)མི་དམངས་སྲིད་གཞུང་དང་རྩ་ཐང་ལྟ་སྐུལ་དོ་དམ་ལས་ཁུངས་ལ་ཡར་ཞུ་བྱེད་དགོས།

2. ལྟ་སྐུལ་དོ་དམ་འགན་འཁྲི་ས་ཁུལ་གྱི་སྡེ་དམངས་ཨུ་ཡོན་ལྷན་ཁང་དང་མཉམ་ལས་ཁང་། འབྲོག་ཁྱིམ་བཅས་ཀྱི་ཕྱུགས་འཚོ་བཀག་འགོག་ས་ཁུལ་དང་རྩ་ཕྱུགས་དོ་མཉམ་ས་ཁུལ་གྱི་ཕྱུགས་འཚོ་བའི་གནས་ཚུལ་ལ་ཉིན་རེར་ལྟ་རྟོག་དང་དོ་དམ་བྱེད་པ། ཕྱུགས་འཚོ་བཀག་འགོག་དང་འགལ་བ་དང་འཆར་གཞི་ལྟར་ཕྱུགས་ཟོག་ཇེ་ཉུང་དུ་མ་བཏང་ན་འགོག་པ་དང་དུས་ལྟར་ཞང་(གྲོང་རྡལ)མི་

དམངས་སྲིད་གཞུང་དང་རྩྭ་ཐང་ལྷ་སྐུལ་དོ་དམ་ལས་ཁུངས་ལ་ཡར་ཞུ་བྱེད་དགོས།

3. ཉིན་རེའི་ལྷ་རྟོག་གནས་ཚུལ་ལྷར་དུ་ལྷ་རྟོག་ཟིན་ཐོ་འཛུགས་པ།

4. ལྷ་སྐུལ་དོ་དམ་འགན་འཁྲི་ས་ཁུལ་གྱི་རྩྭ་ཐང་རྨང་གཞི་སྒྲིག་ཆས་དང་……
ནད་འབུའི་གནོད་འཚེ་འབྱུང་བ། རྩྭ་སའི་མེ་གནས་ཚུལ། རི་སྐྱེས་རྩི་ཤིང་རྐོ……
སློག་སོགས་ཀྱི་གནས་ཚུལ་ལ་ལྷ་སྐུལ་དོ་དམ་བྱེད་པར་འགན་འཁུར་དགོས།

5. རྒྱུར་ཐག་གིས་རྩྭ་ཐང་སྲུང་སྐྱོབ་ཀྱི་བཅའ་ཁྲིམས་དང་ཁྲིམས་སྲོལ་དྲིལ……
བསྒྲགས་བྱེད་པ། དུས་ལྷར་རྩྭ་ཐང་དུ་ཁྲིམས་འགལ་བྱ་སྤྱོད་སྲེལ་བར་ཐེར་འདོན་
གོང་ཞུ་བྱེད་དགོས།

ཟུར་ལྟའི་དཔྱད་གཞི།

[1]ཞིང་ལས་ཕུའུ་རྩྭ་ཐང་ལྟ་སྐུལ་དོ་དམ་ལྟེ་གནས། ཀྲུང་གོའི་རྩྭ་ཐང་ཁྲིམས་བསྟར་སྤྱི་བཤད། [M] པེ་ཅིང་། མི་དམངས་དཔེ་སྐྲུན་ཁང་། 2007ལོར།

[2]ཀྲུང་ཧྭ་མི་དམངས་སྤྱི་མཐུན་རྒྱལ་ཁབ་ཞིང་ལས་ཕུའུ། རང་བྱུང་རྩྭ་སར……ལུགས་མཐུན་ཕྱུགས་ཤོང་ཚད་ཀྱི་རྩིས་གཞི། [M] པེ་ཅིང་། ཀྲུང་གོ་ཚད་གཞི་དཔེ་སྐྲུན་ཁང་། 2002ལོར།

[3]རོང་ཡིའུ་ཧྲིང་། ཀྲའོ་དབྱིན་ལི། ཧན་ཀའོ་ཁྲུན། རྩྭ་སའི་ཐོན་ཁུངས་རྒྱུད……མཐུད་བཀོལ་སྤྱོད་རྩ་བའི་རིགས་པ་དང་ལག་རྩལ། [M] པེ་ཅིང་། རྫས་འགྱུར་བཟོ་ལས་དཔེ་སྐྲུན་ཁང་། 2004ལོར།

[4]ཀྲུང་ཧྭ་མི་དམངས་སྤྱི་མཐུན་རྒྱལ་ཁབ་ཞིང་ལས་ཕུའུ། ཕྱུགས་འཚོ་མཚམས……འཛོག་པ་དང་ཕྱུགས་འཚོ་བཀག་འགོག་གི་ལག་རྩལ་སྒྲིག་སྲོལ། [M] པེ་ཅིང་། ཀྲུང་གོ་ཚད་གཞི་དཔེ་སྐྲུན་ཁང་། 2006ལོར།

[5]ཀྲུང་ཧྭ་མི་དམངས་སྤྱི་མཐུན་རྒྱལ་ཁབ་ཞིང་ལས་ཕུའུ། རྩྭ་ས་བགོས་ཁྲུལ……ཕྱུགས་ཟོག་རེས་སྐོར་འཚོ་བའི་ལག་རྩལ་སྒྲིག་སྲོལ། [M] པེ་ཅིང་། ཀྲུང་གོ་ཚད་གཞི་དཔེ་སྐྲུན་ཁང་། 2007ལོར།

[6]ཀྲུང་ཧྭ་མི་དམངས་སྤྱི་མཐུན་རྒྱལ་ཁབ་ཞིང་ལས་ཕུའུ། རང་བྱུང་རྩྭ་ཐང་རིམ་པ་དཔྱད་འཛོག་ལག་རྩལ་ཚད་གཞི། [M] པེ་ཅིང་། ཀྲུང་གོ་ཚད་གཞི་དཔེ་སྐྲུན་ཁང་། 2007ལོར།

[7]ཀྲང་དབྱིན་ཅུན། རྩྭ་ས་དང་ཕྱུགས་རའི་དོ་དམ་རིག་པ། [M] པེ་ཅིང་། ཀྲུང་གོ་ཞིང་ལས་སློབ་ཆེན་དཔེ་སྐྲུན་ཁང་། 2009ལོར།

[8]ཀྲུང་ཧྭ་མི་དམངས་སྤྱི་མཐུན་རྒྱལ་ཁབ་ཞིང་ལས་ཕུའུ་རྩྭ་ཐང་ལྟ་སྐུལ་དོ་དམ་ལྟེ་གནས། རྩྭ་ཐང་ཁྲིམས་བསྟར་གཞུང་ལུགས་དང་ལག་ལེན། [M] པེ་ཅིང་། ཀྲུང་གོ་ཞིང་ལས་དཔེ་སྐྲུན་ཁང་། 2010ལོར།

[9]ཀའོ་ཧོང་ཡིན། ཀྲུང་གོ་རྩྭ་ཐང་། [M] པེ་ཅིང་། ཀྲུང་གོ་ཞིང་ལས་དཔེ་སྐྲུན་ཁང་། 2012ལོར།

[10]མ་ཡིའུ་ཞང་། རྩྭ་ཐང་ཁྲིམས་གསར་དང་ལྟ་སྐུལ་དོ་དམ་བྱ་བའི་གནས······བབ་དང་འགན་འཁུར། [OL] ཞིང་ལས་པུའུ་རྩྭ་ཐང་ལྟ་སྐུལ་དོ་དམ་ལྟེ་གནས། http://www.grassland.gov.cn/grassland -new/Item/4044.aspx, ཀྲུང་གོ་རྩྭ་ཐང་དྲ་བ། 2007-07-02

[11]ལིའུ་ཙ་བུན། ངེས་པར་དུ་ཚད་མཐོན་པའི་རིམ་པ་གསར་བའི་རྩྭ་ཐང་སྡོག····འདོན་ཆེན་མོར་ཉེན་སྐུལ་བྱེད་དགོས། [M] ཞིང་ལས་པུའུ་རྩྭ་ཐང་ལྟ་སྐུལ་དོ་དམ་ལྟེ་གནས། http://www.grassland.gov.cn/grassland -new/Item/4044.aspx, ཀྲུང་གོ་རྩྭ་ཐང་དྲ་བ། 2008-12-16

[12]ལིའུ་ཙ་བུན། རྩྭ་ཐང་སྡོག་འདོན་བྱས་ན་ཐོབ་པ་ལས་ཤོར་བ་མང་། [M] ཞིང་ལས་པུའུ་རྩྭ་ཐང་ལྟ་སྐུལ་དོ་དམ་ལྟེ་གནས། http://www.grassland.gov.cn/grassland-new/Item/4044.aspx, ཀྲུང་གོ་རྩྭ་ཐང་དྲ་བ། 2012-03-12

[13]མཚོ་སྔོན་ཞིང་ཕྱུགས་ཐིན། དེང་རབས་ཞིང་ཕྱུགས་ལས་ཀྱི་ཤེས་བྱ་ལས་བྱེད་པའི་སློག་དེབ། [M] ཟི་ལིང་། མཚོ་སྔོན་མི་རིགས་དཔེ་སྐྲུན་ཁང་། 2013ལོར།

[14]མཚོ་སྔོན་ཞིང་ཆེན་རྩྭ་ཐང་སྤྱིའི་ས་ཚིགས། མཚོ་སྔོན་རྩྭ་སའི་ཐོན་ཁུངས། [M] ཟི་ལིང་། མཚོ་སྔོན་མི་དམངས་དཔེ་སྐྲུན་ཁང་། 2012ལོར།